数据库技术丛书

高效使用Redis

一书学透数据存储与高可用集群

熊浩含 陈雷 黄桃 李乐 施洪宝 周生政 著

机械工业出版社
CHINA MACHINE PRESS

图书在版编目（CIP）数据

高效使用 Redis：一书学透数据存储与高可用集群 / 熊浩含等著. —北京：机械工业出版社，2023.12

（数据库技术丛书）

ISBN 978-7-111-74012-4

Ⅰ.①高… Ⅱ.①熊… Ⅲ.①数据库－基本知识 Ⅳ.① TP311

中国国家版本馆 CIP 数据核字（2023）第 190899 号

机械工业出版社（北京市百万庄大街 22 号 邮政编码 100037）

策划编辑：孙海亮　　　　　责任编辑：孙海亮

责任校对：王荣庆　周伟伟　责任印制：张　博

北京联兴盛业印刷股份有限公司印刷

2024 年 1 月第 1 版第 1 次印刷

186mm × 240mm · 14 印张 · 303 千字

标准书号：ISBN 978-7-111-74012-4

定价：89.00 元

电话服务

客服电话：010-88361066

010-88379833

010-68326294

网络服务

机　工　官　网：www.cmpbook.com

机　工　官　博：weibo.com/cmp1952

金　　书　　网：www.golden-book.com

机工教育服务网：www.cmpedu.com

Preamble 序

随着互联网的快速发展，数据量呈现爆炸式增长，高效存储和处理在线业务数据成为企业亟待解决的问题。在众多数据存储技术中，Redis是一款非常受欢迎的开源内存数据存储系统。作为一款高性能和可扩展性、灵活性都极为出色的数据库，Redis已经成为确保业务实时在线的首选技术。在云原生时代的今天，各个主流云厂商都在公有云上推出了基于Redis（或兼容Redis）的服务，这使它成为云原生时代的内存数据库代表之一。

本书旨在为读者提供全面而深入的Redis知识体系，让读者"知其然，知其所以然"。本书从原理和使用两方面介绍Redis的基础知识，包括Redis的数据结构、数据存储方式、命令和使用场景等，同时深入探讨Redis的高级应用，如Redis集群、持久化、性能优化等。此外，本书还介绍了如何通过Redis来构建一些常见的应用，如缓存系统与锁，让读者能够更好地将Redis应用于实际场景中。

对于在实际业务系统中使用Redis的工程师而言，本书可以帮助他们更好地理解和应用Redis技术；对于对Redis源码感兴趣的读者而言，本书可以帮助他们深入了解Redis的内部实现。

在云原生领域中，随着新的存储和网络硬件技术的发展与普及，内存数据库也悄然发生着重要和根本性的变化，内存池化带来的极致弹性与持久化能力，在深刻地影响着云服务商的产品形态和客户的技术应用。而本质且可被推而广之的是软件的设计思路与实现技巧，强烈推荐读者阅读本书。

黄鹏程

阿里云高级产品专家、实时计算Flink产品负责人、前云数据库Redis/Tair产品负责人

前　言 Preface

为什么要写这本书

Redis 是一款非常受欢迎的开源内存数据存储系统，具有高性能、可扩展、灵活等优点，在互联网和大数据领域得到了广泛应用。为了帮助读者更好地理解和应用 Redis，需要一本既有理论又有实践、通俗易懂的 Redis 书籍。于是，本书诞生了。

本书将介绍 Redis 的基础知识，包括 Redis 的数据结构、数据存储方式、命令和使用场景等，同时深入探讨 Redis 的高级应用，如 Redis 集群、持久化、性能优化等。

本书将通过丰富的案例帮助读者更好地理解和掌握 Redis，使读者能够快速上手并在实际项目中应用 Redis。

希望本书能够为读者提供有价值的参考，帮助读者更好地理解 Redis 的基本原理和高级应用，从而实现高效的数据存储和集群管理。

读者对象

- Redis 工程师；
- 对 Redis 感兴趣的读者；
- 有一定 C 语言基础的读者。

如何阅读本书

本书共 10 章。

第 1 章　介绍 Redis 6.0 的新特性以及 Redis 的入门知识。

第 2 章　详细分析 Redis 的基础数据结构，包括对象、字符串、列表、字典、集合和有序集合。

第 3 章 详细介绍 stream 的底层实现，包括依赖的两种数据结构 listpack 及 rax，并介绍了这两种结构的基本操作。

第 4 章 详细介绍 Redis 启动流程，讲解了 redisServer 对文件事件和时间事件的处理。

第 5 章 主要介绍服务端处理客户端命令请求的流程，包括读取并解析客户端命令请求，执行命令请求，返回命令执行结果。通过本章的学习，读者可以理解整个命令的执行流程。

第 6 章 主要介绍持久化，讲解了 RDB 和 AOF 的实现原理。

第 7 章 讲解 Redis 的主从复制功能的实现原理，包括 Master 与 Slave 的源码和原理。

第 8 章 主要介绍 Redis 哨兵的原理与实现。

第 9 章 详细介绍 Redis 高可用集群方案的设计思想及实现。

第 10 章 列举 Redis 的典型应用场景——缓存和锁，以及客户端缓存的特性。

读者可以根据自己的兴趣及需要，选择阅读相关章节。

勘误和支持

由于作者的水平有限，编写时间仓促，书中难免会出现一些错误或者不准确的地方，恳请读者批评指正。如果你有更多的宝贵意见，欢迎访问 https://segmentfault.com/u/php7internal 进行专题讨论，我们会尽量在线上为你提供解答。同时，也可以通过邮箱 cltf@163.com 联系我们，期待得到你的反馈，让我们在技术之路上互勉共进。

谨以此书献给我最亲爱的家人和朋友，以及众多热爱 Redis 的朋友！

熊浩含

目　录 *Contents*

第 1 章 Chapter 1

Redis 必会知识

Redis 是目前较为流行的 key-value 对（键 - 值对）存储系统。Redis 在互联网数据存储方面应用广泛，主要由于其具有以下优点。

1）Redis 是内存型数据库，即 Redis 中的 key-value 对存储在内存中，故效率比磁盘型数据库的效率高。

2）Redis 采用单线程工作模式，不需要线程间的同步操作。Redis 采用单线程工作模式，主要是因为 Redis 的瓶颈是内存及带宽，CPU 并不是其性能瓶颈。

3）Redis key-value 对中的 value 既可以是字符串，也可以是复杂的数据类型，如链表、集合、Hash 表等。

4）Redis 支持数据持久化，可以采用 RDB、AOF、RDB＋AOF 这 3 种方案。机器重启后可以从磁盘中进行数据恢复。

5）Redis 支持主从结构，可以利用从实例进行数据备份。

Redis 可以支持 100 000 以上的 QPS，其性能之所以高，主要有以下几个原因。

1）Redis 的绝大部分命令处理只是纯粹的内存操作，内存的读写速度是非常快的。

2）Redis 提供单进程多线程的服务（实际上，一个正在运行的 Redis 服务器肯定不止有一个线程，但只有一个线程来处理网络请求），避免了不必要的上下文切换，同时不存在加锁、释放锁等同步操作。

3）Redis 使用多路 I/O 复用模型（select、poll、epoll），可以高效处理大量并发连接。

4）Redis 中的数据结构是专门设计的，增、删、改、查等操作相对简单。

1.1 Redis 6.0 的新特性

相比 Redis 5.0，Redis 6.0 增加了很多新的特性，包括 SSL、ACL、RESP 3、客户端缓存、线程化 I/O、副本上的无盘复制及改进的 Redis CLI 集群支持等。限于篇幅，这里只介绍其中几个较为重要的特性，具体细节可以参考官方文档：http://antirez.com/news/132。

1）客户端缓存在一些方面进行了重新设计，特别是弃用了缓存槽，使用键名。客户端缓存引入了广播模式。在使用广播的时候，服务器不用记住每个客户端请求的 key，而只需记住客户端订阅 key 的前缀。每次修改匹配前缀的 key 时，订阅的客户端都会收到通知。此外，Redis 6.0 支持“选择加入”“选择退出”模式，因此不使用广播模式的客户端可以准确地告诉服务器客户端将缓存什么，以减少无效消息的数量。无论是在低内存模式下，还是在高选择性（低带宽）模式下，这个新特性的优势都很明显。

2）增加了一种模式，即用于复制的 RDB 文件如果不再有用，就会立即被删除。在某些环境中，最好不要将数据存储在磁盘上，而只将数据存储在内存中。

3）引入了对 ACL（Access Control List，访问控制列表）的支持。之前版本的 Redis 是没有用户的概念的，不能很好地控制权限。Redis 6.0 开始支持用户，可以给每个用户分配不同的权限。

4）对复制协议 PSYNC 2 进行了改进，可以修整协议中的最终 ping，可以更频繁地进行部分数据重新同步，从而使副本和母本更有可能找到共同的偏移量。

5）优化了带有超时设置的命令。例如，BLPOP 命令和其他以前接受以 s 为单位的命令，现在都可以接受十进制数字的命令。

6）RDB 文件的加载速度更快，提升了 20%～30%。

7）新增 STRALGO 命令，实现了复杂的字符串算法。目前字符串算法采用的是 LCS（Longest Common Subsequence，最长公共子序列），可以用于比较冠状病毒的 RNA，以及其他生物体的 DNA 和 RNA。

1.2 Redis 源码结构

Redis 源码主要放在 src 文件夹中。Redis 的作者并没有对这些文件进行整理，而是统一放到了一个文件夹下。其中，server.c 为服务端程序，redis-cli.c 为客户端程序。

Redis 源码的核心可以简单分为如下几个部分。

（1）基本的数据结构

- 动态字符串：sds.c。
- 整数集合：intset.c。

- 压缩列表：ziplist.c。
- 快速链表：quicklist.c。
- 字典：dict.c。
- stream 底层实现结构：listpack.c、rax.c。

（2）Redis 数据类型的底层实现

- Redis 对象：object.c。
- 字符串：t_string.c。
- 列表：t_list.c。
- 字典：t_hash.c。
- 集合及有序集合：t_set.c、t_zset.c。
- 数据流：t_stream.c。

（3）Redis 数据库的实现

- 数据库的底层实现：db.c。
- 持久化实现：rdb.c、aof.c。

（4）Redis 服务端及客户端实现

- 事件驱动：ae.c、ae_epoll.c。
- 网络连接：anet.c、networking.c。
- 服务端程序：server.c。
- 客户端程序：redis-cli.c。

（5）其他重要实现

- 主从复制：replication.c。
- 哨兵：sentinel.c。
- 集群：cluster.c。
- 其他数据结构：hyperloglog.c、geo.c 等。

1.3 Redis 的安装与调试

下面以 Linux 环境为例来安装 Redis。

在 http://download.redis.io/releases/ 上可以获得各个版本的 Redis 源码。本书以 Redis 6.0.0 版本为例，介绍源码包（源码包 URL 为 http://download.redis.io/releases/redis-6.0.0.tar.gz）的下载、编译、安装方法。

```
$ wget http://download.redis.io/releases/redis-6.0.0.tar.gz
$ tar -zxvf redis-6.0.0.tar.gz
$ cd redis-6.0.0
$ make
```

```
$ cd src
$make install
```

如果在 CentOS 系统上编译，用户可能会遇到如下报错信息：

```
cd src && make all
make[1]: 进入目录“/home/codes/redis/redis-6.0.0/src”
CC server.o
In file included from server.c:30:0:
server.h:1044:5: 错误: expected specifier-qualifier-list before ‘_Atomic’
_Atomic unsigned int lruclock; /* Clock for LRU eviction */
^
server.c: 在函数‘serverLogRaw’中:
server.c:1028:31: 错误: ‘struct redisServer’没有名为‘logfile’的成员
int log_to_stdout = server.logfile[0] == '\0';
^
server.c:1031:23: 错误: ‘struct redisServer’没有名为‘verbosity’的成员
if (level < server.verbosity) return;
^
server.c:1033:47: 错误: ‘struct redisServer’没有名为‘logfile’的成员
fp = log_to_stdout ? stdout : fopen(server.logfile,"a");
^
server.c:1046:47: 错误: ‘struct redisServer’没有名为‘timezone’的成员
nolocks_localtime(&tm,tv.tv_sec,server.timezone,server.daylight_active);
```

可以按照如下办法尝试解决。

```
yum install cpp binutils glibc glibc-kernheaders glibc-common glibc-devel gcc
make
yum -y install centos-release-scl
yum -y install devtoolset-9-gcc devtoolset-9-gcc-c++ devtoolset-9-binutils
scl enable devtoolset-9 bash
```

然后执行 make 命令。

至此，Redis 6.0.0 的安装、编译完成。生成的可执行文件在 /usr/local/bin 目录下。

```
redis-benchmark  redis-check-aof  redis-check-rdb  redis-cli
redis-sentinel  redis-server
```

说明：

1）redis-benchmark 是官方自带的 Redis 性能测试工具。

2）当 AOF 或者 RDB 文件存在语法错误时，可以使用 redis-check-aof 或者 redis-check-rdb 修复。

3）redis-cli 是客户端命令行工具，可以通过 redis-cli -h {host} -p {port} 命令连接到指定的 Redis 服务器。

4）redis-sentinel 是 Redis 哨兵启动程序。

5）redis-server 是 Redis 服务端启动程序。

例如，使用redis-server启动服务端程序（默认监听端口是6379）：

```
$ /usr/local/bin/redis-server
```

使用redis-cli连接Redis服务器，并添加key-value对：

```
$ redis-cli -h 127.0.0.1 -p 6379
127.0.0.1:6379> set name zhangsan
OK
127.0.0.1:6379> get name
"zhangsan"
```

GDB是由GNU开源组织发布的，在UNIX/Linux操作系统下工作，是一个基于命令行的功能强大的程序调试工具。下面介绍如何通过GDB来调试Redis。

GDB启动redis-server服务端程序：

```
$ gdb /usr/local/bin/redis-server
(gdb)
```

使用b命令在main函数入口增加断点：

```
(gdb) b main
Breakpoint 1 at 0x42cfd0: file server.c, line 4949.
```

使用r命令运行：

```
(gdb) r
Starting program: /usr/local/bin/redis-server
[Thread debugging using libthread_db enabled]
Using host libthread_db library "/lib64/libthread_db.so.1".
Breakpoint 1, main (argc=1, argv=0x7fffffffe1c8) at server.c:4949
4949    spt_init(argc, argv);
```

从上面的输出结果可以看到，代码在main函数处停止执行。接下来，使用n命令执行下一步操作：

```
(gdb) n
4951  setlocale(LC_COLLATE,"");
```

使用p命令查看某个变量的信息：

```
(gdb) p argc
$1 = 1
```

这里只是简要介绍使用GDB调试Redis程序，更多GDB的使用技巧还有待读者去研究。

当然阅读源码时，还有很多比较方便的源码阅读工具可供使用。例如，Windows环境下有一款功能强大的IDE——Source Insight，它内置了C++代码分析功能，还能自动维护项目内的符号数据库，非常方便；Mac 环境下有功能强大的 IDE——Understand，它具备代码依赖、图形化等实用功能；Linux 环境下可以使用 Vim+Ctags 来阅读源码，其中 Ctags 是 Vim 下阅读源码的一个辅助工具，可以生成函数、类、结构体、宏等语法结构的索引文件，它的使用方法也非常简单。关于这些源码阅读工具的具体安装、使用教程，读者可以自行查阅，这里不做详细介绍。

1.4 小结

本章首先介绍了 Redis 6.0 的新特性，之后讲解了如何阅读 Redis 源码结构，以及 Redis 的安装与调试，为读者阅读后续章节奠定基础。

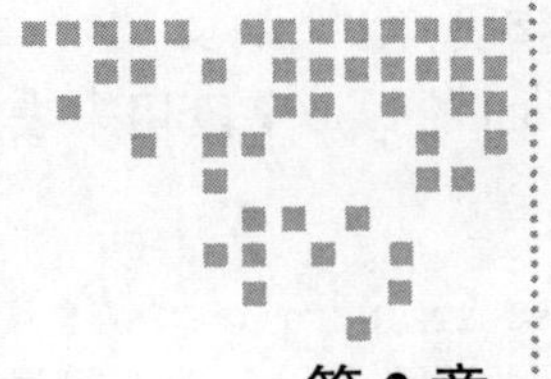

第 2 章 Chapter 2

基础数据结构解析

第 1 章介绍了 Redis 的基础知识，为了更好理解 Redis 6 的实现，读者还需要学习一些基础数据结构，如对象结构体、字符串、列表、字典、集合、有序集合等。本章将对这些知识进行简要介绍。

2.1 对象

Redis 是一个 key-value 型数据库，其中 key（键）只能为字符串，而 value（值）则可由多种数据结构组成，可以是字符串对象、散列表对象、列表对象、集合对象、有序集合对象。Redis 抽象了一个对象结构体——robj，用来存储所有 key-value 数据。

下面先来看一下结构体 robj 的定义。

```
#define LRU_BITS 24
typedef struct redisObject {
    unsigned type:4;
    unsigned encoding:4;
    unsigned lru:LRU_BITS;  //缓存淘汰时使用
    int refcount;           //引用计数
    void *ptr;
} robj;
```

下面详细分析结构体 robj 各字段的含义。

1. type字段

结构体robj的type字段用来表示对象类型，5种对象类型在server.h文件中的定义如下。

```
#define OBJ_STRING 0        #字符串对象
#define OBJ_LIST 1          #列表对象
#define OBJ_SET 2           #集合对象
#define OBJ_ZSET 3          #有序集合对象
#define OBJ_HASH 4          #Hash对象
```

2. encoding字段

encoding字段表示当前对象底层存储采用的数据结构，即对象的编码，总共定义了11种encoding常量，如表2-1所示。

表2-1 encoding常量表

encoding常量	数据结构	可存储的对象类型
OBJ_ENCODING_RAW	sds（简单动态字符串）	字符串
OBJ_ENCODING_INT	int	字符串
OBJ_ENCODING_HT	字典（dict）	集合、散列表、有序集合
OBJ_ENCODING_ZIPMAP	未使用	
OBJ_ENCODING_LINKEDLIST	不再使用	
OBJ_ENCODING_ZIPLIST	压缩列表（ziplist）	散列表、有序集合
BJ_ENCODING_INTSET	整数集合（intset）	集合
OBJ_ENCODING_SKIPLIST	跳跃表（skiplist）	有序集合
OBJ_ENCODING_EMBSTR	简单动态字符串（sds）	字符串
OBJ_ENCODING_QUICKLIST	快速链表（quicklist）	列表
OBJ_ENCODING_STREAM	stream	stream

在对象的整个生命周期中，编码不是一成不变的，如集合对象。当集合中的所有元素都可以用整数表示时，底层数据结构采用整数集合；当执行SADD命令向集合添加元素时，Redis总会校验待添加元素是否可以解析为整数，如果解析失败，则会将集合存储结构转换为字典。

```
if (subject->encoding == OBJ_ENCODING_INTSET) {
    if (isSdsRepresentableAsLongLong(value,&llval) == C_OK) {
        subject->ptr = intsetAdd(subject->ptr,llval,&success);
    } else {
           //编码转换
           setTypeConvert(subject,OBJ_ENCODING_HT);
      }
}
```

对象在不同的情况下可能采用不同的数据结构存储。那么，对象可能同时采用多种数据结构存储吗？参见表2-1，有序集合可能采用压缩列表、跳跃表和字典存储。使用字典存储时，根据成员查找分值的时间复杂度为$O(1)$，而ZRANGE与ZRANK等命令需要排序才能实现，时间复杂度至少为$O(N\log N)$。使用跳跃表存储时，ZRANGE与ZRANK等命令的时间复杂度为$O(\log N)$，而根据成员查找分值的时间复杂度同样是$O(\log N)$。字典与跳跃表各有优势，因此Redis会同时采用字典与跳跃表存储有序集合。这里读者可能会有疑问，对象同时采用两种数据结构存储不浪费空间吗？其实数据都是通过指针引用的，两种存储方式只需要额外存储一些指针即可，空间消耗是可以接受的。有序集合的结构定义如下。

```
typedef struct zset {
    dict *dict;
    zskiplist *zsl;
} zset;
```

3. lru字段

lru字段占24位，用于在配置文件中通过maxmemory-policy配置已用内存达到最大内存限制时的缓存淘汰策略。lru可以根据用户配置的缓存淘汰策略存储不同的数据。常用的缓存淘汰策略是LRU与LFU。

LRU的核心思想是，如果数据最近被访问过，那么该数据将来被访问的概率也更高，此时lru字段存储的是对象访问时间；LFU的核心思想是，如果数据过去被访问的次数更多，那么它将来被访问的概率也更高，此时lru字段存储的是上次访问时间与访问次数。例如，使用GET命令访问数据时，会执行下面的代码来更新对象的lru字段：

```
if (server.maxmemory_policy & MAXMEMORY_FLAG_LFU) {
    updateLFU(val);
} else {
    val->lru = LRU_CLOCK();
}
```

LRU_CLOCK函数用于获取当前时间。注意，此时间不是实时获取的，Redis每1s执行系统调用来获取精确时间，并缓存在全局变量server.lruclock中。LRU_CLOCK函数获取的只是该缓存时间。

updateLFU函数用于更新对象的上次访问时间与访问次数，函数实现如下。

```
void updateLFU(robj *val) {
    unsigned long counter = LFUDecrAndReturn(val);
    counter = LFULogIncr(counter);
    val->lru = (LFUGetTimeInMinutes()<<8) | counter;
}
```

可以发现，lru 字段的低 8 位存储的是对象的访问次数，高 16 位存储的是对象的上次访问时间，以 min 为单位。需要特别注意的是，LFUDecrAndReturn 函数返回了 counter 变量，而对象的访问次数是在 Redis 拿到 counter 变量累加后写入 lru 字段的。为什么对象的访问次数不直接在 LFUDecrAndReturn 函数内进行累加？

假设每次只是简单地对访问次数累加，那么一般情况下：越旧的数据被访问的次数越多，即使该对象可能很长时间没有被访问；相反，新对象被访问的次数通常会比较少，显然这是不公平的。因此访问次数应该有一个随时间衰减的过程，LFUDecrAndReturn 函数实现了此衰减功能。

4．refcount 字段

refcount 字段存储当前对象的引用次数，用于实现对象的共享。当共享对象时，refcount 加 1；当删除对象时，refcount 减 1；当 refcount 值为 0 时，释放对象空间。

5．ptr 字段

针对不同情况下某一种类型的对象，Redis 可能采用不同的数据结构存储。ptr 是 void* 类型的指针，指向实际存储的某一种数据结构。

然而，当 robj 存储的数据类型可以用 long 类型表示时，数据会直接存储在 ptr 字段中。long 类型数据存储结构如图 2-1 所示。

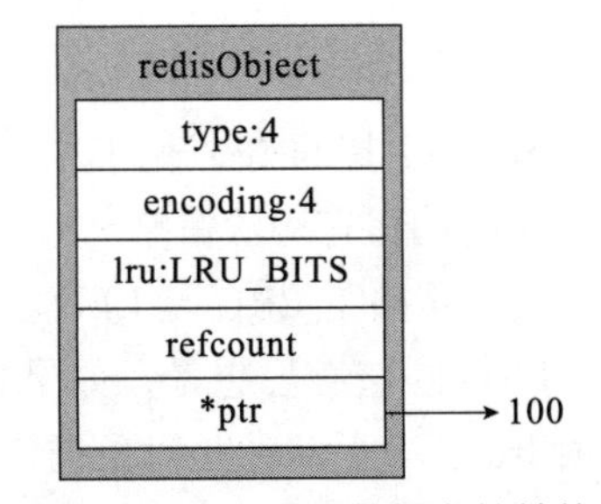

图 2-1　long 类型数据存储结构

当 robj 存储的数据类型为字符串对象时，Redis 需分配两次内存，即为 robj 结构体与 sds 结构体（sds 是字符串结构体，详见 2.2 节）各分配一次存储空间。此时存在两个问题：①两次内存分配效率低下；②数据分离存储降低了计算机高速缓存的效率。

Redis 为解决这两个问题，提出 OBJ_ENCODING_EMBSTR 编码的字符串。当字符串内容比较短时，Redis 只分配一次内存，此时 robj 与 sds 连续存储，以此提高内存分配效率与数据访问效率，OBJ_ENCODING_EMBSTR 编码的字符串内存结构如图 2-2 所示。

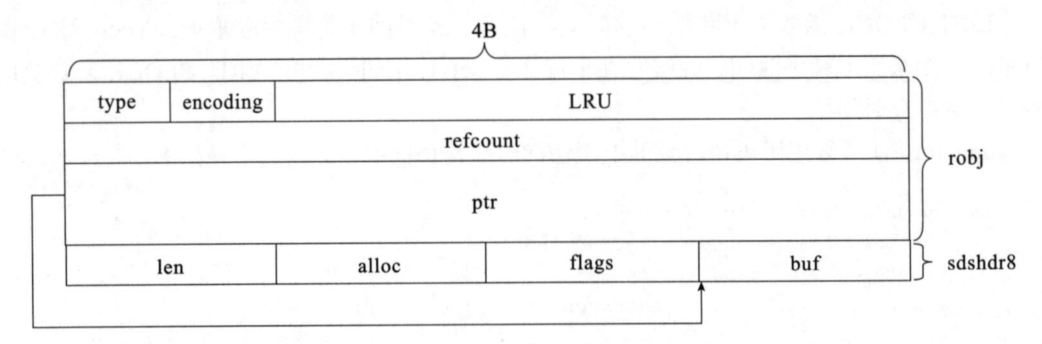

图 2-2　OBJ_ENCODING_EMBSTR 编码的字符串内存结构

2.2 字符串

sds（Simple Dynamic Strings，简单动态字符串）是 Redis 的基本数据结构之一，用于存储字符串和整型数据。sds 兼容 C 语言标准字符串处理函数，且在此基础上保证了二进制安全。

在学习 sds 源码前，先思考一个问题：如何实现一个扩容方便且二进制安全的字符串？

注意： 什么是二进制安全？通俗地讲，在 C 语言中，字符串用 "\0" 表示字符串的结束，如果字符串本身就有 "\0" 这个字符，字符串就会被截断，这就是非二进制安全；若通过某种机制，保证读写字符串时不损害其内容，则是二进制安全。

既然是字符串，那么首先需要一个字符串指针；为了方便上层的接口调用，该结构还需要记录一些统计信息，如当前数据长度和剩余容量等，我们很容易想到如下设计。

```
struct sds {
    int len;      // buf 中已占用字节数
    int free;     // buf 中剩余可用字节数
    char buf[];   // 数据空间
};
```

sds 结构如图 2-3 所示。在 64 位系统下，字段 len 和字段 free 各占 4 B，紧接着存储字符串的内容。

在 Redis 3.2 之前，sds 也是这样设计的。这样设计有以下几个好处。

1）有单独的统计变量 len 和 free（称为头部），可以很方便地得到字符串长度。

2）内容存放在柔性数组 buf 中，sds 对上层暴露的指针不是指向结构体 sds 的指针，而是直接指向柔性数组 buf 的指针。上层可像读 C 字符串一样读取 sds 的内容，兼容 C 语言处理字符串的各种函数。

3）由于有长度统计变量 len 的存在，读写字符串时不依赖“\0”终止符，保证了二进制安全。

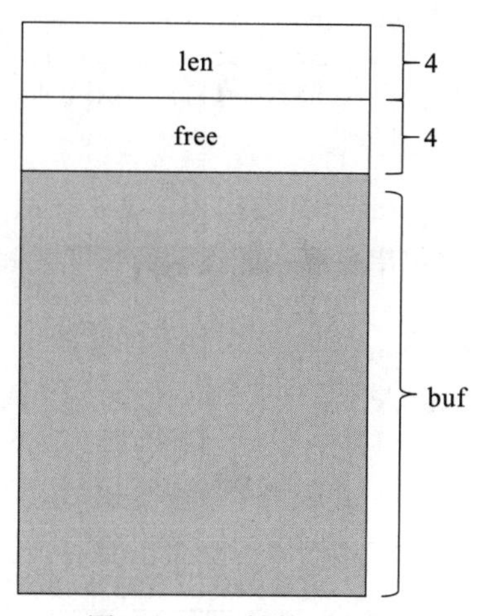

图 2-3　sds 结构示意图

注意： buf[] 是一个柔性数组。柔性数组成员（也称伸缩性数组成员）只能被放在结构体的末尾。包含柔性数组成员的结构体通过 malloc 函数为柔性数组动态分配内存。

之所以用柔性数组存放字符串，是因为柔性数组的地址和结构体是连续的。这样一来内存查找更快（因为不需要额外通过指针找到字符串的位置）；二来可以很方便地通过柔性数组的首地址偏移得到结构体的首地址，进而能很方便地获取其余变量。

图 2-3 是一个最基本的动态字符串结构示意图。这样的结构是否有可改进的空间呢？我们从一个简单的问题开始思考：不同长度的字符串是否有必要占用同样大小的头部？一个 int 型变量占 4B，在实际应用中，存储在 Redis 中的字符串往往没这么长，每个占 4B，未免太浪费了。我们考虑分几种类型：短字符串、len 和 free 变量用 1B 存储就够了；长字符串用 2B 或者 4B 存储；更长的字符串可以用 8B 存储。

这样确实更省内存了，但依然存在以下问题。

问题 1：如何区分这几种类型？

问题 2：对短字符串来说，头部还是太“长了”。以长度为 1B 的字符串为例，len 和 free 本身就占了 2B，那么能不能进一步压缩呢？

对于问题 1，考虑加一个字段 flags 来标示类型，用 1B 来存储，并把 flags 加在柔性数组 buf 之前。这样虽然多了 1B，但通过偏移柔性数组的指针既能快速定位 flags，又能区分类型，也可以接受。对于问题 2，因 len 已经是 1B 了，再压缩只能考虑用 bit 来存储了。

为了解决这两个问题，Redis 按长度把字符串分为 5 种类型（sdshdr5、sdshdr8、sdshdr16、sdshdr32、sdshdr64），会用 1 个字节的低 3 位来标识字符串类型（2^3 等于 8，足够表达 5 种类型），其余高 5 位用来存储字符串长度。下面以 sdshdr5（存储长度小于 32 位的短字符串）结构体为例讲解，其结构体如下。

```
struct __attribute__ ((__packed__))sdshdr5 {
    unsigned char flags; /* 低3位存类型，高5位存长度 */
    char buf[];/*柔性数组，存放实际内容*/
};
```

sdshdr5 结构如图 2-4 所示。flags 字段占 1B，其低 3 位表示字符串类型，高 5 位表示字符串长度，能表示的长度区间为 0～31（2^5-1），buf 字段存放字符串的实际内容。

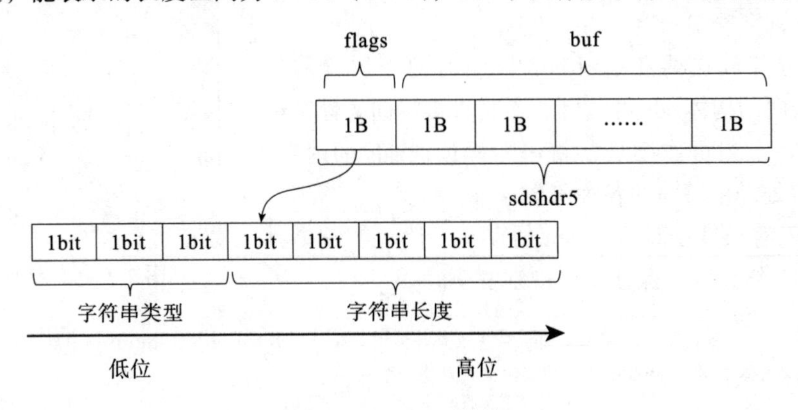

图 2-4 sdshdr5 结构

对于长度大于 31B 的字符串，Redis 会把 len 和 free 单独存放。因为 sdshdr8、sdshdr16、sdshdr32、sdshdr64 的结构相同，所以下面以 sdshdr16 结构体为例讲解。sdshdr16 结

构体用于存储长度不大于$2^{16}-1$B 的字符串，结构体如下。

```
struct __attribute__((__packed__))sdshdr16 {
    uint16_t len; /*用2B存储buf中已占用字节数*/
    uint16_t alloc; /* 用2B存储buf中已分配字节数*/
    unsigned char flags; /* 低3位存类型，高5位预留 */
    char buf[];/*柔性数组，存放实际内容*/
};
```

结构体中 4 个字段的具体含义如下。

1）**len**：用 2B 存储 buf 中已占用字节数。

2）**alloc**：用 2B 存储 buf 中已分配字节数。不同于之前的 free，这里记录的是为 buf 分配的总长度。

3）**flags**：标识当前结构体的类型，低 3 位用作标志位，高 5 位预留。

4）**buf**：柔性数组，真正存储字符串的数据空间。

注意：结构最后的 buf 是一个柔性数组，通过对数组指针进行“减 1”操作，能方便地定位到 flags。

sdshdr16 结构如图 2-5 所示。

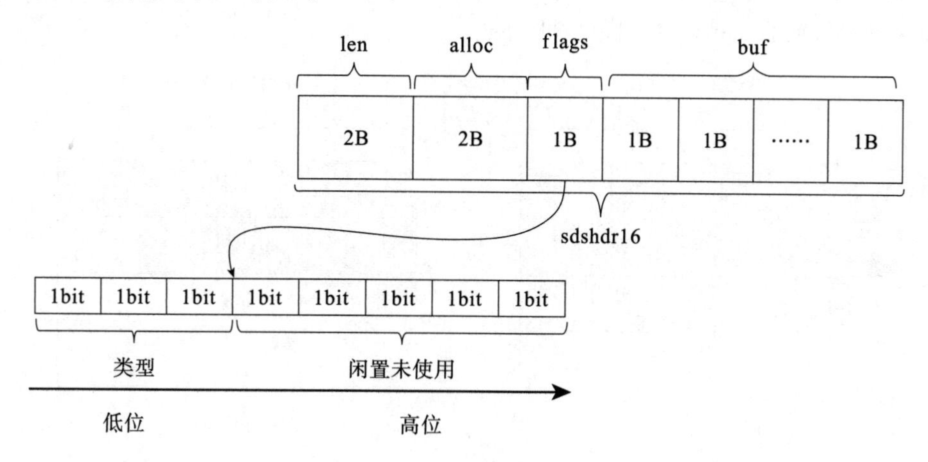

图 2-5　sdshdr16 结构

其中，“表头”共占用了 2B（len）+2B（alloc）+1B（flags），一共 5B。在 Redis 6.0 中，sdshdr8、sdshdr32 和 sdshdr64 这 3 种类型的数据结构如下。

```
struct __attribute__((__packed__))sdshdr8 {
    uint8_t len; /* 用1B存储buf中已占用字节数 */
    uint8_t alloc; /* 用1B存储buf中已分配字节数*/
    unsigned char flags; /* 低3位存类型，高5位预留 */
    char buf[];/*柔性数组，存放实际内容*/
};
```

```
struct __attribute__((__packed__))sdshdr32 {
    uint32_t len; /*用4B存储buf中已占用字节数*/
    uint32_t alloc; /* 用4B存储buf中已分配字节数*/
    unsigned char flags;/* 低3位存类型, 高5位预留 */
    char buf[];/*柔性数组, 存放实际内容*/
};
struct __attribute__((__packed__))sdshdr64 {
    uint64_t len; /*用8B存储buf中已占用字节数*/
    uint64_t alloc; /* 用8B存储buf中已分配字节数*/
    unsigned char flags; /* 低3位存类型, 高5位预留 */
    char buf[];/*柔性数组, 存放实际内容*/
};
```

注意：sdshdr8、sdshdr16、sdshdr32、sdshdr64 这 4 种结构的成员变量类似，唯一的区别是 len 和 alloc 的类型。

源码中的 __attribute__((__packed__)) 也值得注意。一般情况下，结构体会按它的所有变量大小的最小公倍数进行字节对齐，而用 packed 修饰后，结构体变为按 1B 对齐。以 sdshdr32 为例，修饰前按 4B 对齐，大小为 12（4×3）B；修饰后按 1B 对齐，大小为 9（4+4+1）B。注意，buf 是一个 char 类型的柔性数组，地址连续，始终在 flags 之后。

packed 修饰前后的结构体如图 2-6 所示。

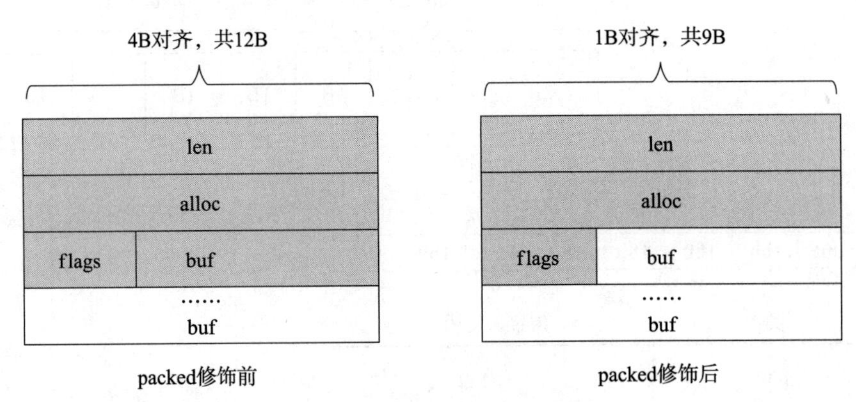

图 2-6　packed 修饰前后的结构体

这样做的好处有两点。

1）节省内存。例如，sdshdr32 可省 3（12−9）B。

2）sds 返回给上层的不是结构体首地址，而是指向内容的 buf 指针。因为此时按 1 字节对齐，所以 sds 创建成功后，无论是 sdshdr8、sdshdr16 还是 sdshdr32，都能通过 (char*)sh+hdrlen 一步得到 buf 指针地址（其中 hdrlen 是结构体长度，通过 sizeof 计算得到）。若没有 packed 修饰，还需要对不同结构进行处理，实现会更复杂。

2.3 列表

Redis 列表对象的底层数据结构是 quicklist，本节将讲述 quicklist 的数据结构。

quicklist 在 Redis 3.2 中引入。在引入该数据结构之前，Redis 采用 ziplist 及 adlist（双向列表）作为 list 的底层实现。当元素个数比较少且元素长度比较小时，Redis 采用 ziplist 作为其底层存储结构；当任意一个条件不满足时，Redis 采用 adlist 作为其底层存储结构。这么做的主要原因是，当元素长度较小时，采用 ziplist 可以有效节省存储空间。然而，ziplist 的存储空间是连续的，如果元素个数比较多，当 ziplist 修改元素时，必须重新分配存储空间，这无疑会影响 Redis 的执行效率。

quicklist 是 Redis 综合时间效率与空间效率引入的新型数据结构。由于 quicklist 由 list 和 ziplist 结合而成，本节将对 list、ziplist 及 quicklist 进行简单介绍。

2.3.1 list

链表中的各对象按线性顺序排列。链表与数组的不同点在于，数组的顺序由下标决定，链表的顺序由对象中的指针决定。list 是链表型数据，用于存储常用的数据结构，可以是单向链表、双向链表，也可以是排序链表、无序列表，还可以是循环链表、非循环链表。链表具有可以快速插入、删除的优点。list 查找复杂度为 $O(n)$，n 为元素个数，故 list 不适用于需要快速查找的场合。在 list 中，每个节点由 listNode 结构组成，如图 2-7 所示。

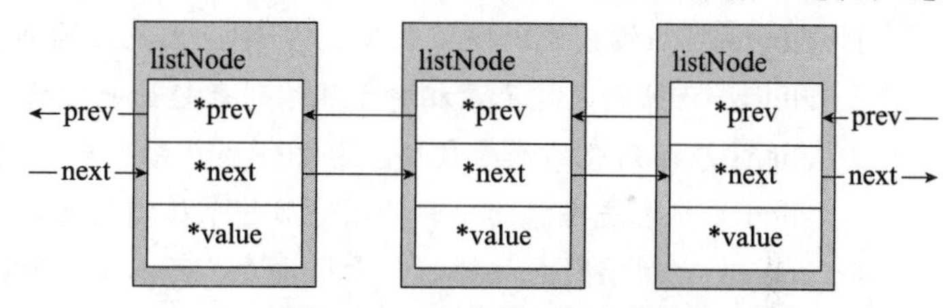

图 2-7　双向非循环链表结构

Redis 3.2 之前的版本使用的是双向非循环链表的基本结构。为了方便使用与操作链表，Redis 3.2 之后版本增加了 list 表头，如图 2-8 所示。其中 head 指向链表开始节点，tail 指向链表结束节点，len 代表链表长度。

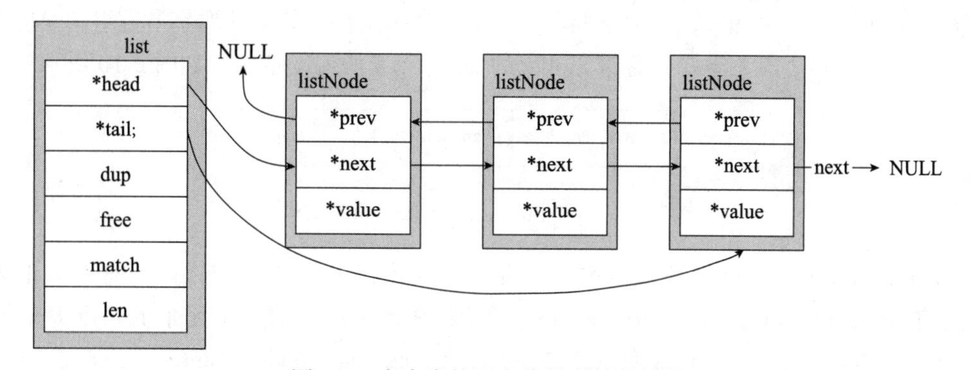

图 2-8　有表头的双向非循环链表结构

2.3.2 ziplist

ziplist（压缩列表）本质上是一个字节数组，是 Redis 为了节约内存而设计的一种线性数据结构，可以包含任意多个元素，每个元素可以是一个字节数组或一个整数。

Redis 的有序集合、Hash 表等基本数据类型的底层实现都直接或者间接使用了 ziplist。当有序集合或 Hash 表存储的元素数目比较少，且元素都是短字符串时，Redis 便使用 ziplist 作为其底层数据存储结构。

1. ziplist 存储结构

Redis 使用字节数组表示一个压缩列表，字节数组逻辑划分为多个字段，如图 2-9 所示。

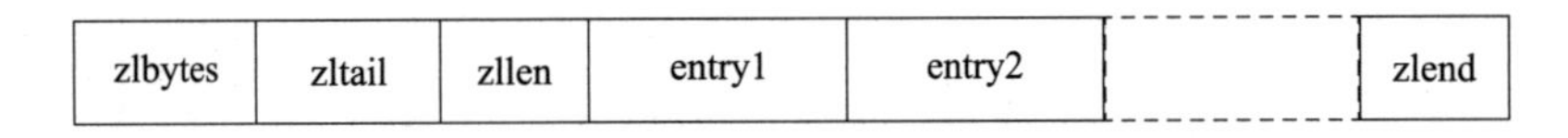

图 2-9　ziplist 的结构

ziplist 的各字段含义如下。

1）zlbytes：压缩列表的字节长度，占 4B，因此压缩列表最长 $2^{32}-1$B。

2）zltail：压缩列表尾元素相对于压缩列表起始地址的偏移量，占 4B；

3）zllen：压缩列表的元素数目，占 2B；当压缩列表的元素数目超过 65535（$2^{16}-1$）时，zllen 显然无法存储，此时必须遍历整个压缩列表才能获取元素数目。

4）entry$X$：压缩列表存储的若干个元素，可以是字节数组或者整数，长度不限；entry 的编码结构将在后面详细介绍。

5）zlend：压缩列表的结尾，占 1B，固定为 0xFF。

了解了压缩列表的基本结构，我们可以很容易获得压缩列表的长度、元素数目等，那么如何遍历压缩列表的所有元素呢？对于每一个 entry 元素，存储的可能是字节数组或整数值；那么对于任意一个元素，如何判断其存储的是什么类型？如何获取字节数组的长度？

回答这些问题之前，需要先看看 ziplist 的 entry 元素的编码结构，如图 2-10 所示。

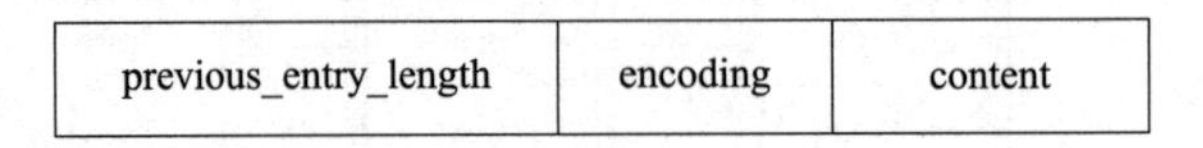

图 2-10　ziplist 的 entry 元素的编码结构

previous_entry_length 字段表示前一个元素的长度，占 1B 或者 5B；当前一个元素的长度小于 254B 时，previous_entry_length 字段用 1B 表示；当前一个元素的长度大于等于 254B 时，previous_entry_length 字段用 5B 来表示；而这时 previous_entry_length 的第一个

字节是固定的标志 0xFE，后面 4 个字节才真正表示前一个元素的长度。

假设已知当前元素的首地址为 p，那么 p－previous_entry_length 就是前一个元素的首地址，从而实现压缩列表从尾到头的遍历。

encoding 字段表示当前元素的编码，即 content 字段存储的数据类型（整数或者字节数组），数据内容存储在 content 字段；为了节约内存，encoding 字段的长度同样是可变的，元素编码如表 2-2 所示。

表 2-2　元素编码

encoding 编码	encoding 长度	content 类型
00 bbbbbb（用 6bit 表示 content 长度）	1B	最大长度为 63B 的字节数组
01 bbbbbb xxxxxxxx（用 14 bit 表示 content 长度）	2B	最大长度为 $2^{14}-1$B 的字节数组
10 ________ aaaaaaaa bbbbbbbb cccccccc dddddddd（用 32 bit 表示 content 长度）	5B	最大长度为 $2^{32}-1$B 的字节数组
11 00 0000	1B	int16 整数
11 01 0000	1B	int32 整数
11 10 0000	1B	int64 整数
11 11 0000	1B	24bit 整数
11 11 1110	1B	8bit 整数
11 11 xxxx	1B	没有 content 字段；xxxx 表示 0～12 的整数

可以看出，根据 encoding 字段第一个字节的前两位，可以判断 content 字段存储的是整数，还是字节数组（以及字节数组最大长度）。当 content 存储的是字节数组时，后续字节将标识字节数组的实际长度；当 content 存储的是整数时，根据第 3 位和第 4 位才能判断整数的具体类型；而当 encoding 字段标识当前元素存储的是 0～12 的整数时，数据直接存储在 encoding 字段的最后 4 位，此时没有 content 字段。

2．连锁更新

了解了压缩列表 entry 元素的编码结构，我们知道 previous_entry_length 字段表示前一个元素的字节长度。

如图 2-11 所示，删除压缩列表 zl1 位置 P1 的元素 entry*X*，或者在压缩列表 zl2 位置 P2 插入元素 entry*Y*，此时会出现什么情况呢？

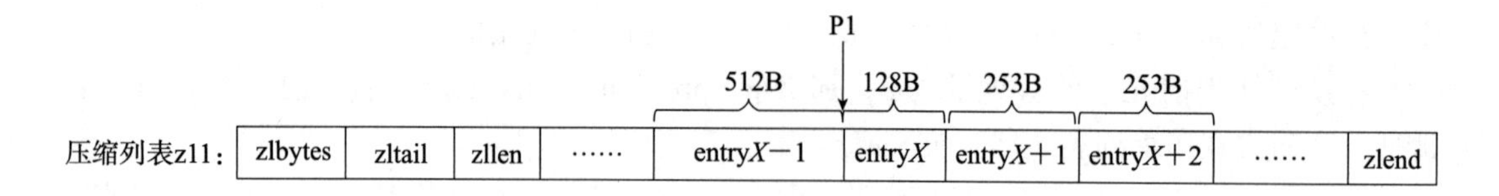

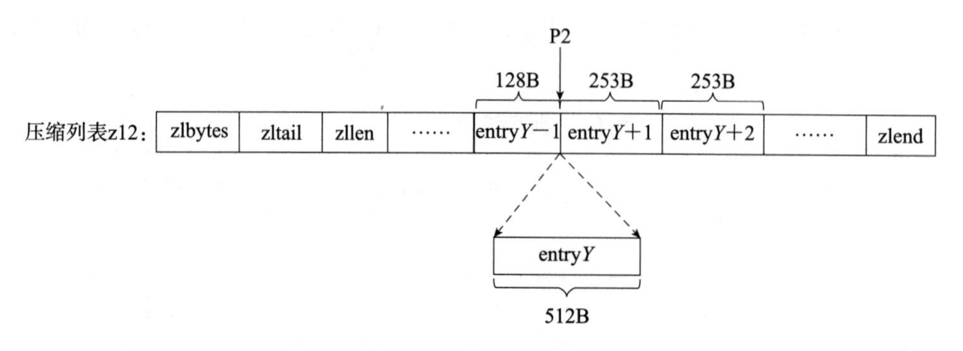

图 2-11 删除压缩列表中的某一元素

在 ziplist 变量 zl1 中，元素 entry$X$ 之后的所有元素，如 entry$X+1$、entry$X+2$ 等长度都是 253B，显然这些元素的 previous_entry_length 字段的长度都是 1B。当删除元素 entry$X$ 时，元素 entry$X+1$ 的前驱节点改为元素 entry$X-1$，长度为 512B。此时元素 entry$X+1$ 的 previous_entry_length 字段需要 5B 才能存储元素 entry$X-1$ 的长度，则元素 entry$X+1$ 的长度需要扩展至 257B。而由于元素 entry$X+1$ 长度的增加，元素 entry$X+2$ 的 previous_entry_length 字段同样需要改变。

以此类推，由于删除了元素 entry$X$，之后的所有元素 entry$X+1$、entry$X+2$ 等长度都必须扩展，而每次元素扩展都将导致内存重新分配，效率是很低下的。在压缩列表 zl2 中插入元素 entry$Y$ 同样会产生上面的问题。

上面的情况称为连锁更新。从上面的分析可以看出，连锁更新会导致内存多次重新分配及数据复制，效率是很低下的。然而，出现这种情况的概率是很低的，因此对于删除元素与插入元素的操作，Redis 并没有为了避免连锁更新而采取措施。Redis 只是在删除元素与插入元素操作的末尾检查是否需要更新后续元素的 previous_entry_length 字段。

2.3.3 quicklist

quicklist 是 Redis 3.2 引入的数据结构，能够在时间效率和空间效率中进行较好的折中。Redis 4.0.9 对 quicklist 的注释为“A doubly linked list of ziplist”。顾名思义，quicklist 是一个双向链表，链表中的每个节点是一个 ziplist 结构。quicklist 可以看成将一个较大的 ziplist 拆分成若干个小型的 ziplist，并利用双向链表将这些小型的 ziplist 连接在一起。当 ziplist 节点个数过多时，quicklist 退化为双向链表，一种极端的情况是每个 ziplist 节点只包含一个 entry，即只有一个元素。当 ziplist 节点个数过少时，quicklist 退化为 ziplist，一种极端的情况是 quicklist 中只有一个 ziplist 节点。

1. 数据存储

如前所述，quicklist 是一个由 ziplist 充当节点的双向链表。quicklist 的结构如图 2-12 所示。

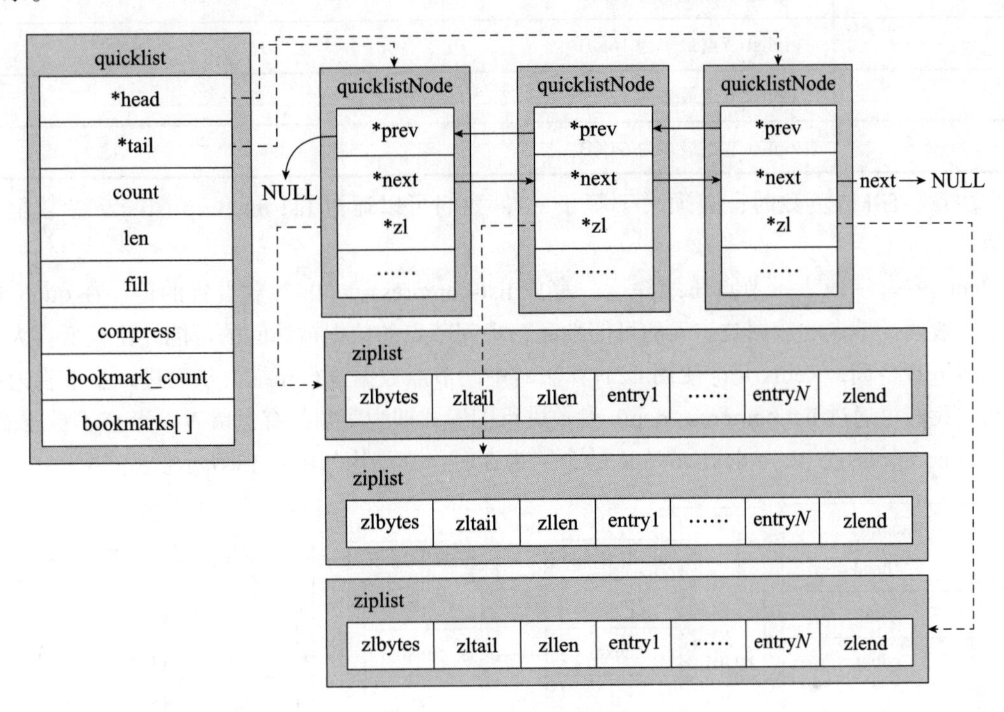

图 2-12　quicklist 的结构

quicklist 有如下几种结构。

```
typedef struct quicklist {
    quicklistNode *head;
    quicklistNode *tail;
    unsigned long count;
    unsigned long len;
    int fill : 16;
    unsigned int compress : 16;
     ……
} quicklist;
```

该结构与 list 结构的表头类似，方便对整个链表进行操作。其中，head、tail 分别指向 quicklist 的首节点和尾节点；count 为 quicklist 中的元素总数；len 为 quicklistNode 节点个数；fill 用来指明每个 quicklistNode 节点中的 ziplist 长度，当 fill 为正数时，表明每个 ziplist 最多含有的数据项数，当 fill 为负数时，含义如表 2-3 所示。

表 2-3　fill 为负数时对应的含义表

数值	含义
−1	ziplist 节点最多为 4KB
−2	ziplist 节点最多为 8KB
−3	ziplist 节点最多为 16KB
−4	ziplist 节点最多为 32KB
−5	ziplist 节点最多为 64KB

注意，fill 取负数时，必须大于等于 −5，我们可以通过 list-max-ziplist-size 参数配置该值。

compress 字段表示节点压缩深度，存放 list-compress-depth 参数设置的值。在 quicklist 中，一般两端节点的数据被访问的可能性高，中间节点的数据被访问的可能性比较低。为了进一步节省空间，Redis 允许使用 LZF 算法对中间节点数据进行压缩，从而进一步节省内存空间。我们可通过 list-compress-depth 参数进行配置，即为两端各有保留 *N* 个节点不被压缩。

当 compress 为 1，quicklistNode 的个数为 3 时，其结构如图 2-13 所示。

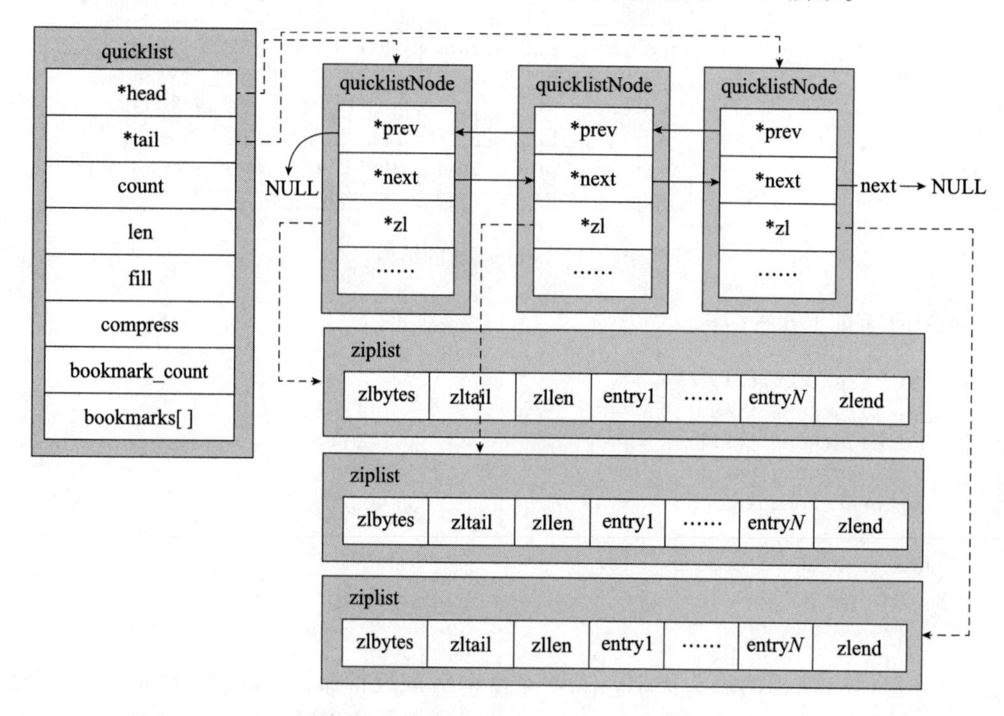

图 2-13　带数据压缩的 quicklist 结构

quicklistNode 是 quicklist 中的一个节点，它的结构如下。

```
typedef struct quicklistNode {
    struct quicklistNode *prev;
    struct quicklistNode *next;
    unsigned char *zl;
    unsigned int sz;
    unsigned int count : 16;
    unsigned int encoding : 2;
    unsigned int container : 2;
    unsigned int recompress : 1;
    ......
} quicklistNode;
```

说明：

1）prev、next 指向该节点的前后节点。

2）zl 指向该节点对应的 ziplist 结构。

3）sz 代表整个 ziplist 结构的大小。

4）count 代表 ziplist 中的元素个数。

5）encoding 代表是否采用 LZF 算法压缩 ziplist：1 代表不压缩；2 代表使用 LZF 算法压缩 ziplist。

6）container 为 quicklistNode 节点 zl 指向的容器类型：1 代表 none；2 代表使用 ziplist 存储数据。

7）recompress 字段标识节点之前是否被压缩过。当使用压缩节点时，我们需要先对其进行解压缩，使用完后需要对其重新进行压缩。

当我们对 ziplist 利用 LZF 算法进行压缩时，quicklistNode 节点指向的结构为 quicklistLZF。quicklistLZF 结构如下所示，其中 sz 表示 compressed 所占字节大小。

```
typedef struct quicklistLZF {
    unsigned int sz;        /*被LZF算法压缩后的ziplist的大小*/
    char compressed[];      /*保存ziplist被压缩后的字符数组，即柔性数组*/
} quicklistLZF;
```

Redis 提供了 quicklistEntry 结构，以便于我们只使用 quicklistNode 中 ziplist 的一个节点。该结构如下。

```
typedef struct quicklistEntry {
    const quicklist *quicklist;
    quicklistNode *node;
    unsigned char *zi;
    unsigned char *value;
    long long longval;
    unsigned int sz;
    int offset;
} quicklistEntry;
```

其中，quicklist 指向当前元素所在的 quicklist；node 指向当前元素所在的 quicklistNode

结构；zi 指向当前元素所在的 ziplist；value 指向该节点指向的字符串内容；longval 为该节点的整型值；sz 代表该节点的大小，与 value 配合使用；offset 表示该节点相对于整个 ziplist 的偏移量，即该节点是 ziplist 第几个 entry。

quicklistIter 是 quicklist 中用于遍历的迭代器，结构如下。

```
typedef struct quicklistIter {
    const quicklist *quicklist;
    quicklistNode *current;
    unsigned char *zi;
    long offset; /* 在ziplist中的偏移量 */
    int direction;
} quicklistIter;
```

quicklist 指向当前元素所在的 quicklist；current 指向当前元素所在的 quicklistNode；zi 指向当前元素所在的 ziplist；offset 表示该节点在 ziplist 中的偏移量；direction 表示迭代器的方向。

2. 数据压缩

quicklist 每个节点的实际数据存储结构为 ziplist，这种结构的主要优势在于节省存储空间。为了进一步减少 ziplist 所占用的空间，Redis 允许采用 LZF 算法对 ziplist 进一步压缩，压缩过后的数据可以分成多个片段，每个片段有两部分：一部分是解释字段，另一部分是具体的数据信息。解释字段可以占用 1～3B，数据字段可能不存在。LZF 压缩后的数据结构如图 2-14 所示。

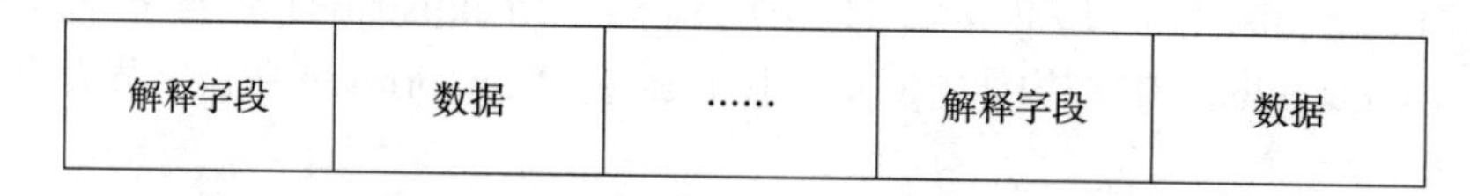

图 2-14　LZF 压缩后的数据结构

具体而言，LZF 压缩的数据格式有 3 种，即解释字段有 3 种。

1）字面型。解释字段占用 1B，数据字段长度由解释字段的后 5 位决定。字面型示例如图 2-15 所示。其中 L 是数据长度字段，数据长度是长度字段组成的字面值加 1。

000L LLLL	1. 直接读取后续的数据字段内容，长度是所有L组成的字面值加1。 2. 例如，0000 0001代表数据字段长度为2。

图 2-15　字面型示例

2）简短重复型。解释字段占用 2B，没有数据字段，数据内容与前面内容重复，重复长度小于 8B。简短重复型示例如图 2-16 所示。其中 L 是长度字段，数据长度是长度字段组成的字面值加 2；o 是偏移量字段，位置偏移量是偏移字段组成的字面值加 1。

LLLo oooo	oooo oooo

1. 长度是所有L组成的字面值加2，偏移量是所有o组成的字面值加1。
2. 例如，0010 0000 0000 0100 代表与前面5B处内容重复，重复了3B。

图 2-16　简短重复型示例

3）批量重复型。解释字段占 3B，没有数据字段，数据内容与前面内容重复。批量重复型示例如图 2-17 所示。其中 L 是长度字段，数据长度是长度字段组成的字面值加 8；o 是偏移量字段，位置偏移量是偏移字段组成的字面值加 1。

111o oooo	LLLL LLLL	oooo oooo

1. 长度是所有L组成的字面值加8，偏移量是所有o组成的字面值加1。
2. 例如，1110 0000 0000 0010 0001 0000 代表与前面17B处内容重复，重复了10B。

图 2-17　批量重复型示例

3. 压缩

LZF 数据压缩的基本思想如下：数据内容与前面内容重复，记录重复位置及重复长度，否则直接记录原始数据内容。LZF 压缩算法的流程如下：遍历输入字符串，对当前字符及其后面两个字符进行 Hash 运算，如果在 Hash 表中找到曾经出现的记录，则计算重复字节的长度及位置，反之直接输出数据。下面给出了 LZF 算法源码的核心部分。

```
define IDX(h) (((h >> 8) - h*5) & ((1 << 16) - 1))
//in_data、in_len表示待压缩数据及长度; out_data、out_len表示压缩后数据及内容
unsigned int lzf_compress (const void *const in_data, unsigned int in_len,
        void *out_data, unsigned int out_len)
{
  //htab用于散列运算，进而获取上次重复点的位置
  int htab[1 << 16] = {0};
  unsigned int hval = ((ip[0] << 8) | ip[1]);

  while (ip < in_end - 2)
  {
      //计算该元素及其后面两个元素的Hash值，计算在Hash表中的位置
      hval = ((hval << 8) | ip[2]);
      unsigned int *hslot = htab + IDX (hval);
      ref = *hslot;
      if (...){ //之前出现过
          //统计重复长度，ip为输入数据当前处理位置指针，ref为数据之前出现的位置
          do
            len++;
          while (len < maxlen && ref[len] == ip[len]);

      //写入重复长度、重复位置的偏移量，op为当前输出位置指针，off为偏移位置，len为
      //重复长度
```

```
                if (len < 7) *op++ = (off >> 8) + (len << 5);
                else{
                    *op++ = (off >> 8) + (7 << 5);
                    *op++ = len - 7;
            }
        //更新Hash表
        }else{
           //直接输出当前字符
        }
      }
   //将剩余数据写入输出数组，返回压缩后的数据长度
}
```

4. 解压缩

根据LZF算法压缩后的数据格式，可以较为容易地实现LZF算法的解压缩。源码实现的核心部分如下。值得注意的是，可能存在重复数据与当前位置重叠的情况。例如，在当前位置前面的15B处，重复了20B，此时需要按位逐个复制。

```
unsigned int
lzf_decompress (const void *const in_data,  unsigned int in_len,
                void *out_data, unsigned int out_len)
{
  do{//ip指向当前待处理的输入数据
      unsigned int ctrl = *ip++;
      if (ctrl < (1 << 5)){
          ctrl++;
          //直接读取后面的数据
      }else {
          //计算重复的位置和长度，len为重复长度，ref为重复位置，op指向当前的输出位置
          ......
          switch (len)
          {
              default:
                len += 2;
                if (op >= ref + len){
                    //直接复制重复的数据
                    memcpy (op, ref, len);
                    op += len;
                }
                else{
                    //重复数据与当前位置产生重叠，按字节顺序复制
                    do
                      *op++ = *ref++;
                    while (--len);
                }
             break;
             case 9: *op++=*ref++;
             ......
```

```
            }
        }
    }while (ip < in_end);
}
```

2.4 字典

介绍完列表相关数据结构，本节将介绍Redis数据库重要的数据结构之一——字典。Redis的字典是通过Hash函数来实现的，接下来介绍Redis字典实现所用到的数据结构。

2.4.1 基本实现

Redis字典实现依赖的数据结构主要包含了3部分：dict、Hash表、Hash表节点。dict嵌入了两个Hash表，Hash表中的table字段存放着Hash表节点，Hash表节点对应存储的是key-value对。

1. Hash表

Hash表数据结构如下。

```
typedef struct dictht {
    dictEntry **table;              /*指针数组，用于存储key-value对*/
    unsigned long size;             /*table数组的大小*/
    unsigned long sizemask;         /*掩码 = size - 1 */
    unsigned long used;             /*table数组已存储元素个数，包含next单链表的数据*/
} dictht;
```

Hash表的结构体整体占用32B。table字段是数组，作用是存储key-value对，该数组中的元素指向dictEntry的结构体，每个dictEntry里面存储着key-value对。size表示table数组的总大小。used字段记录着table数组已存key-value对的个数。

sizemask字段用来计算key的索引值，sizemask的值恒等于size−1。我们知道，索引值是key的Hash值与数组总容量取余之后的值，而Redis为提高性能对这个计算进行了优化，具体计算步骤如下。

1）人为设定Hash表的数组容量初始值为4，随着key-value对存储量的增加，就需对Hash表扩容，新扩容的容量大小设定为当前容量大小的1倍，也就是说，Hash表的容量大小只能为4、8、16、32……sizemask掩码的值就只能为3、7、15、31……对应的二进制为11、111、1111、11111……因此掩码值的二进制肯定是每一位都为1。

2）索引值=Hash值 & 掩码值，对应Redis源码为idx=hash & d->ht[table].sizemask，其计算结果等同Hash值与Hash表容量取余。显然计算机的位运算要比取余运算快很多。

图2-18所示是初始化好的一个空Hash表结构示意图，默认容量大小是4。

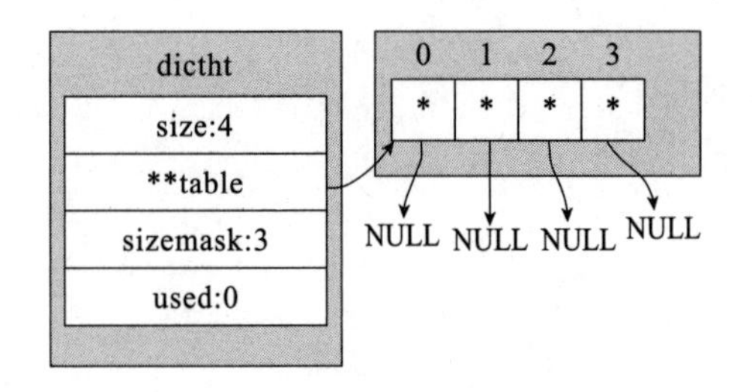

图 2-18　空 Hash 表结构示意图

2. Hash 表节点

Hash 表中的元素是由 dictEntry 结构体来封装的，主要作用是存储 key-value 对，具体结构体如下。

```
typedef struct dictEntry {
    void *key;                  /*存储key*/
    union {
        void *val;              /*db.dict中的val*/
        uint64_t u64;
        int64_t s64;            /*db.expires中存储了过期时间*/
        double d;
    } v;                        /*即value，是联合体*/
    struct dictEntry *next;     /*Hash冲突时指向冲突的元素，形成单链表*/
} dictEntry;
```

Hash 表中的元素结构体与前面自定义的元素结构体类似，整体占用 24B，key 字段存储的是 key-value 对中的 key。v 字段是一个联合体，存储的是 key-value 对中的 value，在不同的场景下使用不同的字段。例如，用字典存储整个 Redis 数据库所有的 key-value 对时，用的是 *val 字段，它可以指向不同类型的值。再如，字典被用于记录 key 的过期时间时，用的是 s64 字段存储。next 字段的作用是，当出现了 Hash 冲突时，用来指向冲突的元素，通过头插法形成单链表。

下面看一个示例。有 3 个 key-value 对，分别依次添加 k2=>v2、k1=>v1、k3=>v3，假设 k1 与 k2 出现 Hash 冲突，那么这 3 个 key-value 对在字典中的存储结构如图 2-19 所示。

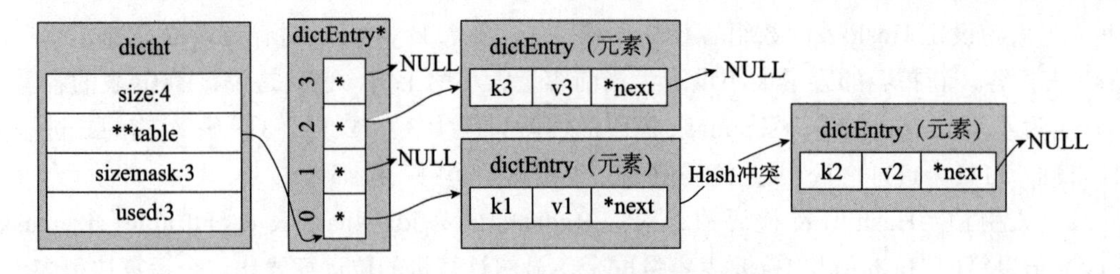

图 2-19　两个元素冲突后的存储结构示意图

3. dict

Redis 字典实现除了包含 Hash 表及 Hash 表节点外，还封装了名为 dict 的 Hash 表头，方便进行特殊操作时记录辅助用。具体结构体如下。

```
typedef struct dict {
    dictType *type;         /*该字典对应的特定操作函数*/
    void *privdata;         /*该字典依赖的数据*/
    dictht ht[2];           /*Hash表，key-value对存储在此*/
    long rehashidx;         /*rehash标志，默认值为-1，代表没进行rehash操作；不为-1时，代表
    正进行rehash操作，存储的值表示Hash表ht[0]的rehash操作进行到了哪个索引值*/
    int16_t pauserehash; /* 当前运行的安全迭代器数*/
} dict;
```

1）type 字段指向 dictType 结构体。dictType 结构体包含了对该字典操作的函数指针，具体如下。

```
typedef struct dictType {
    uint64_t (*hashFunction)(const void *key); /*该字典对应的Hash函数*/
    void *(*keyDup)(void *privdata, const void *key); /*key对应的复制函数*/
    void *(*valDup)(void *privdata, const void *obj); /*value对应的复制函数*/
    int(*keyCompare)(void *privdata, const void *key1, const void *key2);
    /*key的比对函数*/
    void (*keyDestructor)(void *privdata, void *key); /*key的销毁函数*/
    void (*valDestructor)(void *privdata, void *obj); /*value的销毁函数*/
} dictType;
```

除了用于存储主数据库的 key-value 对数据外，还有很多地方会用到。例如，Redis 的哨兵模式就用字典存储管理所有的 Master 节点及 Slave 节点；再如，数据库中的 key-value 对的 value 为 Hash 类型时，存储这个 Hash 类型的 value 也会用到字典。在不同的应用中，字典中的 key-value 对形态可能不同，而 dictType 结构体则是为了实现各种形态的字典而抽象出来的一组操作函数。

2）privdata 字段保存了需要传给那些特定操作函数的可选参数。

3）ht 字段是一个大小为 2B 的数组，该数组存储的元素类型为 dictht。虽然有两个元素，但一般情况下只会使用 ht[0]，只有当该字典扩容、缩容需要进行 rehash 时，才会用到 ht[1]。关于 rehash 的内容，后面会详细介绍。

4）rehashidx 字段用来标记该字典是否在进行 rehash：没进行 rehash 时，值为 -1；否则，该值用来表示 Hash 表 ht[0] 执行 rehash 到了哪个元素，并记录该元素的数组下标值。

5）pauserehash 字段用来记录当前运行的安全迭代器数。当有安全迭代器绑定到该字典时，rehash 操作暂停。Redis 在很多场景下都会用到安全迭代器。例如，执行 keys 命令会创建一个安全迭代器，此时 pauserehash 会加 1，命令执行完毕则 pauserehash 会减 1，而执行 sort 命令时会创建普通迭代器，该字段不会改变。

完整的 Redis 字典结构如图 2-20 所示。

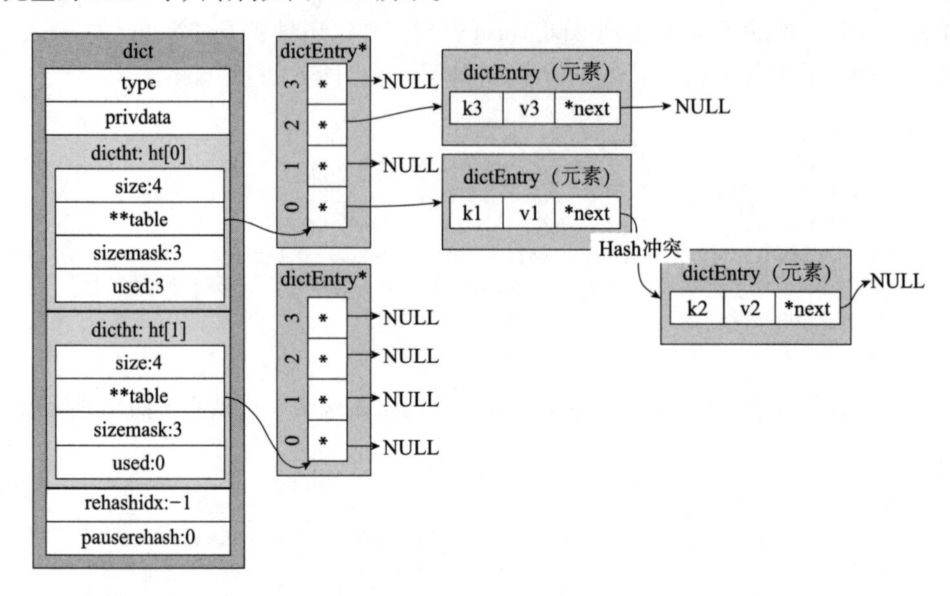

图 2-20　完整的 Redis 字典结构

2.4.2　字典扩容

若向字典中添加的数据越来越多，存储容量会出现不足，此时就需要对字典的 Hash 表进行扩容。扩容对应的源码是 dict.h 文件中的 dictExpand 函数，具体代码如下。

```
int dictExpand(dict *d, unsigned long size){//传入size = d->ht[0].used*2
    dictht n;
    unsigned long realsize = _dictNextPower(size);
    /*重新计算扩容后的值，必须为2的N次方*/
    n.size = realsize;
    n.sizemask = realsize-1;
    n.table = zcalloc(realsize*sizeof(dictEntry*));
    n.used = 0;
    d->ht[1] = n;          /*扩容后的新内存放入ht[1]*/
    d->rehashidx = 0;      /*非默认的-1，表示需进行rehash*/
    return DICT_OK;
}
```

扩容主要流程如下：①申请一块新内存，初次申请时，默认容量大小为 4 个 dictEntry，非初次申请时，申请内存的大小则为当前 Hash 表容量的 1 倍。②把新申请的内存地址赋值给 ht[1]，并把字典的 rehashidx 标志位由 -1 改为 0，表示之后需要进行 rehash 操作。扩容后的字典内存结构如图 2-21 所示。

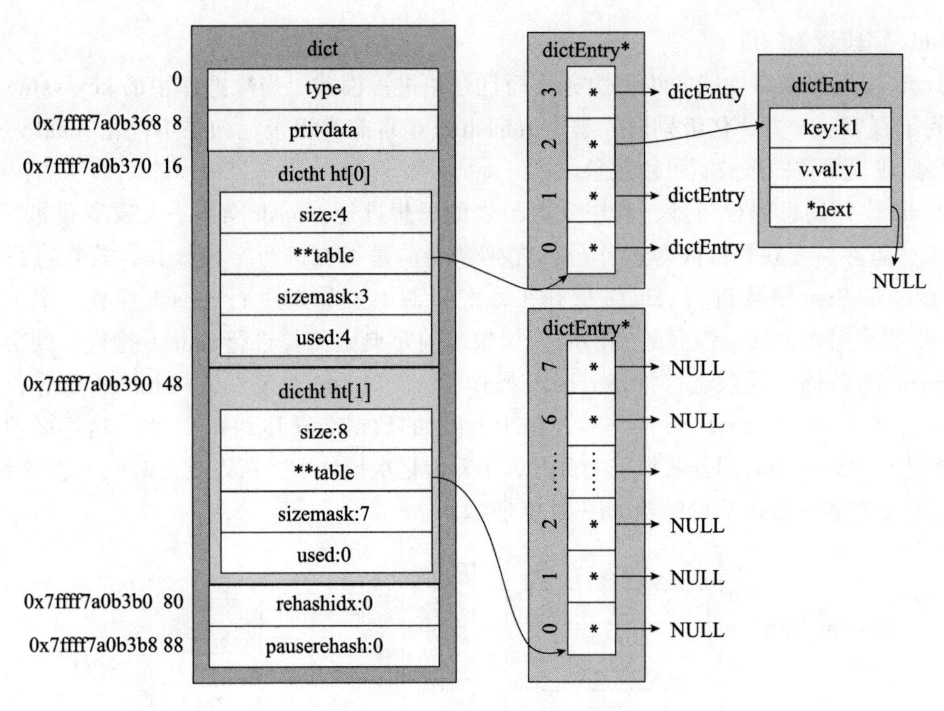

图 2-21　扩容后的字典内存结构

扩容后，字典容量及掩码值会发生改变，同一个 key 与掩码经位运算后得到的索引值就会发生改变，从而导致根据 key 查找不到 value。解决这个问题的方法是，将新扩容的内存放到一个全新的 Hash 表中（ht[1]），并给字典打上 rehashidx 标志（即 rehashidx!=-1）。此后，新添加的 key-value 对都存储在新的 Hash 表中；而修改、删除、查找操作都需要检查 ht 字段的值（ht[0]、ht[1]）。除此之外，还需要把旧 Hash 表（ht[0]）中的数据（重新计算索引值后）全部迁移插入新 Hash 表（ht[1]）中，此迁移过程称为 rehash。下面介绍 rehash 的实现。

除了扩容会触发 rehash，缩容也同样会触发 rehash。Redis 整个 rehash 的实现主要分为如下几步完成。

1）给 Hash 表 ht[1] 申请足够的空间。扩容时，空间大小为当前容量的 2 倍，即 d->ht[0].used*2；当使用量占总空间的比例小于 10% 时，则进行缩容。缩容时，空间大小为能恰好包含 d->ht[0].used 个节点容量的 2^n 倍，并把字典中的字段 rehashidx 置为 0。

2）进行 rehash 操作，调用 dictRehash 函数，重新计算 ht[0] 中每个 key 的 Hash 值与索引值（即 rehash），依次将其添加到新 Hash 表 ht[1]，并把旧 Hash 表中的该 key-value 对删除。之后把字典中的 rehashidx 字段取值修改为 Hash 表 ht[0] 中正在进行 rehash 操作的节点的索引值。

3）rehash 操作完成后，清空 ht[0]，然后调换 ht[1] 与 ht[0] 的值，并把字典中的

rehashidx 字段置为 -1。

Redis 可以提供高性能的线上服务，而且是单进程模式。当数据库中的 key-value 对数量达到了百万、千万、亿级别时，整个 rehash 过程将非常缓慢。如果不优化 rehash 过程，可能会造成很严重的服务不可用现象。

Redis 优化的思想很巧妙，利用分而治之的思想进行 rehash 操作，大致步骤如下。执行插入、删除、查找、修改等操作前，先判断当前是否在进行字典操作，若在进行则调用 dictRehashStep 函数进行 rehash 操作（每次只对 1 个节点进行 rehash 操作，共执行 1 次）。除这些操作之外，当服务空闲时，如果当前字典也需要进行 rehash 操作，则会调用 incrementallyRehash 函数进行批量 rehash 操作（每次对 100 个节点进行 rehash 操作，共执行 1ms）。在经历 *N* 次 rehash 操作后，整个 ht[0] 的数据会迁移到 ht[1] 中。这样做的好处是把本应集中处理的时间分散到了上百万、千万、亿次操作中，所以其耗时也可忽略不计。

经过渐进式 rehash 后的结构如图 2-22 所示。

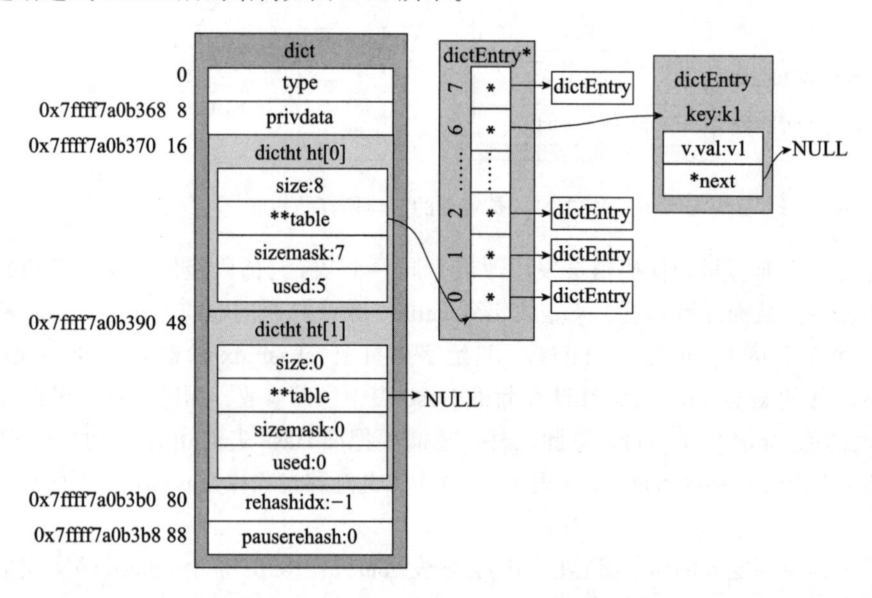

图 2-22 经过渐进式 rehash 后的结构

2.5 集合

集合对象中元素唯一，底层基于 dict 和 intset 实现。当 Redis 集合类型的元素都是整数且都处在 64 位有符号整数范围之内时，可使用 intset 存储数据，其他情况则用 dict 存储数据。前文对 dict 做了介绍，本节将对 intset 进行简单介绍。

2.5.1 intset 简介

intset（整数集合）是一个有序的、存储整型数据的结构。Redis 是一个内存数据库，所以必须考虑如何能够高效地利用内存。

例如，在客户端输入如下命令，并查看其编码。

```
127.0.0.1:6379> sadd testSet 1 2 -1 -6,
(integer) 4
127.0.0.1:6379> object encoding testSet
"intset"
```

在两种情况下，底层编码会发生转换。一种情况为当元素个数超过一定数量之后（默认值为 512），即使元素类型仍然是整型，也会将编码转换为 hashtable，该值由如下配置项决定：

```
set-max-intset-entries 512
```

另一种情况为增加非整型变量。例如，在集合中增加元素 a 后，testSet 的底层编码由 intset 转换为 hashtable。

```
127.0.0.1:6379> sadd testSet  'a'
(integer) 1
127.0.0.1:6379> object encoding testSet
"hashtable"
```

2.5.2 数据存储

intset 在 Redis 中可以保存 int16_t、int32_t、int64_t 类型的整型数据，并且可以保证集合中不会出现重复数据。每个 intset 使用一个 intset 类型的数据结构表示。intset 结构体表示如下。

```
typedef struct intset {
    uint32_t encoding;//编码类型
    uint32_t length;//元素个数
    int8_t contents[];//柔性数组，根据encoding字段决定用几个字节表示一个元素
} intset
```

intset 的结构如图 2-23 所示。

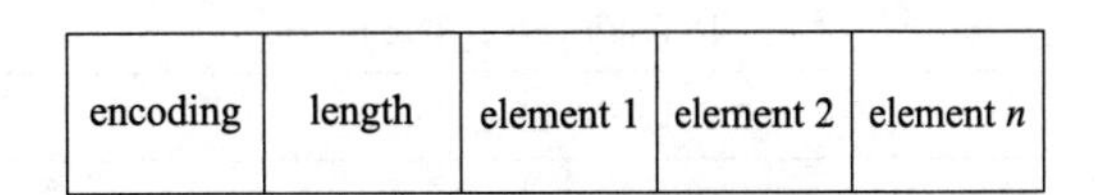

图 2-23　intset 的结构

其中，encoding 表示编码类型，决定每个元素占用几个字节，有如下 3 种类型。

1）INTSET_ENC_INT16：当元素值都位于 INT16_MIN 和 INT16_MAX 之间时使

用。采用该编码方式，每个元素占用 2B。

2）INTSET_ENC_INT32：当元素值位于 INT16_MAX 到 INT32_MAX 或者 INT32_MIN 到 INT16_MIN 之间时使用。采用该编码方式，每个元素占用 4B。

3）INTSET_ENC_INT64：当元素值位于 INT32_MAX 到 INT64_MAX 或者 INT64_MIN 到 INT32_MIN 之间时。采用该编码方式，每个元素占用 8B。

判断一个值需要什么类型的编码格式，只需要查看该值的范围即可，如表 2-4 所示。

表 2-4 编码和值的关系

编码	值
INTSET_ENC_INT64	（2147483647, 9223372036854775807）或 [−9223372036854775808, −2147483648）
INTSET_ENC_INT32	（32767, 2147483647] 或 [−2147483648, −32768）
INTSET_ENC_INT16	[−32768, 32767]

intset 结构体会根据待插入的值决定是否需要进行扩容操作。扩容会修改 encoding 字段，而 encoding 字段决定了一个元素在 contents 柔性数组中占用几个字节。因此，修改 encoding 字段之后，intset 中原来的元素也需要在 contents 中进行相应的扩展。注意，根据表 2-4 能得到一个简单的结论：只要待插入的值导致了扩容，则该值在待插入的 intset 中不是最大值就是最小值。这个结论在插入元素时会用到。

encoding 字段在 Redis 中使用宏来表示，其定义如下。

```
#define INTSET_ENC_INT16 (sizeof(int16_t))
#define INTSET_ENC_INT32 (sizeof(int32_t))
#define INTSET_ENC_INT64 (sizeof(int64_t))
```

不同编码类型对应的实际值如表 2-5 所示。

因为 encoding 字段实际取值为 2、4、8，所以 encoding 字段可以直接比较大小。当待插入值的 encoding 字段大于待插入 intset 的 encoding 字段时，说明需要进行扩容操作，同时表明该待插入值肯定在该 intset 中不存在。

1）length：元素个数，即一个 intset 包括多少个元素。

2）contents：存储具体元素，根据 encoding 字段决定用多少个字节表示一个元素。

表 2-5 不同编码类型对应的实际值

编码类型	值
INTSET_ENC_INT16	2
INTSET_ENC_INT32	4
INTSET_ENC_INT64	8

按此存储结构，上文示例中生成的 testSet 存储格式如图 2-24 所示。

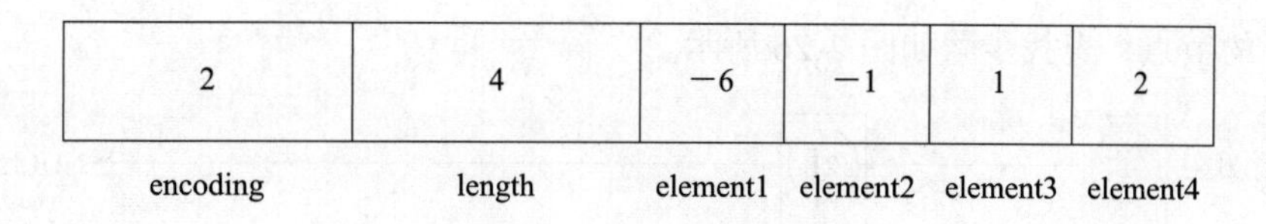

图 2-24　testSet 存储格式

在图 2-24 中，encoding 字段为 2，代表编码类型为 INTSET_ENC_INT16。length 字段为 4，代表该 intset 有 4 个元素。contents 字段中的每个元素按从小到大的顺序排列，依次为 −6、−1、1 和 2。

2.6　有序集合

有序集合在生活中较为常见。例如，老师需要将学生的成绩排名，游戏玩家要根据得分进行排名等。Redis 也提供了这种数据类型。一般对有序集合的底层实现而言，我们可以使用数组、链表、平衡树等结构。然而，数组不便于元素的插入和删除；链表的查询效率低，需要遍历所有元素；平衡树或者红黑树等结构虽然效率高，但是实现复杂。

Redis 采用了一种新型的数据结构——跳跃表。跳跃表的效率堪比红黑树，然而其实现远比红黑树简单，本节将详细介绍 Redis 跳跃表的具体实现。

2.6.1　跳跃表简介

在了解跳跃表之前，我们先了解一下有序链表。有序链表是所有元素以递增或递减方式有序排列的数据结构。在有序链表中，每个节点都有指向下一个节点的 next 指针，最后一个节点的 next 指针指向 NULL，递增有序链表如图 2-25 所示。

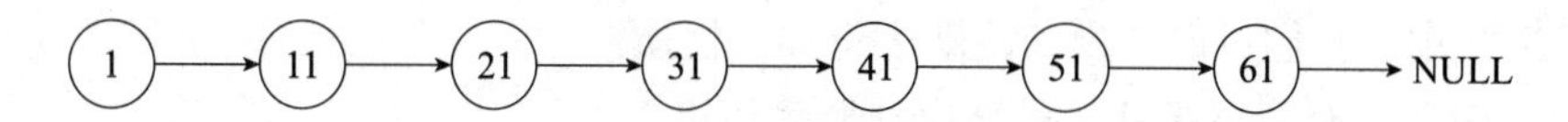

图 2-25　递增有序链表

如图 2-25 所示的有序链表，如果要查询值为 51 的元素，需要从第一个元素开始依次向后查找、比较才可以找到元素，查找顺序为 1 → 11 → 21 → 31 → 41 → 51，共需进行 6 次比较，时间复杂度为 $O(N)$。对有序链表进行插入、删除操作都需要先找到合适的位置再修改 next 指针，修改操作基本不消耗时间，所以有序链表的增删改的耗时主要在于查找元素上。

如果将有序链表中的部分节点分层，每一层都是一个有序链表。在查找时，优先从最高层开始向后查找，当到达某个节点时，如果 next 节点值大于要查找的值或 next 指针指向 NULL，则从当前节点下降一层继续向后查找。这样是否可以提升查找效率呢？我们再次查找值为 51 的节点，查找步骤如图 2-26 所示。

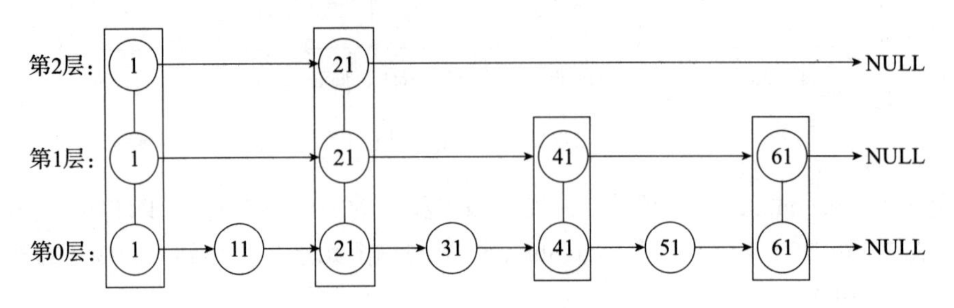

图 2-26　分层有序链表

1）从第 2 层开始，1 节点比 51 节点小，向后比较。

2）21 节点比 51 节点小，继续向后比较。第 2 层 21 节点的 next 指针指向 NULL，所以从 21 节点开始需要下降一层到第 1 层继续向后比较。

3）在第 1 层中，41 节点比 51 节点小，继续向后比较。第 1 层 41 节点的 next 指针节点为 61 节点，61 节点比要查找的 51 节点大，所以从 41 节点开始下降一层到第 0 层继续向后比较。

4）在第 0 层中，51 节点为要查询的节点，节点被找到。

采用图 2-26 所示的数据结构后，总共查找 4 次就可以找到 51 节点，比有序链表少 2 次。当数据量大的时候，这种优势会更明显。

至此，我们发现，通过将有序列表的部分节点分层，由最上层开始依次向后查找，如果本层的 next 节点值大于要查找的值或 next 节点为 NULL，则从本节点开始降低一层继续向后查找。以此类推，如果找到则返回节点，否则返回 NULL。采用此原理查找节点，在节点数量比较多时，可以跳过一些节点，查询效率大幅提升，这就是跳跃表的基本思想。

那么，Redis 中的跳跃表是如何实现的呢？如图 2-27 所示。

从图 2-27 中，我们可以看出，跳跃表有如下性质。

1）跳跃表节点有多层指针，层高出现概率随机。

2）跳跃表有一个 header（头）节点，head 节点中有一个 32 层的结构，每层的结构包含指向本层的下一个节点的指针，指向本层下一个节点中间所跨越的节点个数为本层的跨度（span），跨度是为了计算某个范围内的长度时使用。

3）除 header 节点外，层数最多的节点的层高为跳跃表的高度（level）。例如，图 2-24 所示跳跃表的高度为 3。

4）每一层都是一个有序链表，数据递增。

5）除 header 节点外，若一个元素在上层有序链表中出现，则这个元素一定会在下层有序链表中出现。

6）跳跃表每层最后一个节点指向 NULL，表示本层有序链表的结束。

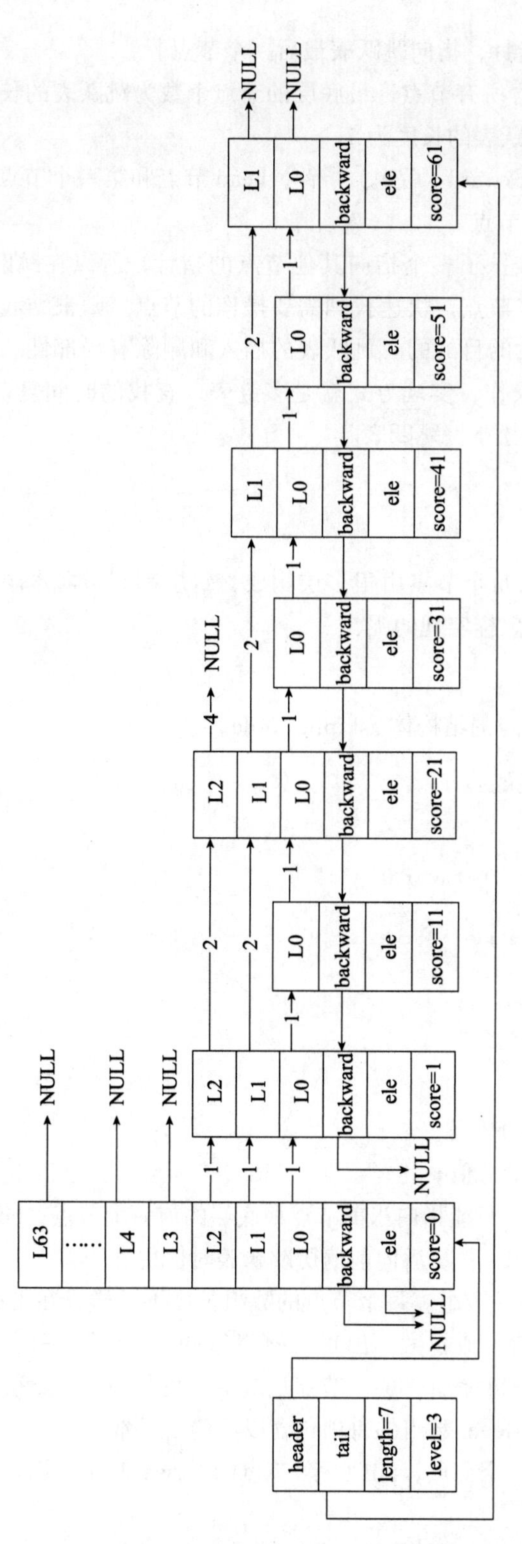
header
tail
length=7
level=3
L63
L4
L3
L2
L1
L0
backward
ele
score=0
NULL
score=1
score=11
score=21
score=31
score=41
score=51
score=61
1
2
4
NULL

图 2-27　跳跃表

7）跳跃表拥有一个tail指针，指向跳跃表最后一个节点。

8）最底层的有序链表包含所有节点，最底层的节点个数为跳跃表的长度（不包括head节点）。例如，图2-24所示跳跃表的长度为7。

9）每个节点包含一个backward（后退）指针，head节点和第一个节点指向NULL，其他节点指向其最底层的前一个节点。

在跳跃表中，每个节点维护了多个指向其他节点的指针，所以在跳跃表查找、插入、删除节点时可以直接跳过一些节点，快速找到需要操作的节点。归根结底，跳跃表是以牺牲空间的形式来达到快速查找的目的的。跳跃表的插入和删除有局部性。相对于平衡树来说，跳跃表不需要重新平衡操作，实现方式就是多链表，查找的时间复杂度是$O(\log(n))$。只要熟悉有序链表，就可以轻松掌握跳跃表。

2.6.2 数据存储

跳跃表由多个节点构成，每个节点由很多层构成，每层都有指向本层下一个节点的指针。那么Redis中的跳跃表是怎样实现的呢？

1. 跳跃表节点

我们先来看一下跳跃表节点的结构体zskiplistNode。

```
typedef struct zskiplistNode {
    sds ele;
    double score;
    struct zskiplistNode *backward;
    struct zskiplistLevel {
        struct zskiplistNode *forward;
        unsigned int span;
    } level[];
} zskiplistNode;
```

该结构体包含如下属性。

1）ele：存储字符串类型的数据。

2）score：存储用于排序的分值。

3）backward：后退指针，只能指向当前节点最底层的前一个节点；head节点和第一个节点的backward指针指向NULL；从后向前遍历跳跃表时使用。

4）level：level数组，柔性数组。每个节点的数组长度不一样，在生成跳跃表节点时，随机生成一个1～32之间的值。值越大，出现的概率越低。i层和$i-1$层出现的比例（概率）的平均值约为0.25，代表每增加一层，节点层高为i的概率/节点层高为$i-1$的概率≈0.25。列表长度可以到2^{64}。level数组的每项包含以下两个元素。

① forward：指向本层下一个节点，tail（尾）节点的forward指针指向NULL。

② span：forward 指针指向的节点与本节点之间的元素个数。span 值越大，跳过的节点个数越多。

跳跃表是 Redis 有序集合的底层实现方式之一，所以每个节点的 ele 用来存储有序集合成员的 member 值，score 存储成员的 score 值。所有节点的分值是按从小到大的方式排序的。当有序集合成员的分值相同时，节点会按 member 的字典序进行排序。

2. 跳跃表

除了跳跃表节点外，跳跃表还需要一个表头，用于管理节点。Redis 使用的是 zskiplist 结构体，其定义如下。

```
typedef struct zskiplist {
    struct zskiplistNode *header, *tail;
    unsigned long length;
    int level;
} zskiplist;
```

该结构体包含如下属性。

1）header：指向跳跃表 head 节点。head 节点是跳跃表中特殊的一个节点，它的 level 数组元素个数为 32。head 节点在有序集合中不存储任何 member 和 score 值，它的 ele 值为 NULL，score 值为 0，head 节点也不计入跳跃表的总长度。head 节点在初始化时，32 个元素的 forward 指针都指向 NULL，span 都赋值 0。

2）tail：指向跳跃表 tail 节点。

3）length：跳跃表长度，表示除 head 节点之外的节点总个数。

4）level：跳跃表的层高。

通过跳跃表结构体的属性，我们可以看到，程序可以在 $O(1)$ 的时间复杂度下，快速获取跳跃表的 head 节点、tail 节点、长度和高度。

2.7　小结

为了更好地理解后面章节，本章介绍了一些基础结构体，如对象结构体 robj，以及不同对象存储依赖的底层数据结构，如 sds、list、ziplist、quicklist、dict、intset 等。结构体知识点较多，本章篇幅有限，只对相关源码部分做了简单介绍，希望读者能结合 Redis 6.0 的源码去学习，更好地掌握 Redis 的基本数据结构。

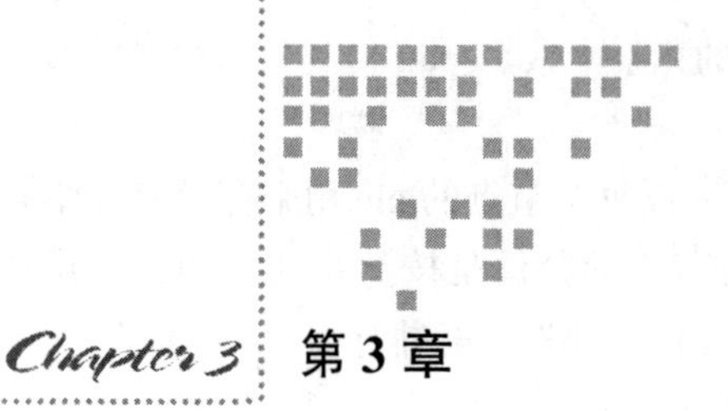

Chapter 3 第3章

stream底层数据结构

第2章讲解了Redis的基本数据结构。为了给读者学习后续章节打基础，本章继续介绍与stream相关的数据结构。Redis 5.0版本引入了stream数据类型。stream是专门为消息队列设计的数据类型。在Redis 5.0之前版本中实现队列都有各自的缺陷，如基于list实现消息队列不能重复消费，因无ACK机制，一个消息消费完就会被删除，无法做到可靠消费。基于以上问题，Redis 5.0引入了stream类型，用于完美地实现消息队列。

3.1 stream简介

消息队列本质是一个列表，stream用rax树实现list，用listpack存储消息。stream的结构如图3-1所示，它主要由消息、生产者、消费者、消费组4部分组成。

1）Redis可以通过如下指令创建一个消息流并向其中加入一条消息。

```
xadd mystream1 * name hb age 20
```

其中，mystream1为stream的名称，*代表由Redis自行生成消息ID，name和age为该消息的field，hb和20则分别为name.age对应的field值。

每个消息都由以下两部分组成。

①每个消息有唯一的消息ID，消息ID严格递增。

②消息内容由多个field-value对组成。

2）生产者负责向消息队列中生产消息。

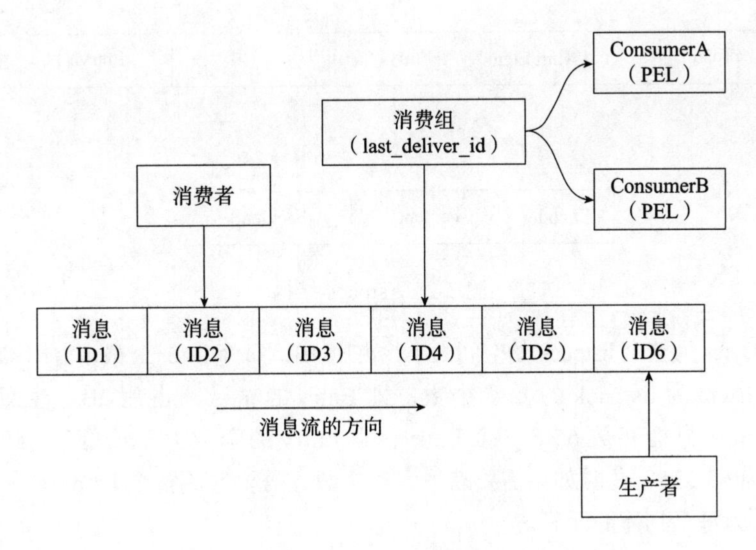

图 3-1 stream 的结构

3）消费者用于消费某个消息流。消费者可以归属某个消费组，也可以不归属任何一个消费组。

4）消费组是 stream 的一个重要概念，具有以下特点。

①每个消费组通过组名称唯一标识，多个消费组之间相互独立。消费组可以理解成一个特殊的消费者。stream 的默认模式是 fanout，即多个消费者可以独立消费整个队列的全部消息。

②消费组的出现是为了让多个消费者共同消费一个队列。每个消费组有多个消费者，消费者通过名称唯一标识，消费者之间的关系是竞争关系，也就是说一个消息只能由该组的一个成员消费。

③组内成员消费消息后，需要确认，每个消息组都有一个待确认消息队列（Pending Entry List, PEL），维护了该消费组已经消费但尚未确认的消息。

④消费组的每个成员都维护了一个自身已经消费但尚未确认的消息队列。

stream 的底层实现主要使用了 listpack 及 rax 树，下面一一介绍。

3.1.1 listpack

Redis 源码对 listpack 的解释为“A lists of strings serialization format”，即一个字符串列表的序列化格式，也就是对一个字符串列表进行序列化存储。Redis listpack 可用于存储字符串或者整型。listpack 结构如图 3-2 所示。

listpack 由 4 部分组成：Total Bytes、Num Elem、Entry 及 End。下面介绍各部分的具体含义。

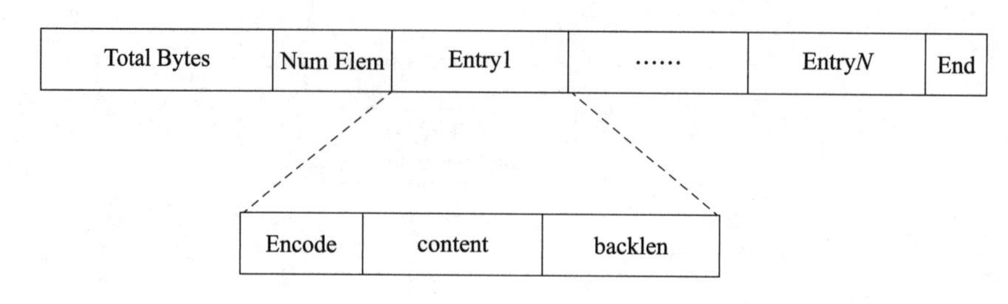

图 3-2 listpack 结构

1）Total Bytes 为整个 listpack 的空间大小，占用 4B，每个 listpack 最多占用 4294 967 295B。

2）Num Elem 为 listpack 的元素个数，即 Entry 的个数，占用 2B。注意，这并不意味着 listpack 最多只能存放 65 535 个 Entry，当 Entry 的个数大于或等于 65 535 时，Num Elem 被设置为 65 535，此时如果需要获取元素个数，需要遍历整个 listpack。

3）Entry 为每个具体的元素。

4）End 为 listpack 结束标志，占用 1B，内容为 0xFF。

Entry 为 listpack 中的具体元素，其内容可以为字符串或者整型，每个 Entry 由 3 部分组成，每部分的具体含义如下。

1）Encode 为该元素的编码方式，占用 1B，之后是内容字段 content，二者紧密相连。Encode 字段如表 3-1 所示。

表 3-1 listpack 的 Encode 字段

Encode 的内容（二进制表示）	含义
0xxx xxxx	7 位无符号整型，其后 7 位为数据（content）
10LL LLLL	6 位长度的字符串，其后 6 位为字符串长度，之后为字符串内容
110x xxxx	13 位整型，其后 5 位及下个字节为数据内容
1110 LLLL	12 位长度的字符串，其后 4 位及下个字节为字符串长度，之后为字符串内容
1111 0000	32 位长度的字符串，其后 4 字节为字符串长度，之后为字符串内容
1111 0001	16 位整型，其后 2 字节为数据
1111 0010	24 位整型，其后 3 字节为数据
1111 0011	32 位整型，其后 4 字节为数据
1111 0100	64 位整型，其后 8 字节为数据

注：表中第 1 列加粗的数字为标志位。

2）backlen 记录了 Entry 的长度（Encode+content），注意并不包括 backlen 自身的长度，占用的字节小于或等于 5B。backlen 所占用的每个字节的第一位（bit）用于标识，0 代表结束，1 代表尚未结束，每个字节只有 7 位有效。注意，backlen 主要用于从后向前遍历，当需要找到当前元素的上一个元素时，可以从后向前依次查找每个字节，找到上一个 Entry 的

backlen 字段的结束标识，进而可以计算出上一个元素的长度。例如，backlen 为 00000001 10001000，代表该元素的长度为 0000001 0001000，即 136B。通过计算即可得出上一个元素的首地址（Entry 的首地址）。

注意： 在整型存储中，并不实际存储负数，而是将负数转换为正数进行存储。例如，在 13 位整型存储中，存储范围为 [0, 8191]。其中，[0, 4095] 对应非负的 [0, 4095]（当然，[0, 127] 将会采用 7 位无符号整型存储），而 [4096, 8191] 则对应 [−4096, −1]。

listpack 是 stream 用于存储消息内容的结构，该结构查询效率低，并且只适用于末尾增删。消息流通常只需要在其末尾增加消息，故而可以采用 listpack 结构。

3.1.2　rax

1. 消息存储

stream 的消息内容存储在 listpack 中，但是如果将所有消息都存在一个 listpack 中，则会存在效率问题。例如，查询某个消息时，需要遍历整个 listpack；插入消息时，需要重新申请一块很大的空间。为了解决这些问题，Redis stream 通过 rax 组织 listpack。

rax 前缀树是查找字符串时经常使用的一种数据结构，用于在一个字符串集合中快速找到某个字符串。下面给出一个简单示例，如图 3-3 所示。

在前缀树中，每个节点只存储字符串中的一个字符，故而有时会造成空间的浪费。rax 就是为了解决这一问题出现的。Redis 对 rax 的解释为“ A radix tree implement”，即基数树的一种实现。rax 不仅可以存储字符串，还可以为这个字符串设置一个值，即一个 key-value 对。

rax 通过节点压缩节省空间，只有一个压缩节点的 rax 如图 3-4 所示。其中，中括号代表非压缩节点，双引号代表压缩节点，（iskey=1）代表该节点存储了一个 key，如无特别说明，后续的图也是如此。

在上述节点的基础上插入 key（foobar）后，那么 rax 就包含两个压缩节点，其结构如图 3-5 所示。

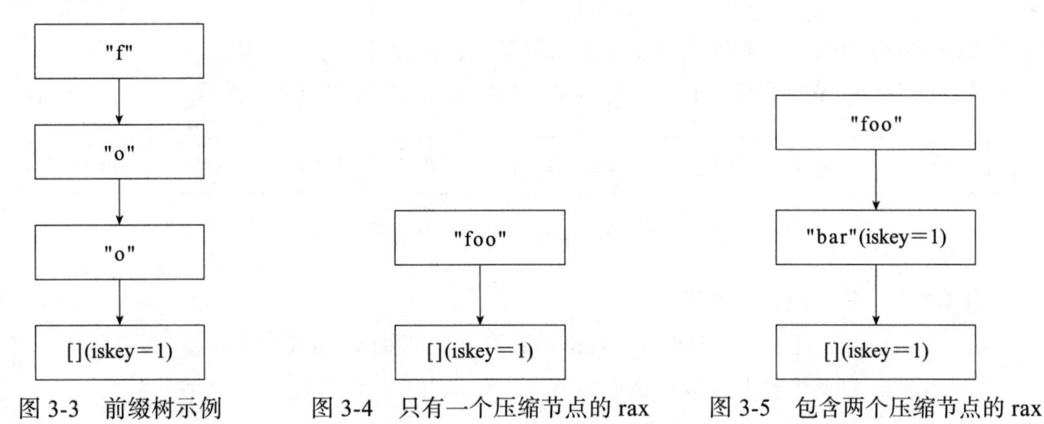

图 3-3　前缀树示例　　图 3-4　只有一个压缩节点的 rax　　图 3-5　包含两个压缩节点的 rax

含有两个 key（foobar, footer）的 rax 的结构如图 3-6 所示。

值得注意的是，对于非压缩节点，其内部字符是按照字典序排序的。例如，图 3-6 所示的第二个节点含有两个字符 b、t，二者是按照字典序排列的。

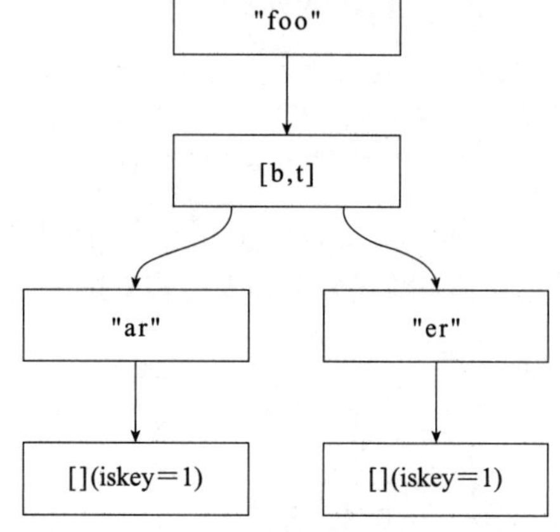

图 3-6 含有两个 key 的 rax

2. 关键结构体介绍

1）rax 结构是一棵 rax 树，它包含 3 个字段，即指向 head 节点的指针、元素个数（即 key 的个数）及节点个数。

```
typedef struct rax {
    raxNode *head;
    uint64_t numele;
    uint64_t numnodes;
} rax;
```

2）raxNode 代表 rax 树中的一个节点，它的定义如下。

```
typedef struct raxNode {
    uint32_t iskey:1;
    uint32_t isnull:1;
    uint32_t iscompr:1;
    uint32_t size:29;
    unsigned char data[];
} raxNode;
```

① iskey 表示当前节点是否包含一个 key，占用 1bit。

② isnull 表明当前 key 对应的 value 是不是空，占用 1bit。

③ iscompr 表明当前节点是不是压缩节点，占用 1bit。

④ size 为压缩节点压缩的字符串长度或者非压缩节点的子节点个数，占用 29bit。

⑤ data 包含填充字段，同时存储了当前节点包含的字符串及子节点的指针、key 对应的 value 指针。

raxNode 分为两类，即压缩节点和非压缩节点，下面分别进行介绍。

我们假设压缩节点存储的内容为字符串 "ABC"，其结构如图 3-7 所示。

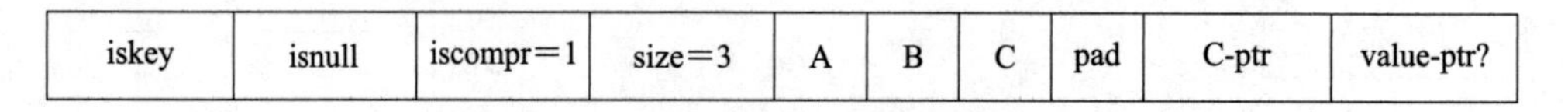

图 3-7 压缩节点结构示例图

图 3-7 中，各字段含义如下。

①当 iskey 为 1 且 isnull 为 0 时，value-ptr 存在，否则 value-ptr 不存在。

② iscompr 为 1 代表当前节点是压缩节点，size 为 3 代表存储了 3 个字符。

③紧随 size 的是该节点存储的字符串，根据字符串的长度确定是否需要填充字段（填充必要的字节，使得后面的指针地址放到合适的位置上）。

④由于是压缩字段，只有最后一个字符有子节点。

对于非压缩节点，我们假设其内容为 XY，结构如图 3-8 所示。

iskey	isnull	iscompr=0	size=2	X	Y	pad	X-ptr	Y-ptr	value-ptr?

图 3-8　非压缩节点结构示例图

与压缩节点的不同点在于，每个字符都有一个子节点。值得一提的是，字符个数小于 2 时，节点都是非压缩节点。

为了实现 rax 的遍历，Redis 提供了 raxStack 及 raxIterator 两种结构。

3）raxStack 结构用于存储从根节点到当前节点的路径，具体定义如下。

```
#define RAX_STACK_STATIC_ITEMS 32
typedef struct raxStack {
    void **stack;
    size_t items, maxitems;
    void *static_items[RAX_STACK_STATIC_ITEMS];
    int oom;
} raxStack;
```

① stack：用于记录路径，该指针可能指向 static_items（路径较短时）或者堆空间内存。

② items 与 maxitems：代表 stack 指向的空间的已用空间及最大空间。

③ static_items：一个数组，数组中的每个元素都是指针，用于存储路径。

④ oom：代表当前栈是否出现过内存溢出。

4）raxIterator：用于遍历 rax 树中所有的 key，该结构的定义如下。

```
typedef struct raxIterator {
    int flags;
    rax *rt;
    unsigned char *key;
    void *data;
    size_t key_len;
    size_t key_max;
    unsigned char key_static_string[RAX_ITER_STATIC_LEN];
    raxNode *node;
    raxStack stack;
    raxNodeCallback node_cb;
} raxIterator;
```

① flags：当前迭代器标志位，目前有 3 种。RAX_ITER_JUST_SEEKED 代表当前迭代器指向的元素是刚刚搜索过的，当需要从迭代器中获取元素时，直接返回当前元素并清空该标志位即可；RAX_ITER_EOF 代表当前迭代器已经遍历到 rax 树的最后一个节点；

RAX_ITER_SAFE 代表当前迭代器为安全迭代器，可以进行写操作。

② rt：当前迭代器对应的 rax。

③ key：存储当前迭代器遍历到的 key，该指针指向 key_static_string 或者从堆中申请的内存地址。

④ data：指向当前 key 关联的 value 值。

⑤ key_len 和 key_max：key 指向的空间的已用空间及最大空间。

⑥ key_static_string：key 的默认存储空间，当 key 比较大时，会使用堆空间内存。

⑦ node：当前 key 所在的 raxNode。

⑧ stack：记录了从根节点到当前节点的路径，用于 raxNode 进行向上遍历。

⑨ node_cb：节点的回调函数，通常为空。

3.1.3 stream 结构

stream 结构示例如图 3-9 所示。Redis stream 的实现依赖于 rax 结构及 listpack 结构。从图 3-9 中可以看出，每个消息流都包含一个 rax 结构。以消息 ID 为 key、listpack 结构为 value，存储在 rax 结构中。每个消息的具体信息存储在 listpack 中。以下亮点是值得注意的。

1）每个 listpack 都有一个 master entry，该结构存储了创建 listpack 时待插入消息的所有 field。这主要是考虑在同一个消息流中，消息内容通常具有相似性，如果后续消息的 field 与 master entry 内容相同，则不需要再存储其 field。

2）每个 listpack 可能存储多条消息。

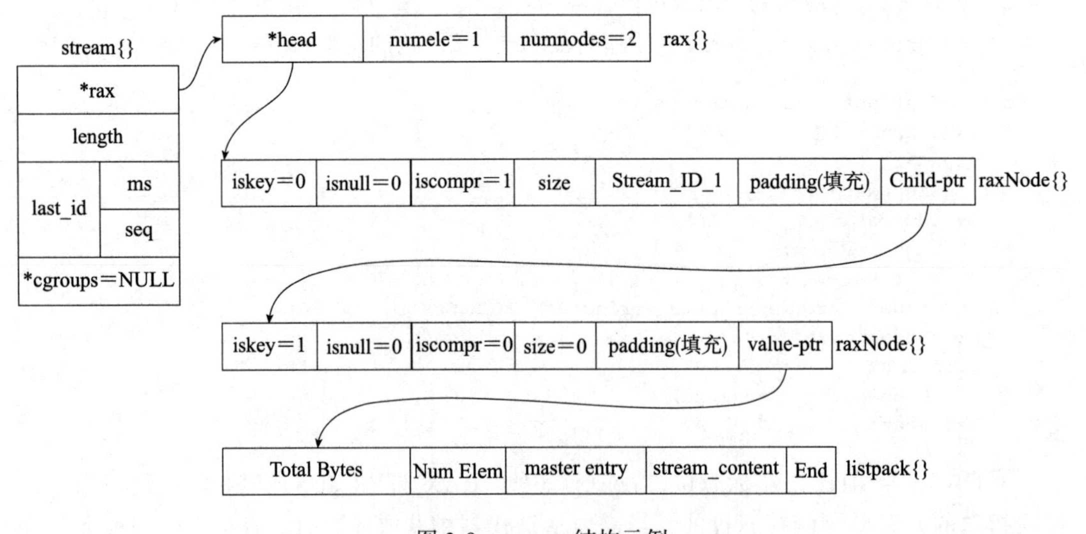

图 3-9 stream 结构示例

下面来了解一下 stream 中的消息是如何进行存储的。

1. 消息存储

（1）消息 ID

消息 ID 由每个消息的创建时间（1970 年 1 月 1 日至今的毫秒数）及序号组成，共 128 位。streamID 定义如下。

```
typedef struct streamID {
    uint64_t ms;        /* 以ms为单位的UNIX时间 */
    uint64_t seq;       /* 序号 */
} streamID;
```

（2）消息存储的格式

stream 的消息内容存储在 listpack 中，listpack 用于存储字符串或者整型数据。listpack 中的单个元素称为 Entry，下文介绍的消息存储格式的每个字段都是一个 Entry，并不是将整个内容作为字符串存储的。注意，每个 listpack 会存储多个消息，具体存储的消息个数是由 stream-node-max-bytes（listpack 节点占用的最大内存数，默认为 4096B）和 stream-node-max-entries（每个 listpack 可以存储的最大元素数，默认为 100 个）决定的。

1）每个消息会占用多个 listpack Entry。

2）每个 listpack 会存储多个消息。

每个 listpack 在创建时会构造该节点的 master entry（根据第一个插入的消息构建）。其结构如图 3-10 所示。

count	deleted	num-fields	field-1	field-2	……	field-*N*	0

图 3-10 listpack master entry 结构

图 3-10 中，各字段含义如下。

1）count 为当前 listpack 中所有未删除的消息个数。

2）deleted 为当前 listpack 中所有已经删除的消息个数。

3）num-fields 为下面的 field 的个数。

4）field-1, …, filed-*N* 为当前 listpack 中第一个插入消息的所有 field 域。

5）0 为标志位，在从后向前遍历该 listpack 的所有消息时使用。

再次强调，上面介绍的字段（count, deleted 等）都是 listpack 的一个元素。此处省略的 listpack 每个元素存储时的 encoding 及 backlen 字段等详见 3.1.1 节。存储一个消息时，如果该消息的 field 字段与 master entry 的字段完全相同，则不需要再次存储 field 字段，此时消息的存储结构如图 3-11 所示。

图 3-11 中，各字段含义如下。

flags	streamID.ms	streamID.seq	value-1	……	value-*N*	lp-count

图 3-11　消息的存储结构（一）

1）flags 为消息标志位，stream_ITEM_FLAG_NONE 代表无特殊标志，stream_ITEM_FLAG_DELETED 代表该消息已经被删除，stream_ITEM_FLAG_SAMEFIELDS 代表该消息的 field 字段与 master entry 完全相同。

2）streamID.ms 及 streamID.seq 为该消息 ID 减去 master entry ID 之后的值。

3）value 存储了该消息的每个 field 字段对应的内容。

4）lp-count 为该消息占用 listpack 的元素个数，也就是 $3 + N$。

如果该消息的 field 字段与 master entry 不完全相同，此时消息的存储结构如图 3-12 所示。

flags	streamID.ms	streamID.seq	num-fields	field-1	value-1	……	field-*N*	value-*N*	lp-count

图 3-12　消息的存储结构（二）

图 3-12 中，各字段含义如下。

1）flags 为消息标志位，与上面一致。

2）streamID.ms、streamID.seq 为该消息 ID 减去 master entry ID 之后的值。

3）num-fields 为该消息 field 字段的个数。

4）field、value 存储了消息的 field-value 对，也就是消息的具体内容。

5）lp-count 为该消息占用的 listpack 的元素个数，也就是 $4 + 2N$。

2. 关键结构体介绍

（1）stream 的结构

stream 的结构如下。

```
typedef struct stream {
    rax *rax;
    uint64_t length;
    streamID last_id;
    rax *cgroups;
} stream;
```

1）rax 存储消息生产者生产的具体消息，可以简单理解为有序链表，每个消息有唯一的 ID。以消息 ID 为 key、以消息内容为 value 存储在 rax 中，rax 中的一个节点可能存储多个消息。下面会详细介绍消息内容存储的具体格式。

2）length 代表当前 stream 中的消息个数（不包括已经删除的消息）。

3）last_id 为在当前 stream 中最后插入的消息的 ID，stream 为空时，设置为 0。

4）cgroups 存储了当前 stream 相关的消费组，以消费组的组名为 key、以 streamCG 为 value，存储在 rax 中。

（2）消费组

消费组是 stream 中的一个重要概念。每个 stream 会有多个消费组，每个消费组通过组名称进行唯一标识，同时关联一个 streamCG 结构。streamCG 结构定义如下。

```
typedef struct streamCG {
    streamID last_id;
    rax *pel;
    rax *consumers;
} streamCG;
```

1）last_id 为该消费组已经确认的最后一个消息的 ID。

2）pel 为该消费组尚未确认的消息，并以消息 ID 为 key，以 streamNACK（代表一个尚未确认的消息）为 value，为了保证至少一次投递消息，PEL 执行机制可以参考 TCP 的 3 次握手。

3）consumers 为该消费组中所有的消费者，并以消费者的名称为 key、以 streamConsumer（代表一个消费者）为 value。

（3）消费者

每个消费者通过 streamConsumer 唯一标识，该结构如下。

```
typedef struct streamConsumer {
    mstime_t seen_time;
    sds name;
    rax *pel;
} streamConsumer;
```

1）seen_time 为该消费者最后一次活跃的时间，在把消息重新投递到新消费者时，会看最近活跃的消费者。

2）name 为消费者的名称。

3）pel 为该消费者尚未确认的消息，以消息 ID 为 key、以 streamNACK 为 value。

（4）未确认消息

streamNACK 维护了消费组或者消费者尚未确认的消息。注意，消费组中的 PEL 元素与每个消费者的 PEL 元素是共享的，即该消费组消费了某个消息，该消息不仅会放到这个消费者自身的 PEL 队列中，还会放到所属消费组的 PEL 队列中，并且二者是同一个 streamNACK 结构。

```
typedef struct streamNACK {
    mstime_t delivery_time;
    uint64_t delivery_count;
    streamConsumer *consumer;
} streamNACK;
```

1）delivery_time 为该消息最后发送给消费者的时间。

2）delivery_count 为该消息已经发送的次数（组内的成员可以通过 xclaim 命令获取某个消息的处理权，该消息已经分给组内另一个消费者但其并没有确认该消息）。

3）consumer 为该消息当前归属的消费者。

（5）迭代器

为了遍历 stream 中的消息，Redis 提供了 streamIterator 结构。

```
typedef struct streamIterator {
    stream *stream;
    streamID master_id;
    uint64_t master_fields_count;
    unsigned char *master_fields_start;
    unsigned char *master_fields_ptr;
    int entry_flags;
    int rev;
    uint64_t start_key[2];
    uint64_t end_key[2];
    raxIterator ri;
    unsigned char *lp;
    unsigned char *lp_ele;
    unsigned char *lp_flags;
    unsigned char field_buf[LP_INTBUF_SIZE];
    unsigned char value_buf[LP_INTBUF_SIZE];
} streamIterator;
```

streamIterator 的结构较为复杂，下面逐一介绍每个参数的具体含义。

1）stream 为当前迭代器正在遍历的消息流。

2）消息内容实际存储在 listpack 中，每个 listpack 都有一个 master entry（第一个插入的消息），master_id 为该消息 ID。

3）master_fields_count 为 master entry 中 field 字段的个数。

4）master_fields_start 为 master entry 中 field 字段存储的首地址。

5）当 listpack 中消息的 field 与 master entry 的 field 完全相同时，该消息会复用 master entry 的 field。在遍历该消息时，我们需要记录当前所在的 field 的具体位置，master_fields_ptr 就是用于完成这个功能的。

6）entry_flags 为当前遍历的消息的标志位。

7）rev 代表当前迭代器的方向。

8）start_key 与 end_key 为该迭代器处理的消息 ID 的范围。

9）ri 为 rax 迭代器，用于遍历 rax 中所有的 key。

10）lp 为当前 listpack 指针。

11）lp_ele 为当前正在遍历的 listpack 中的元素。

12）lp_flags 指向当前消息的 flag 域。

13）field_buf与value_buf缓存从listpack读取的数据。

3.2 stream底层结构listpack与rax的实现

stream的消息内容存储在listpack中，listpack的初始化较为简单，如图3-13所示。限于篇幅，这里不详细介绍。

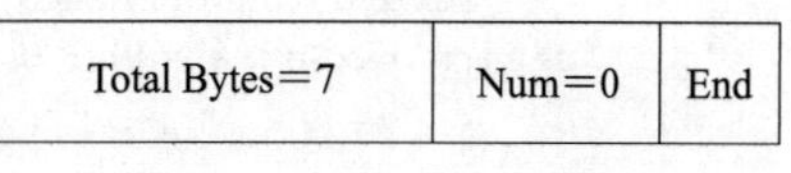

图3-13 listpack初始化

如果将所有消息都存储在一个listpack中，则会存在效率问题。例如，查询某个消息时，需要遍历整个listpack；插入消息时，需要重新申请一块很大的空间。为了解决这些问题，stream通过rax组织listpack，下面具体介绍该结构的基本操作。

3.2.1 初始化

rax的初始化过程如下。

```
rax *raxNew(void) {
    rax *rax = rax_malloc(sizeof(*rax)); //申请空间
    rax->numele = 0;        //当前元素的个数为0
    rax->numnodes = 1;    //当前节点的个数为1
    rax->head = raxNewNode(0,0); //构造头节点
    return rax;
}
```

初始化完成后，rax结构如图3-14所示。

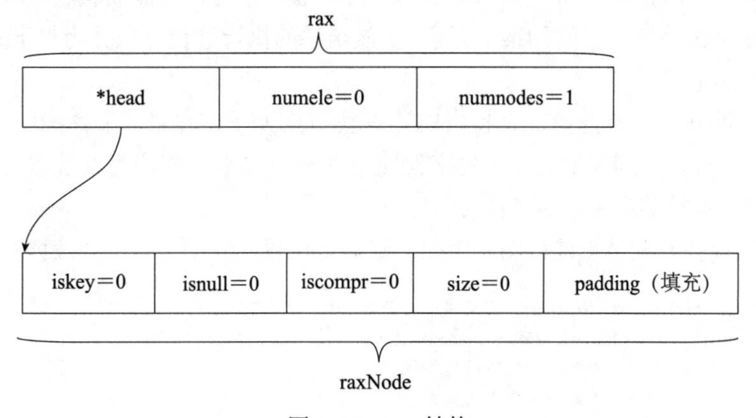

图3-14 rax结构

3.2.2 查找元素

rax提供了查找key的接口raxFind，用于获取key对应的value。

```
//在rax中查找长度为len的字符串s（s为rax中的一个key），找到并返回该key对应的value
void *raxFind(rax *rax, unsigned char *s, size_t len) {
    raxNode *h;
    int splitpos = 0;
    size_t i = raxLowWalk(rax,s,len,&h,NULL,&splitpos,NULL);
    if (i != len || (h->iscompr && splitpos != 0) || !h->iskey)
        return raxNotFound; //没有找到这个key
    return raxGetData(h); //查到key，返回key对应的value
}
```

可以看出，raxLowWalk 为查找 key 的核心函数。该函数的接口定义如下。

```
static inline size_t raxLowWalk(rax *rax, unsigned char *s, size_t len, raxNode
**stopnode, raxNode ***plink, int *splitpos, raxStack *ts)
```

1）rax 为待查找的 rax。

2）s 为待查找的 key。

3）len 为 s 的长度。

4）*stopnode 为查找过程中的终止节点，也就意味着当 rax 查找到该节点时，待查找的 key 已经匹配完成，或者当前节点无法与待查找的 key 匹配。

5）*plink 用于记录父节点指向 *stopnode 的指针的位置。当 *stopnode 变化时，父节点指向该节点的指针也需要修改。

6）*splitpos 用于记录压缩节点的匹配位置。

7）当 ts 不为空时，会查找该 key 的路径，以写入该变量。

该函数返回 s 的匹配长度。当 s != len 时，表示未查找到该 key；当 s == len 时，需要检验 *stopnode 是否为 key，并且当 *stopnode 为压缩节点时，还需要检查 splitpos 是否为 0（可能匹配到某个压缩节点中间的某个元素）。该函数的执行过程可以分为如下几步。

1）初始化变量。

2）从 rax 根节点开始查找，直到当前待查找节点无子节点或者 s 查找完。如果当前待查找节点是压缩节点，则需要与 s 中的字符完全匹配。如果当前待查找节点是非压缩节点，则查找与当前待匹配字符相同的字符。

3）如果当前待匹配节点能够与 s 匹配，则移动位置到其子节点，继续匹配。

```
raxNode *h = rax->head; //从根节点开始匹配
raxNode **parentlink = &rax->head;
size_t i = 0; //当前待匹配字符的位置
size_t j = 0; //当前匹配节点的位置

while(h->size && i < len) { //当前节点有子节点，并且尚未走到s字符串的末尾
    unsigned char *v = h->data;
    if (h->iscompr) {
        //压缩节点是否能够完全匹配s字符串
        for (j = 0; j < h->size && i < len; j++, i++) {
```

```
            if (v[j] != s[i]) break;
        }
            if (j != h->size) break; //当前压缩节点不能完全匹配或者s已经到达末尾
        } else {
            //非压缩节点遍历节点元素，查找与当前字符匹配的位置
            for (j = 0; j < h->size; j++) {
                if (v[j] == s[i]) break;
            }
            if (j == h->size) break; //未在非压缩节点中找到匹配的字符
            i++; //非压缩节点可以匹配，移动到s的下一个字符
        }
        //当前节点能够匹配s
        if (ts) raxStackPush(ts,h);
        raxNode **children = raxNodeFirstChildPtr(h);
        if (h->iscompr) j = 0;
        //将当前节点移动到其第j个子节点
        memcpy(&h,children+j,sizeof(h));
        parentlink = children+j;
        j = 0;
    }
    if (stopnode) *stopnode = h;
    if (plink) *plink = parentlink;
    if (splitpos && h->iscompr) *splitpos = j;
    return i;
```

3.2.3 添加元素

用户可以向rax中插入key-value对，当key存在时，重新插入相同的key，可选择覆盖这个key之前的value，rax提供了两种方案——覆盖或者不覆盖，对应的接口分别为raxInsert、raxTryInsert。两个接口的定义如下。

```
//将s指向的长度为len的key插入rax，data为该key对应的value。如果key已经存在，
//old返回该key之前的value，同时使用data覆盖该key之前的value
int raxInsert(rax *rax, unsigned char *s, size_t len, void *data, void **old)
{
    return raxGenericInsert(rax,s,len,data,old,1);
}
//参数含义与raxInsert相同，但是当key已经存在时不进行插入
int raxTryInsert(rax *rax, unsigned char *s, size_t len, void *data, void
**old)
{
    return raxGenericInsert(rax,s,len,data,old,0);
}
```

下面重点介绍插入操作的真正实现函数——raxGenericInsert。该函数的定义如下。

```
//函数参数与raxInsert基本一致，只是增加overwrite，用于表示是否覆盖之前key设置的旧value
int raxGenericInsert(rax *rax, unsigned char *s, size_t len, void *data, void
```

```
**old, int overwrite)
```

1）查找 key 是否存在。

```
size_t i;
int j = 0;
raxNode *h, **parentlink;
i = raxLowWalk(rax,s,len,&h,&parentlink,&j,NULL);
```

2）根据 raxLowWalk 的返回值确定 key 是否存在，如果当前 key 已经存在，则直接对该节点进行操作即可。

```
if (i == len && (!h->iscompr || j == 0)) {
    //查看之前是否存储value，没有则申请空间
    if (!h->iskey || (h->isnull && overwrite)) {
        h = raxReallocForData(h,data);
        if (h) memcpy(parentlink,&h,sizeof(h));
    }
    if (h->iskey) {
        if (old) *old = raxGetData(h);
        if (overwrite) raxSetData(h,data);
        errno = 0;
        return 0;
    }
    raxSetData(h,data);
    rax->numele++;
    return 1;
}
```

3）key 不存在。

①在查找 key 的过程中，如果最后停留在某个压缩节点上，此时需要对该压缩节点进行拆分，具体拆分情况分为以下 7 种（以图 3-15 为例）。

- 向 rax 树中插入 key "ciao"，此时需要对 annibale 节点进行拆分，将其拆分为两部分，分别是非压缩节点、压缩节点。
- 向 rax 树中插入 key "ago"，需要对 annibale 节点进行拆分，将其拆分为三部分，分别是非压缩节点、非压缩节点、压缩节点。
- 向 rax 树中插入 key "nnienter"，需要对 annibale 节点进行拆分，将其拆分为三部分，分别是压缩节点、非压缩节点、压缩节点。
- 向 rax 树中插入 key "annibaie"，需要对 annibale 节点进行拆分，将其拆分为三部分，分别是压缩节点、非压缩节点、非压缩节点。
- 向 rax 树中插入 key "annibali"，需要对 annibale 节点进行

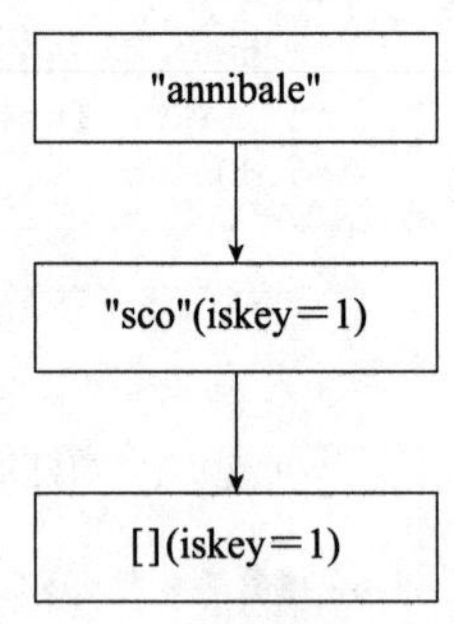

图 3-15　rax 节点拆分

拆分，将其拆分为两部分，分别是压缩节点、非压缩节点。

- 向 rax 树中插入 key "a"，需要对 annibale 节点进行拆分，将其拆分为两部分，分别为非压缩节点、压缩节点。
- 向 rax 树中插入 key "anni"，需要对 annibale 节点进行拆分，将其拆分为两个压缩节点。

虽然对压缩节点进行拆分的过程分为 7 种，但总体而言分为两种情况：一种是新插入的 key 是当前节点的一部分；另一种是新插入的 key 和压缩节点的某个位置不匹配。对于第一种情况，可在对压缩节点进行拆分后，直接设置新的 key-value。对于第二类情况，需要在拆分后的相应位置的非压缩节点中插入与新 key 不匹配的字符，之后将新 key 的剩余部分插入到这个非压缩节点的子节点中。

②如果查找 key 完成后，不匹配节点为某个非压缩节点，此时仅需要将当前待匹配字符插入这个非压缩节点（注意字符按照字典序排列），并为它创建子节点。之后，将剩余字符放入新建的子节点即可（如果字符过长，需要对字符进行分割）。

以上为 key 不存在时的处理逻辑，限于篇幅，此处省略具体代码。

3.2.4　删除元素

rax 的删除操作主要有 3 个接口，可以删除 rax 中的某个 key，或者释放整个 rax。在释放 rax 时，还可以设置释放回调函数，在释放 rax 的每个 key 时，这个回调函数都会被调用。3 个接口的定义如下。

```
//在rax中删除长度为len的s（s代表待删除的key）， *old用于返回该key对应的value
int raxRemove(rax *rax, unsigned char *s, size_t len, void **old);
//释放rax
void raxFree(rax *rax);
//释放rax，释放每个key时，都会调用free_callback函数
void raxFreeWithCallback(rax *rax, void (*free_callback)(void*));
```

进行 rax 的释放操作，采用的是深度优先算法，此处省略具体代码。下面重点介绍 raxRemove 函数。当删除 rax 中的某个 key-value 对时，首先查找 key 是否存在，如果 key 不存在则直接返回，如果 key 存在则进行删除操作。

```
raxNode *h;
raxStack ts;
raxStackInit(&ts);
int splitpos = 0;
size_t i = raxLowWalk(rax,s,len,&h,NULL,&splitpos,&ts);
if (i != len || (h->iscompr && splitpos != 0) || !h->iskey) {
    //没有找到需要删除的key
    raxStackFree(&ts);
    return 0;
}
```

如果 key 存在，则进行删除操作。删除操作完成后，rax 树可能需要进行压缩，具体可以分为下面两种情况。此处所说的压缩是指将某个节点与其子节点压缩成一个节点，叶子节点没有子节点，不能进行压缩。

1）某个节点只有一个子节点，该子节点之前是 key，经删除操作后，该子节点不再是 key，此时可以将该节点与其子节点压缩。如图 3-16 所示，删除前，rax 树包含 foo、foobar 两个 key，删除 foo 后，可以将 rax 树前两个节点进行压缩，压缩后为 "foobar"->[]（iskey=1）。

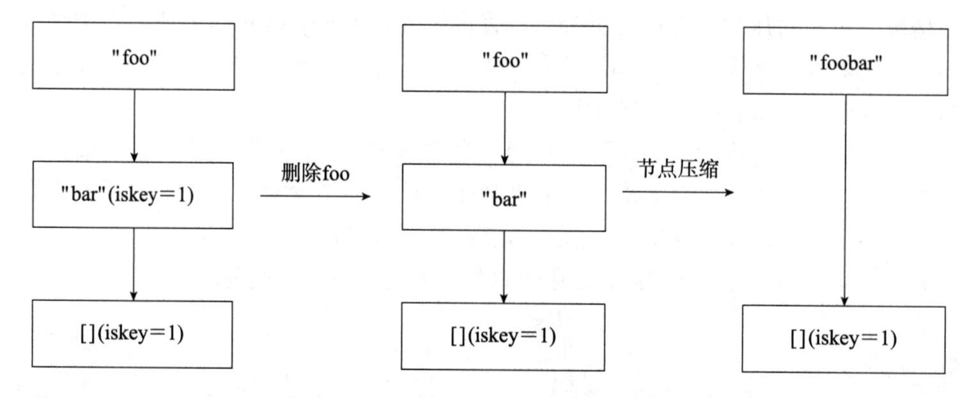

图 3-16　rax 节点只有一个子节点压缩示例

2）某个节点有两个子节点，经过删除操作后，只剩下一个子节点。如果这个子节点不是 key，则可以将该节点与这个子节点压缩。如图 3-17 所示，删除前，rax 树包含 foobar、footer 两个 key，删除 foobar 后，可以对 rax 树进行压缩，压缩后为 "footer" -> [](iskey=1）。

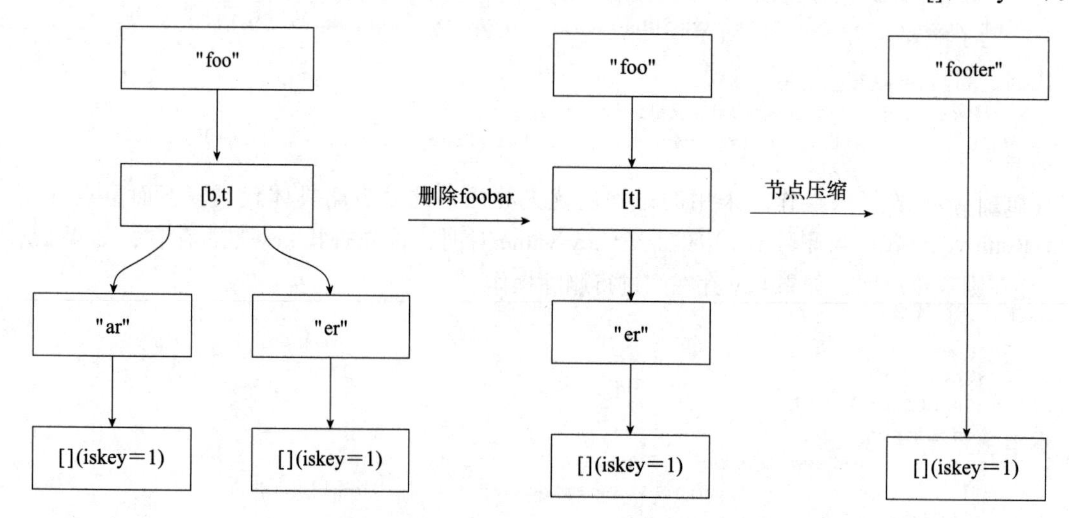

图 3-17　rax 节点包含两个子节点压缩示例

删除操作具体可以分为两个阶段，即删除阶段及压缩阶段。例如，在图 3-17 中删除 foobar 时，需要从下向上删除可以删除的节点；在图 3-16 中删除 "foo" 时，则不需要删除节点。这部分的实现逻辑主要是利用查找 key 时记录的匹配路径，依次向上，直到无法删除为止。

删除阶段完成后，需要尝试对 rax 树进行压缩。压缩过程可以细化为两步：首先找到可以进行压缩的第一个元素，之后对所有可以进行压缩的节点进行压缩。由于 raxRowWalk 函数已经记录了查找 key 的过程，压缩时只需从记录栈中不断弹出元素，即可找到可以进行压缩的第一个元素，过程如下。

```
raxNode *parent;
while(1) {
    parent = raxStackPop(&ts);
    if (!parent || parent->iskey ||
       (!parent->iscompr && parent->size != 1)) break;
    //可以进行压缩
    h = parent;
}
raxNode *start = h; //可以进行压缩的第一个节点
```

找到第一个可压缩的节点后，对其进行数据压缩。由于可压缩的节点只有一个子节点，压缩过程只需要读取每个节点的内容，创建新的节点，并填充新节点的内容即可，此处省略。

3.2.5 遍历元素

为了能够遍历 rax 中所有的 key，Redis 提供了迭代器。Redis 中实现的迭代器为双向迭代器，可以向前迭代，也可以向后迭代，迭代顺序是按照 key 的字典序排列的。通过 rax 的结构可以看出，如果某个节点为 key，则其子节点的 key 比该节点的 key 大。另外，如果当前节点为非压缩节点，则其最左侧节点的 key 是其所有子节点的 key 中最小的。此处省略代码细节。

3.3 stream 结构的实现

stream 可以看作一个消息链表。只能新增或者删除消息，而不能更改消息内容，所以本节主要介绍 stream 相关结构的初始化及增、删、查操作。

3.3.1 初始化

streamNew 函数用于实现 stream 的初始化，如图 3-18 所示。

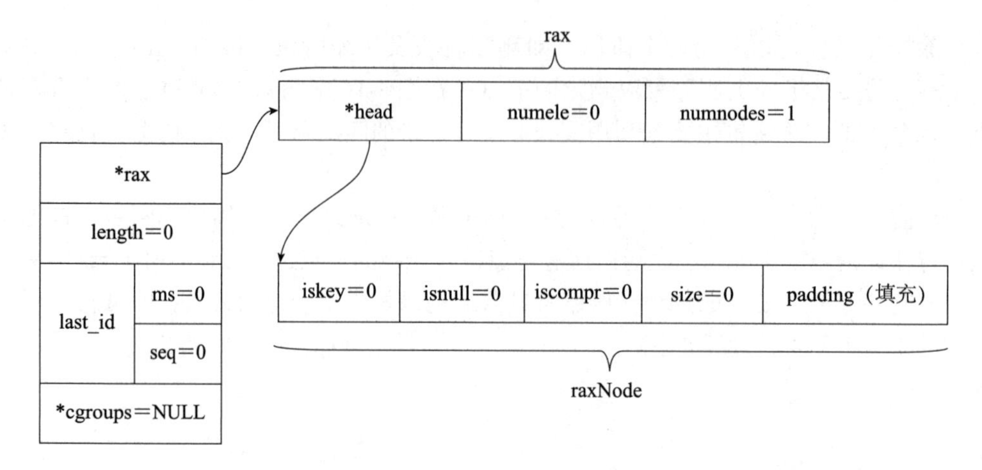

图 3-18　stream 的初始化

3.3.2　添加元素

本小节主要介绍如何向消息流中增加消息、增加消费组及增加消费者。值得一提的是，任何用户都可以向某个消息流增加消息，或者消费某个消息流中的消息。

1．添加消息

（1）用于增加消息的函数

Redis 提供了 streamAppendItem 函数，用于向 stream 添加一个新的消息。

```
int streamAppendItem(stream *s, robj **argv, int64_t numfields, streamID *added_
id, streamID *use_id)
```

参数说明如下：

1）s 为待插入的数据流。

2）argv 为待插入的消息内容，argv[0] 为 field_1，argv[1] 为 value_1，以此类推。

3）numfields 为待插入的消息的 field 总数。

4）added_id 不为空，并且插入成功时，将新插入的消息 ID 写入 added_id 以供调用方使用。

5）use_id 是调用方为该消息定义的消息 ID，该消息 ID 应该大于 s 中任意一个消息的 ID。

（2）增加消息的流程

1）获取 rax 的最后一个 key 所在的节点，因为 rax 树是按照消息 ID 的顺序存储的，所以最后一个 key 节点存储了上一次插入的消息。

2）查看该节点是否可以插入这条新的消息。

3）如果该节点已经不能再插入新的消息（listpack为空或者已经达到设定的存储最大值），则在rax中插入新的节点（以消息ID为key，以新建listpack为value），并初始化新建的listpack；如果仍然可以插入消息，则对比插入的消息与listpack中的master消息对应的field是否完全一致，完全一致则表明该消息可以用master的field。

4）将待插入的消息内容插入新建的listpack或者原来rax的最后一个key节点对应的listpack中，这一步主要取决于前两步的结果。

该函数主要利用了listpack及rax的相关接口，此处省略具体代码。

2. 增加消费组

streamCreateCG函数用于为消息流增加一个消费组，以消费组的名称为key、以该消费组的streamCG结构为value放入rax中。

```
streamCG *streamCreateCG(stream *s, char *name, size_t namelen, streamID *id)
{
    //如果当前消息流尚未有消费组，则新建消费组
    if (s->cgroups == NULL) s->cgroups = raxNew();
    //查看是否已经有该消费组，已有则新建操作失败
    if (raxFind(s->cgroups,(unsigned char*)name,namelen) != raxNotFound)
        return NULL;
    //新建消费组，并初始化相关变量
    streamCG *cg = zmalloc(sizeof(*cg));
    cg->pel = raxNew();
    cg->consumers = raxNew();
    cg->last_id = *id;
    //将该消费组插入消息流的消费组树中，以消费组的名称为key，以对应的streamCG为value
    raxInsert(s->cgroups,(unsigned char*)name,namelen,cg,NULL);
    return cg;
}
```

3. 增加消费者

stream允许为某个消费组增加消费者，但没有直接提供在某个消费组中创建消费者的接口，而是在查询某个消费组的消费者时，如果该消费组没有该消费者则插入该消费者。

3.3.3 删除元素

本小节首先介绍如何从消息流中删除消息及限制消息流的大小，然后讲解如何释放消费组中的消费者及如何释放整个消费组。

1. 删除消息

Redis提供了streamIteratorRemoveEntry函数，用于删除某个消息。该函数通常只是设置待删除消息的标志位为已删除，并不会将该消息从所在的listpack中删除。当消息所在的整个listpack的所有消息都已删除时，Redis会从rax中释放该节点。

```
void streamIteratorRemoveEntry(streamIterator *si, streamID *current) {
    unsigned char *lp = si->lp; //lp为当前消息所在的listpack
    int64_t aux;
    int flags = lpGetInteger(si->lp_flags);
    flags |= STREAM_ITEM_FLAG_DELETED;
    lp = lpReplaceInteger(lp,&si->lp_flags,flags); //设置消息的标志位

    unsigned char *p = lpFirst(lp);
    aux = lpGetInteger(p);
    if (aux == 1) {
        //当前listpack只有待删除消息，可以直接删除节点
        lpFree(lp);
        raxRemove(si->stream->rax,si->ri.key,si->ri.key_len,NULL);
    } else {
        //修改listpack master enty中的统计信息
        lp = lpReplaceInteger(lp,&p,aux-1);
        p = lpNext(lp,p); /* 移动到listpack的deleted字段，修改删除的消息数 */
        aux = lpGetInteger(p);
        lp = lpReplaceInteger(lp,&p,aux+1);
        //查看listpack是否有变化(listpack中元素变化导致的扩容、缩容)
        if (si->lp != lp)
            raxInsert(si->stream->rax,si->ri.key,si->ri.key_len,lp,NULL);
    }
    ......
}
```

2. 裁剪消息流

除了删除某个具体的消息外，Redis还提供了消息流的裁剪功能，即将消息流（未删除的消息个数，不包含已经删除的消息）裁剪到给定大小；删除消息时，按照消息ID，从小到大进行删除。该接口就是streamTrimByLength。

```
//stream为待裁剪的消息流，maxlen为消息流中最大的消息个数，approx为是否可以存在偏差
int64_t streamTrimByLength(stream *s, size_t maxlen, int approx)
```

对于消息流的裁剪，主要注意以下几点。

1）消息删除是按照消息ID的顺序进行的，即先删除最先插入（消息ID最小）的消息。

2）从效率的角度来说，调用函数时最好加上approx标志位。

下面介绍该函数的具体实现过程。

1）获取stream的rax树的第一个key所在的节点。

```
if (s->length <= maxlen) return 0;//stream中的消息个数小于maxlen，不需要删除
raxIterator ri;  //初始化rax迭代器
raxStart(&ri,s->rax);
raxSeek(&ri,"^",NULL,0);
int64_t deleted = 0; //统计已经删除的消息个数
```

2）遍历rax树的节点，不断删除消息，直到剩余消息个数满足要求。

```
while (s->length > maxlen && raxNext (&ri) ) { //遍历rax树删除消息，直到满足要求
}
```

3）具体删除消息的部分可以分为如下几步。

①查看是否需要删除当前节点，如果删除该节点存储的全部消息后仍然未达到要求，则删除该节点。

②不需要删除该节点存储的全部消息，如果函数的参数approx不为0，则不再进行处理，可以直接返回。

③不需要删除该节点的全部消息，则遍历该节点存储的消息，将部分消息的标志位设置为已经删除状态。

在遍历stream的消息节点时，有时需要删除当前节点。删除节点的代码如下：

```
if (s->length - entries >= maxlen) { //需要删除该节点的全部消息
    lpFree(lp);
    //调用rax的接口删除key
    raxRemove(s->rax,ri.key,ri.key_len,NULL);
    raxSeek(&ri,">=",ri.key,ri.key_len);
    s->length -= entries;
    deleted += entries;
    continue;
}
```

不需要删除该节点的全部消息，但是没有设置approx标志位，也就意味着需要遍历当前节点的消息，将其部分消息设置为已删除。该部分代码实现如下。

```
while(p) { //遍历该节点存储的全部消息，依次删除，直到消息个数满足要求
    int flags = lpGetInteger(p);
    int to_skip;
    if (!(flags & STREAM_ITEM_FLAG_DELETED)) {
       flags |= STREAM_ITEM_FLAG_DELETED;
       lp = lpReplaceInteger(lp,&p,flags);
       deleted++;
       s->length--;
       if (s->length <= maxlen) break;
    }
    //移动到下一个消息
    ......
}
```

3. 释放消费组

释放消费组的接口为streamFreeCG，该接口主要完成两部分工作，首先释放该消费组的pel链表，之后释放消费组中的每个消费者。

```
void streamFreeCG(streamCG *cg) {
    //删除该消费组的pel链表，释放时设置回调函数，用于释放每个消息对应的streamNACK结构
    raxFreeWithCallback(cg->pel,(void(*)(void*))streamFreeNACK);
    //释放每个消费者时，需要释放该消费者对应的stream Free Consumer结构
    raxFreeWithCallback(cg->consumers,(void(*)(void*))streamFreeConsumer);
    zfree(cg);
}
void streamFreeNACK(streamNACK *na) {
    zfree(na);
}
```

4. 释放消费者

释放消费者时，不需要释放该消费者的PEL，因为该消费者的未确认消息结构streamNACK是与消费组的PEL共享的，直接释放相关内存即可。

```
void streamFreeConsumer(streamConsumer *sc) {
    raxFree(sc->pel); //此处仅将存储streamNACK的rax树释放
    sdsfree(sc->name);
    zfree(sc);
}
```

3.3.4 查找元素

在使用stream时，我们经常需要进行查找消息、查找消费组、查找消费组中消费者的操作，本小节将详细介绍这些查找操作的实现。

1. 查找消息

stream查找消息是通过迭代器实现的，这部分内容将在3.4.5节介绍。

2. 查找消费组

Redis提供了streamLookupCG接口，用于查找stream的消费组。该接口较为简单，主要利用rax的查询接口实现查找操作。

```
streamCG *streamLookupCG(stream *s, sds groupname) {
    if (s->cgroups == NULL) return NULL;
    //从stream的消费组树中查找该消费组
    streamCG *cg = raxFind(s->cgroups,(unsigned char*)groupname,
                           sdslen(groupname));
    return (cg == raxNotFound) ? NULL : cg;
}
```

3. 查找消费组中的消费者

Redis提供了streamLookupConsumer接口，用于查询某个消费组中的消费者。当消费者不存在时，可以选择是否将该消费者添加进消费组。

```
//在消费组cg中查找消费者的name，如果没有查到并且create为1，则将该消费者加入消费组
streamConsumer *streamLookupConsumer(streamCG *cg, sds name, int create) {
    streamConsumer *consumer = raxFind(cg->consumers,(unsigned char*)name,
       sdslen(name));
    if (consumer == raxNotFound) {
        if (!create) return NULL; //不需要插入
        consumer = zmalloc(sizeof(*consumer));
        consumer->name = sdsdup(name);
        consumer->pel = raxNew();
        raxInsert(cg->consumers,(unsigned char*)name,sdslen(name),
                  consumer,NULL);
    }
    consumer->seen_time = mstime(); //已经查询到该消费者，更新时间戳
    return consumer;
}
```

3.3.5 遍历元素

stream 的迭代器（streamIterator）用于遍历 stream 中的消息。与 streamIterator 相关的接口主要有以下 4 个。

```
void streamIteratorStart(streamIterator *si, stream *s, streamID *start,
                         streamID *end, int rev);
int streamIteratorGetID(streamIterator *si, streamID *id, int64_t *numfields);
void streamIteratorGetField(streamIterator *si, unsigned char **fieldptr,
                            unsigned char **valueptr, int64_t *fieldlen, int64_t
                            *valuelen);
void streamIteratorStop(streamIterator *si);
```

streamIteratorStart 用于初始化迭代器，需要指定迭代器的方向。streamIteratorGetID 与 streamIteratorGetField 配合使用，用于遍历所有消息的所有 field-value 对。streamIteratorStop 用于释放迭代器的相关资源。下面看一下这些接口的使用方法。

```
streamIterator myiterator;
streamIteratorStart(&myiterator,...);
int64_t numfields;
while(streamIteratorGetID(&myiterator,&ID,&numfields)) {
    while(numfields--) {
       unsigned char *key, *value;
       size_t key_len, value_len;
       streamIteratorGetField(&myiterator, &key, &val, &key_len, &val_len);
    }
}
streamIteratorStop(&myiterator);
```

下面将一一介绍这 4 个接口。

1）streamIteratorStart 接口负责初始化 streamIterator。streamIteratorStart 接口的具体实

现主要是利用 rax 提供的迭代器。

```
void streamIteratorStart(streamIterator *si, stream *s, streamID *start,
   streamID *end, int rev) {
    ......
    raxStart(&si->ri,s->rax);
    if (!rev) { //正向迭代器
        if (start && (start->ms || start->seq)) { //设置了开始迭代的消息ID
           raxSeek(&si->ri,"<=",(unsigned char*)si->start_key,
                   sizeof(si->start_key));
           if (raxEOF(&si->ri)) raxSeek(&si->ri,"^",NULL,0);
        } else {
           //默认情况为指向rax树中第一个key所在的节点
           raxSeek(&si->ri,"^",NULL,0);
        }
    } else { //逆向迭代器
        if (end && (end->ms || end->seq)) {
            raxSeek(&si->ri,"<=",(unsigned char*)si->end_key,
                   sizeof(si->end_key));
            if (raxEOF(&si->ri)) raxSeek(&si->ri,"$",NULL,0);
        } else {
            raxSeek(&si->ri,"$",NULL,0);
        }
    }
    ......
```

2）streamIteratorGetID 接口较为复杂，负责获取迭代器当前的消息 ID，可以分为以下两步。

①查看当前所在的 rax 树的节点是否仍然有其他消息。如果没有，则根据迭代器方向调用 rax 迭代器接口向前或者向后移动。

②在 rax key 对应的 listpack 中，查找尚未删除的消息，此处需要注意 streamIterator 的指针移动。

3）streamIteratorGetField 接口直接使用迭代器内部的指针，获取当前消息的 field-value 对。

```
void streamIteratorGetField(streamIterator *si, unsigned char **fieldptr,
   unsigned char **valueptr, int64_t *fieldlen, int64_t *valuelen) {
    if (si->entry_flags & STREAM_ITEM_FLAG_SAMEFIELDS) {
        //当前消息的field内容与master_fields一致，读取master_fields域的内容
        *fieldptr = lpGet(si->master_fields_ptr,fieldlen,si->field_buf);
        si->master_fields_ptr = lpNext(si->lp,si->master_fields_ptr);
    } else { //直接获取当前的field，移动lp_ele指针
        *fieldptr = lpGet(si->lp_ele,fieldlen,si->field_buf);
        si->lp_ele = lpNext(si->lp,si->lp_ele);
    }
    //获取field对应的value，并将迭代器的lp_ele指针向后移动
    *valueptr = lpGet(si->lp_ele,valuelen,si->value_buf);
```

```
    si->lp_ele = lpNext(si->lp,si->lp_ele);
}
```

4）streamIteratorStop 接口主要利用 raxIterator 接口释放相关资源。

```
void streamIteratorStop(streamIterator *si) {
    raxStop(&si->ri);
}
```

3.4　小结

本章主要介绍了 stream 的底层实现，首先讲解了 stream 结构需要依赖的两种数据结构——listpack 及 rax，并详细介绍了这两种结构的基本操作，之后进一步说明了 stream 是如何利用这两种结构的，为读者学习后续内容打下良好基础。

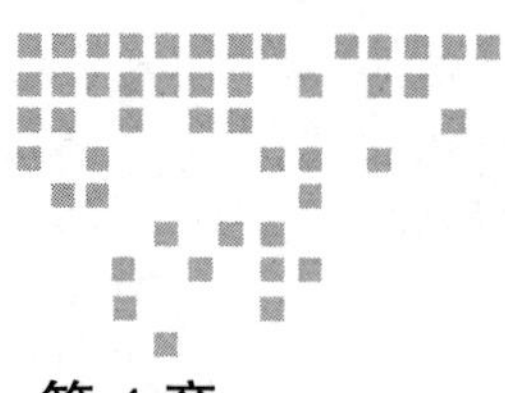

Chapter 4 第4章

Redis 启动流程

第2章和第3章介绍了Redis的基本数据结构，本章主要介绍Redis的启动流程。Redis服务器是典型的事件驱动程序，所以事件处理显得尤为重要。Redis将事件分为两大类：文件事件与时间事件。文件事件即socket的读写事件，时间事件用于处理一些需要周期性执行的定时任务。本章将对这两种事件进行详细介绍。

4.1 redisServer 简介

结构体redisServer存储Redis服务器的所有信息，包括但不限于数据库、配置参数、命令表、监听端口与地址、客户端列表、统计信息、RDB与AOF持久化相关信息、主从复制相关信息、集群相关信息等。结构体redisServer的定义如下。

```
struct redisServer {
    char *configfile;
    int dbnum;
    redisDb *db;
    dict *commands;
    aeEventLoop *el;
    int port;
    char *bindaddr[CONFIG_BINDADDR_MAX];
    int bindaddr_count;
    int ipfd[CONFIG_BINDADDR_MAX];
    int ipfd_count;
    list *clients;
    int maxidletime;
}
```

结构体redisServer的字段非常多，这里只对部分字段做简要说明，以便读者对服务端有一个粗略了解，至于其他字段，在讲解各知识点时会做说明。各字段含义如下。

1）configfile：配置文件绝对路径。

2）dbnum：数据库的数目，可通过参数databases配置，默认为16。

3）db：数据库数组，数组的每个元素都是redisDb类型。

4）commands：命令字典，Redis支持的所有命令都存储在这个字典中，key为命令名称，value为struct redisCommand对象，这部分内容将在第5章详细介绍。

5）el：Redis是典型的事件驱动程序，el用于处理Redis的事件循环，事件循环的类型为aeEventLoop，这部分内容将在4.3节详细介绍。

6）port：服务器监听端口号，可通过参数port配置，默认端口号为6379。

7）bindaddr：绑定的所有IP地址，可以通过参数bind配置多个，如bind 192.168.1.100 10.0.0.1。

8）bindaddr_count：用户配置的IP地址数目。

9）CONFIG_BINDADDR_MAX是一个常量，值为16，即最多绑定16个IP地址；Redis默认会绑定到当前机器所有可用的IP地址。

10）ipfd：针对bindaddr字段的所有IP地址创建的socket文件描述符。

11）ipfd_count：创建的socket文件描述符数目。

12）clients：当前连接到Redis服务器的所有客户端。

13）maxidletime：最大空闲时间，可通过参数timeout配置，常结合client对象的lastinteraction字段使用。当客户端超过maxidletime没有与服务器交互时，Redis会认为客户端超时并释放该客户端连接。

4.2 sever启动过程

4.1节介绍了服务端结构体redisServer，下面开始学习Redis服务器的启动过程，这里主要介绍server初始化、启动监听两部分内容。

4.2.1 server初始化

server初始化主流程可以简要分为7个步骤：①初始化配置，包括用户可配置的参数，以及命令表的初始化；②加载并解析配置文件；③初始化服务端内部变量，其中就包括数据库相关变量；④创建事件循环eventLoop；⑤创建socket并启动监听；⑥创建文件事件与时间事件；⑦开启事件循环。server初始化流程如图4-1所示。

下面详细介绍步骤①～④，至于步骤⑤～⑦将会在 4.2.2 节介绍。

步骤①：初始化配置，其实就是给配置参数赋初始值，由函数 initServerConfig 实现。

```
void initServerConfig(void) {
    //serverCron函数执行频率，默认为10
    server.hz = CONFIG_DEFAULT_HZ;
    ……
    //初始化命令表，存储Redis支持的所有命令
    populateCommandTable();
    ……
    //对最大客户端数目、客户端超时时间等赋值。参见standardConfig常量
    initConfigValues();
}
```

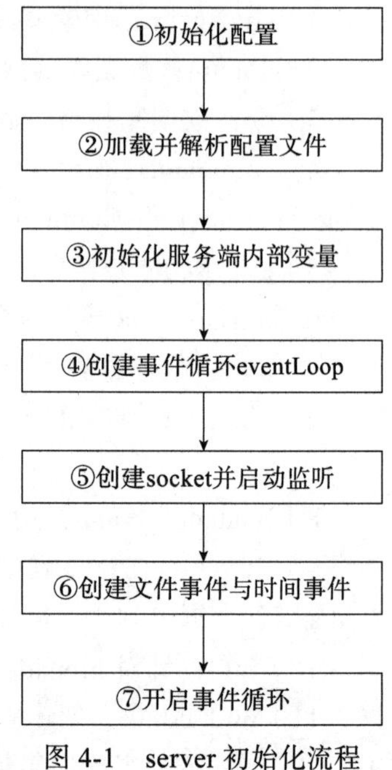

图 4-1 server 初始化流程

步骤②：加载并解析配置文件，入口函数为 loadServerConfig，函数声明如下。

```
void loadServerConfig(char *filename, char config_from_stdin, char *options)
```

输入参数 filename 表示配置文件的全路径名称，options 表示命令行输入的配置参数。例如，我们通常用以下命令启动 Redis 服务器。

```
/home/user/redis/redis-server /home/user/redis/redis.conf -p 4000
```

使用 GDB 启动 redis-server，函数 loadServerConfig 的输入参数如下。

```
(gdb) p filename
$1 = 0x778880 "/home/user/redis/redis.conf"
(gdb) p options
$2 = 0x7ffff1a21d33 "\"-p\" \"4000\" "
```

Redis 的配置文件语法相对简单，每一行是一条配置，格式如“配置 参数 1 [参数 2][……]”，加载配置文件只需要逐行将文件内容读取到内存中即可。将 GDB 信息输出加载到内存中的配置如下。

```
(gdb) p config
"bind 127.0.0.1\n\nprotected-mode yes\n\nport 6379\ntcp-backlog 511\n\ntcp-keepalive 300\n\n………"
```

加载完成后，Redis 会调用 loadServerConfigFromString 函数解析配置，输入参数 config（即配置字符串），实现如下。

```
void loadServerConfigFromString(char *config) {
    //划分配置字符串为多行，并用totlines记录总行数
```

```
    lines = sdssplitlen(config,strlen(config),"\n",1,&totlines);

    for (i = 0; i < totlines; i++) {
        //跳过注释行与空行
        if (lines[i][0] == '#' || lines[i][0] == '\0') continue;
        argv = sdssplitargs(lines[i],&argc); //解析配置参数
        //赋值
        if (!strcasecmp(argv[0],"bind") && argc >= 2) {
            int j, addresses = argc-1;
        if (addresses > CONFIG_BINDADDR_MAX) {
            err = "Too many bind addresses specified"; goto loaderr;
        }
        ......
        //其他配置
    }
}
```

函数首先将输入配置字符串以“\n”为分隔符划分为多行，并用totlines记录总行数，用lines数组存储分割后的配置。数组元素类型为字符串SDS。for循环遍历所有配置行，解析配置参数，并根据参数内容设置结构体server各字段。注意，在Redis配置文件中，用字符“#”标识本行内容为注释，在解析时需要跳过。

步骤③：初始化服务端内部变量，如客户端链表、数据库、全局变量、共享对象等；入口函数为initServer，函数逻辑相对简单，这里只做简要说明。

```
void initServer(void) {
    server.clients = listCreate(); //初始化客户端链表
    //创建数据库字典
    server.db = zmalloc(sizeof(redisDb)*server.dbnum);
    for (j = 0; j < server.dbnum; j++) {
        server.db[j].dict = dictCreate(&dbDictType,NULL);
        ......
    }
}
```

注意： 数据库字典的dictType指向的是结构体dbDictType，其中定义了键散列函数、键比较函数及键析构函数、值析构函数，定义如下。

```
dictType dbDictType = {
    dictSdsHash,
    NULL,
    NULL,
    dictSdsKeyCompare,
    dictSdsDestructor,
    dictObjectDestructor
};
```

数据库的键都是 sds 类型，键散列函数为 dictSdsHash，键比较函数为 dictSdsKeyCompare，键析构函数为 dictSdsDestructor。数据库的值是 robj 对象，值析构函数为 dictObjectDestructor。键和值的内容赋值函数都为 NULL。

对象 robj 的 refcount 字段可存储当前对象的引用次数，意味着对象是可以共享的。需要注意的是，只有当对象 robj 存储的是 0～10000 的整数，对象 robj 才会被共享，且这些共享整数对象的引用计数都会初始化为 INT_MAX，保证不会被释放。执行命令时，Redis 会返回一些字符串，这些字符串对象同样在服务器初始化时创建，且永远不会尝试释放这类对象。所有共享对象都存储在全局结构体变量 shared 中。

```
void createSharedObjects(void) {
    //创建命令回复字符串对象
    shared.ok = createObject(OBJ_STRING,sdsnew("+OK\r\n"));
    shared.err = createObject(OBJ_STRING,sdsnew("-ERR\r\n"));
    //创建0～10000的整数对象
    for (j = 0; j < OBJ_SHARED_INTEGERS; j++) {
        shared.integers[j] =
            makeObjectShared(createObject(OBJ_STRING,(void*)(long)j));
        shared.integers[j]->encoding = OBJ_ENCODING_INT;
    }
}
```

步骤④：创建事件循环 eventLoop，即分配结构体所需内存，并初始化结构体各字段；epoll 就是在此时创建的。

```
aeEventLoop *aeCreateEventLoop(int setsize) {
    if ((eventLoop = zmalloc(sizeof(*eventLoop))) == NULL) goto err;
    eventLoop->events = zmalloc(sizeof(aeFileEvent)*setsize);
    eventLoop->fired = zmalloc(sizeof(aeFiredEvent)*setsize);

    if (aeApiCreate(eventLoop) == -1) goto err;
}
```

输入参数 setsize 理论上等于用户配置的最大客户端数目即可，但是为了确保安全，这里设置 setsize 等于最大客户端数目加 128。函数 aeApiCreate 内部调用了 epoll_create 以创建 epoll，并初始化结构体 eventLoop 的字段 apidata。4.3 节将会对事件循环进行详细介绍。

4.2.2 启动监听

4.2.1 节介绍了 server 初始化的前面 4 个步骤：①初始化配置；②加载并解析配置文件；③初始化服务端内部变量，包括数据库、全局共享变量等；④创建事件循环 eventLoop。完成这些操作之后，Redis 将创建 socket 并启动监听，同时创建对应的文件事件与时间事件并开始事件循环。下面将详细介绍步骤⑤～⑦。

步骤⑤：创建socket并启动监听。

用户可通过指令port配置socket绑定端口号，通过指令bind配置socket绑定IP地址。注意，指令bind可配置多个IP地址，中间用空格隔开；创建socket时只需要循环所有IP地址即可。

```
int listenToPort(int port, int *fds, int *count) {
    for (j = 0; j < server.bindaddr_count; j++) {
        //创建socket并启动监听
        fds[*count] = anetTcpServer(server.neterr,port,server.bindaddr[j],
                server.tcp_backlog);
        //设置socket为非阻塞模式
        anetNonBlock(NULL,fds[*count]);
        (*count)++;
    }
}
```

输入参数port表示用户配置的端口号，server结构体的bindaddr_count字段存储用户配置的IP地址数目，bindaddr字段存储用户配置的所有IP地址。函数anetTcpServer实现了socket的创建、绑定及监听流程，这里不做详述。

注意： 所有创建的socket都会设置为非阻塞模式，原因在于Redis使用了I/O多路复用模式，要求socket读写必须是非阻塞的，函数anetNonBlock通过系统调用fcntl来设置socket为非阻塞模式。

步骤⑥：创建文件事件与时间事件。

步骤⑤已经完成了socket的创建与监听，而socket的读写事件被抽象为文件事件，因为需要为监听的socket创建对应的文件事件，具体如下。

```
for (j = 0; j < server.ipfd_count; j++) {
    if (aeCreateFileEvent(server.el, server.ipfd[j], AE_READABLE,
        acceptTcpHandler,NULL) == AE_ERR) ……
}
```

server结构体的ipfd_count字段用于存储创建的监听socket数目，ipfd用于存储创建的所有监听socket的文件描述符。监听事件的处理函数为acceptTcpHandler，实现了socket连接请求的接受，以及客户端对象的创建。

定时任务被抽象为时间事件，在服务端初始化时创建。此时间事件的处理函数为serverCron，初次创建1ms后就会被触发。

```
if (aeCreateTimeEvent(server.el, 1, serverCron, NULL, NULL) == AE_ERR) {
    exit(1);
}
```

步骤⑦：开启事件循环。

前面6个步骤已经完成了server初始化工作，并在指定IP地址、端口监听客户端连接请求，同时创建了文件事件与时间事件。下面只需要开启事件循环，等待事件发生即可。

```
void aeMain(aeEventLoop *eventLoop) {
    eventLoop->stop = 0;
    //开启事件循环
    while (!eventLoop->stop) {
        if (eventLoop->beforesleep != NULL)
            eventLoop->beforesleep(eventLoop);
        //事件处理主函数
        aeProcessEvents(eventLoop, AE_ALL_EVENTS|AE_CALL_AFTER_SLEEP);
    }
}

int aeProcessEvents(aeEventLoop *eventLoop, int flags){
        //处理文件事件
        numevents = aeApiPoll(eventLoop, tvp);
        for (j = 0; j < numevents; j++) { }
        if (eventLoop->aftersleep != NULL && flags & AE_CALL_AFTER_SLEEP)
             eventLoop->aftersleep(eventLoop);
        //处理时间事件
        if (flags & AE_TIME_EVENTS)
         processed += processTimeEvents(eventLoop);
}
```

aeProcessEvents 是事件处理主函数。这里需要重点关注回调函数 beforesleep，它在每次事件循环开始，即 Redis 阻塞等待文件事件之前执行。函数 beforesleep 会执行一些不是很费时的操作，如集群相关操作、过期键删除操作（这里可称为快速过期键删除）、向客户端返回命令回复等。

函数 aeProcessEvents 为事件处理主函数，首先查找最近需要触发的时间事件，计算阻塞等待文件事件的超时时间，调用 epoll_wait 阻塞等待文件事件的发生并设置超时时间；待 epoll_wait 返回时，处理触发的文件事件；最后处理时间事件。

步骤⑥已经创建了文件事件，即监听 socket 的读事件，事件的处理函数为 acceptTcpHandler，即当客户端发起 socket 连接请求时，服务端会执行函数 acceptTcpHandler。acceptTcpHandler 函数主要做了 3 件事。

1）接受客户端的连接请求。

2）创建客户端对象，并初始化对象各字段。

3）创建文件事件。

前两件事由函数 createClient 实现，输入参数 fd 为接受客户端连接请求后生成的 socket 文件描述符。

```
client *createClient(connection *conn) {
    client *c = zmalloc(sizeof(client));
    if (conn) {
        connNonBlock(conn); //设置socket为非阻塞模式
```

```
        connEnableTcpNoDelay(conn); //设置socket的TCP_NODELAY标志位为1
        //如果服务端配置了tcpkeepalive，则设置socket的SO_KEEPALIVE标志位为1
        if (server.tcpkeepalive)
            connKeepAlive(conn,server.tcpkeepalive);
        connSetReadHandler(conn, readQueryFromClient);
        connSetPrivateData(conn, c);
    }
    //初始化client结构体的各字段
}
```

为了使用I/O多路复用模式，此处同样需要设置socket为非阻塞模式。

TCP是基于字节流的可靠传输层协议，为了提升网络利用率，一般默认会开启Nagle。当应用层调用write函数发送数据时，TCP并不一定会立刻将数据发送出去，根据Nagle算法，还必须满足一定条件才行。Nagle是这样规定的：如果数据包长度大于一定门限，则立即发送；如果数据包含有FIN（表示断开TCP连接）字段，则立即发送；如果当前设置了TCP_NODELAY选项，则立即发送；如果所有条件都不满足，默认需要等待200 ms超时后才会发送。Redis服务器向客户端返回命令回复时，希望TCP能立即将该回复发送给客户端，因此需要设置TCP_NODELAY。如果不设置会怎么样呢？从客户端来看，命令请求的响应时间会大大加长。

TCP是可靠的传输层协议，每次都需要经历3次握手与4次挥手，为了提升效率，可以设置SO_KEEPALIVE，即TCP长连接。这样TCP传输层会定时发送心跳包以确认该连接的可靠性，应用层也不再需要频繁地创建与释放TCP连接。server结构体的tcpkeepalive字段表示是否启用TCP长连接，用户可通过参数tcp-keepalive配置。

接收到客户端连接请求之后，服务器需要创建文件事件等待客户端的命令请求。文件事件的处理函数为readQueryFromClient，当服务器接收到客户端的命令请求时，会执行此函数。

4.3 事件处理

Redis服务器是典型的事件驱动程序。事件分为文件事件（socket的读写事件）与时间事件（定时任务）两大类。无论是文件事件还是时间事件都封装在结构体aeEventLoop。结构体aeEventLoop的定义如下。

```
typedef struct aeEventLoop {
    int stop;

    aeFileEvent *events;
    aeFiredEvent *fired;
    aeTimeEvent *timeEventHead;
```

```
    void *apidata
    aeBeforeSleepProc *beforesleep;
    aeBeforeSleepProc *aftersleep;
} aeEventLoop;
```

stop 标识事件循环是否结束。events 为文件事件数组，存储已经注册的文件事件。fired 存储被触发的文件事件。Redis 有多个定时任务，因此理论上应该有多个时间事件，多个时间事件形成链表，timeEventHead 即为时间事件链表的头节点。Redis 服务器需要阻塞等待文件事件的发生，进程阻塞之前会调用 beforesleep 函数，进程因为某种原因被唤醒之后会调用 aftersleep 函数。Redis 底层可以使用 4 种 I/O 多路复用模型（kqueue、epoll 等），apidata 是对这 4 种模型的进一步封装。

事件驱动程序通常存在 while/for 循环，循环等待事件发生并处理，Redis 也不例外，其事件循环如下。

```
while (!eventLoop->stop) {
    if (eventLoop->beforesleep != NULL)
        eventLoop->beforesleep(eventLoop);
    aeProcessEvents(eventLoop, AE_ALL_EVENTS|AE_CALL_AFTER_SLEEP);
}
```

函数 aeProcessEvents 为事件处理主函数，其第二个参数是一个标志位：AE_ALL_EVENTS 表示函数需要处理文件事件与时间事件；AE_CALL_AFTER_SLEEP 表示阻塞等待文件事件之后需要执行 aftersleep 函数。

4.3.1 文件事件

Redis 客户端通过 TCP socket 与服务端交互，文件事件指的就是 socket 的读写事件。socket 读写操作有阻塞与非阻塞之分。采用阻塞模式时，一个进程只能处理一个网络连接的读写事件，为了同时处理多个网络连接，通常会采用多线程或者多进程，效率低下；在非阻塞模式下，可以使用 I/O 多路复用模型（如 select、epoll、kqueue 等），视不同操作系统而定。

这里只对 epoll 做简要介绍。epoll 是 Linux 内核为处理大量并发网络连接而提出的解决方案，能显著提升系统 CPU 的利用率。epoll 使用非常简单，总共只有 3 个 API 函数。

下面详细介绍这 3 个 API 函数的定义。

```
int epoll_create(int size)
```

epoll_create 函数用于创建一个 epoll 对象。输入参数 size 通知内核程序期望注册的网络连接数，内核以此判断初始分配空间的大小；注意，在 Linux 2.6.8 版本及以后版本中，内核会动态分配空间，因此此参数会被忽略。epoll_create 函数返回值为 epoll 专用的文件描述符。注意，不再使用时，应该及时禁用此文件描述符。

```
int epoll_ctl(int epfd, int op, int fd, struct epoll_event *event)
```

epoll_ctl 函数用于设置 socket 文件描述符的操作类型，它可以监控某一个 socket 文件描述符的读写事件等，也可以删除对某一个 socket 文件描述符的监控。函数执行成功时返回 0，否则返回 -1，错误码设置在变量 errno 中。epoll_ctl 的输入参数含义如下。

1）epfd：epoll_create 函数返回的 epoll 文件描述符。

2）op：需要进行的操作，EPOLL_CTL_ADD 表示注册事件，EPOLL_CTL_MOD 表示修改网络连接事件，EPOLL_CTL_DEL 表示删除事件。

3）fd：网络连接的 socket 文件描述符。

4）event：需要监控的事件，结构体 epoll_event 定义如下。

```
struct epoll_event {
    __uint32_t events;
    epoll_data_t data;
};
typedef union epoll_data {
    void *ptr;
    int fd;
    __uint32_t u32;
    __uint64_t u64;
} epoll_data_t;
```

其中，events 表示需要监控的事件类型，比较常用的是 EPOLLIN 文件描述符可读事件、EPOLLOUT 文件描述符可写事件；data 保存与文件描述符关联的数据。

```
int epoll_wait(int epfd,struct epoll_event * events,int maxevents,int
                timeout)
```

epoll_wait 函数用于阻塞等待 socket 事件的发生。函数执行成功时返回 0，否则返回 -1，错误码设置在变量 errno 中。epoll_wait 输入参数含义如下。

1）epfd：epoll_create 函数返回的 epoll 文件描述符。

2）epoll_event：作为输出参数使用，用于回传已触发的事件数组。

3）maxevents：每次能处理的最大事件数目。

4）timeout：epoll_wait 函数阻塞超时时间。如果超过 timeout 时间还没有事件发生，函数不再阻塞直接返回。当 timeout 等于 0 时，函数立即返回；当 timeout 等于 -1 时，函数会一直阻塞直到事件发生。

Redis 并没有直接使用 epoll 提供的 API，而是同时支持 4 种 I/O 多路复用模型，并将这些模型的 API 统一封装，由文件 ae_evport.c、ae_epoll.c、ae_kqueue.c 和 ae_select.c 实现。

Redis 在编译阶段会检查操作系统支持的 I/O 多路复用模型，并按照一定规则决定使用哪种模型。

以 epoll 为例，aeApiCreate 函数是对 epoll_create 的封装；aeApiAddEvent 函数用于添加事件，是对 epoll_ctl 的封装；aeApiDelEvent 函数用于删除事件，是对 epoll_ctl 的封装；aeApiPoll 函数是对 epoll_wait 的封装。

```
static int aeApiCreate(aeEventLoop *eventLoop);
static int aeApiAddEvent(aeEventLoop *eventLoop, int fd, int mask);
static void aeApiDelEvent(aeEventLoop *eventLoop, int fd, int delmask)
static int aeApiPoll(aeEventLoop *eventLoop, struct timeval *tvp);
```

上述 4 个函数的输入参数含义如下。

1）eventLoop：事件循环，与文件事件相关的主要有 3 个字段。

① apidata 指向 I/O 多路复用模型对象，注意 4 种 I/O 多路复用模型对象的类型不同，因此此字段是 void* 类型。

② events 存储需要监控的事件数组，以 socket 文件描述符作为数组索引存取元素。

③ fired 存储已触发的事件数组。

以 epoll 模型为例，apidata 字段指向的 I/O 多路复用模型对象定义如下。

```
typedef struct aeApiState {
    int epfd;
    struct epoll_event *events;
} aeApiState;
```

其中，epfd 函数 epoll_create 返回 epoll 文件描述符，events 存储 epoll_wait 函数返回时已触发的事件数组。

2）fd：操作的 socket 文件描述符。

3）mask 或 delmask：添加或者删除的事件类型。AE_NONE 表示没有任何事件；AE_READABLE 表示可读事件；AE_WRITABLE 表示可写事件。

4）tvp：阻塞等待文件事件的超时时间。

这里只对等待事件函数 aeApiPoll 实现做简要介绍。

```
static int aeApiPoll(aeEventLoop *eventLoop, struct timeval *tvp) {
    aeApiState *state = eventLoop->apidata;
    //阻塞等待事件的发生
    retval = epoll_wait(state->epfd,state->events,eventLoop->setsize,
            tvp ? (tvp->tv_sec*1000 + tvp->tv_usec/1000) : -1);
    if (retval > 0) {
        int j;

        numevents = retval;
        for (j = 0; j < numevents; j++) {
            int mask = 0;
            struct epoll_event *e = state->events+j;
```

```
            //转换事件类型为Redis定义的类型
            if (e->events & EPOLLIN) mask |= AE_READABLE;
            if (e->events & EPOLLOUT) mask |= AE_WRITABLE;
            //记录已发生事件到fired数组
            eventLoop->fired[j].fd = e->data.fd;
            eventLoop->fired[j].mask = mask;
        }
    }
    return numevents;
}
```

函数首先需要通过 eventLoop->apidata 字段获取 epoll 模型对应的 aeApiState 结构体对象，才能调用 epoll_wait 函数等待事件的发生；而 epoll_wait 函数将已触发的事件存储到 aeApiState 对象的 events 字段，Redis 再次遍历所有已触发事件，将其封装在 eventLoop->fired 数组，数组元素类型为结构体 aeFiredEvent。该结构体只有两个字段：fd 表示发生事件的 socket 文件描述符；mask 表示发生的事件类型，如 AE_READABLE 表示可读事件，AE_WRITABLE 表示可写事件。

上面简单介绍了 epoll 的使用，以及 Redis 对 epoll 等 I/O 多路复用模型的封装，下面回到本节的主题——文件事件。结构体 aeEventLoop 有一个关键字段 events，类型为 aeFileEvent 数组，存储所有需要监控的文件事件。文件事件结构体定义如下。

```
typedef struct aeFileEvent {
    int mask;
    aeFileProc *rfileProc;
    aeFileProc *wfileProc;
    void *clientData;
} aeFileEvent;
```

其中，rfileProc 为函数指针，指向读事件处理函数；wfileProc 同样为函数指针，指向写事件处理函数；clientData 指向对应的客户端对象。

在调用 aeApiAddEvent 函数添加事件之前，首先需要调用 aeCreateFileEvent 函数创建对应的文件事件，并存储在 aeEventLoop 结构体的 events 字段中。aeCreateFileEvent 函数的简单实现如下。

```
int aeCreateFileEvent(aeEventLoop *eventLoop, int fd, int mask,
        aeFileProc *proc, void *clientData){

    aeFileEvent *fe = &eventLoop->events[fd];

    if (aeApiAddEvent(eventLoop, fd, mask) == -1)
        return AE_ERR;
    fe->mask |= mask;
    if (mask & AE_READABLE) fe->rfileProc = proc;
    if (mask & AE_WRITABLE) fe->wfileProc = proc;
    fe->clientData = clientData;
```

```
    return AE_OK;
}
```

Redis 服务器启动时需要创建 socket 并监听，等待客户端连接；客户端与服务器建立 socket 连接之后，服务器会等待客户端的命令请求；服务器处理完客户端的命令请求之后，命令回复会暂时缓存在 client 结构体的 buf 缓冲区，待客户端文件描述符的可写事件发生时，才会真正向客户端发送命令回复。这些都需要创建对应的文件事件。

```
aeCreateFileEvent(server.el, server.ipfd[j], AE_READABLE,
    acceptTcpHandler,NULL);
//参考connSetReadHandler
aeCreateFileEvent(server.el,fd,AE_READABLE,
    readQueryFromClient, c);
//参考connSetWriteHandler
aeCreateFileEvent(server.el, c->fd, ae_flags,
    sendReplyToClient, c);
```

接受客户端连接的处理函数为 acceptTcpHandler，此时还没有创建对应的客户端对象，因此 aeCreateFileEvent 函数的第 4 个参数为 NULL；接收客户端命令请求的处理函数为 readQueryFromClient；向发送命令回复的处理函数为 sendReplyToClient。

最后思考一个问题：aeApiPoll 函数的第二个参数是时间结构体 timeval，存储调用 epoll_wait 时传入的超时时间，那么这个时间怎么计算出来的呢？我们之前提过，Redis 除了要处理各种文件事件外，还需要处理很多定时任务（时间事件），那么当 Redis 因执行 epoll_wait 而阻塞时，恰巧定时任务到期而需要处理怎么办？要回答这个问题，需要分析 Redis 事件循环的执行函数 usUntilEarliestTimer。usUntilEarliestTimer 函数在调用 aeApiPoll 之前会遍历 Redis 的时间事件链表，查找最早会发生的时间事件，以此作为 aeApiPoll 需要传入的超时时间。

```
int aeProcessEvents(aeEventLoop *eventLoop, int flags)
{
     if (flags & AE_TIME_EVENTS && !(flags & AE_DONT_WAIT))
        usUntilTimer = usUntilEarliestTimer(eventLoop);
        ……
        //阻塞等待文件事件发生
        numevents = aeApiPoll(eventLoop, tvp);

        for (j = 0; j < numevents; j++) {
            aeFileEvent *fe = &eventLoop->events[eventLoop->fired[j].fd];
            //处理文件事件，即根据类型执行rfileProc或wfileProc
        }

        //处理时间事件
        processed += processTimeEvents(eventLoop);
}
```

4.3.2　时间事件

前面介绍了 Redis 文件事件，了解了事件循环执行函数 aeProcessEvents 的主要逻辑：①查找最早会发生的时间事件，计算超时时间；②阻塞等待文件事件的发生；③处理文件事件；④处理时间事件。时间事件的执行函数为 processTimeEvents。

Redis 服务器内部有很多定时任务需要执行，如定时清除超时客户端连接、定时删除过期键等。定时任务被封装为时间事件 aeTimeEvent。多个时间事件形成双向链表，存储在 aeEventLoop 结构体的 timeEventHead 字段中，该字段指向链表首节点。时间事件 aeTimeEvent 的定义如下。

```
typedef struct aeTimeEvent {
    long long id;
    monotime when;
    aeTimeProc *timeProc;
    aeEventFinalizerProc *finalizerProc;
    void *clientData;
    struct aeTimeEvent *next;
    struct aeTimeEvent *prev;
} aeTimeEvent;
```

各字段含义如下。

1）id：时间事件唯一 ID，通过字段 eventLoop->timeEventNextId 实现。

2）when：时间事件触发的毫秒数。

3）timeProc：函数指针，指向时间事件处理函数。

4）finalizerProc：函数指针，删除时间事件节点之前会调用此函数。

5）clientData：指向对应的客户端对象。

6）next：指向下一个时间事件节点。

7）prev：指向前一个时间事件节点。

时间事件执行函数 processTimeEvents 的处理逻辑比较简单，只是遍历时间事件链表，判断当前时间事件是否已经到期，如果到期，则执行时间事件处理函数 timeProc。

```
static int processTimeEvents(aeEventLoop *eventLoop) {
     te = eventLoop->timeEventHead;
     while(te) {
        aeGetTime(&now_sec, &now_ms);
        if (now_sec > te->when_sec ||
            (now_sec == te->when_sec && now_ms >= te->when_ms))
        {
            //执行时间事件
            retval = te->timeProc(eventLoop, id, te->clientData);

            //计算下次触发时间
            aeAddMillisecondsToNow(retval,&te->when_sec,&te->when_ms);
```

```
            te = te->next;
        }
    }
}
```

时间事件处理函数 timeProc 的返回值 retval 表示此时间事件下次应该被触发的时间（单位为 ms），且是一个相对时间，即从当前时间算起，经过 retval 毫秒后此时间事件会被触发。

其实 Redis 6 只有两个时间事件（在更老的版本中甚至只有一个）。看到这里，读者可能会有疑惑，服务器内部不是有很多定时任务吗？回答此问题之前，我们先看一下时间事件的结构。Redis 创建时间事件节点的函数为 aeCreateTimeEvent，其内部实现非常简单，只是创建时间事件并添加到时间事件链表。aeCreateTimeEvent 函数的定义如下。

```
long long aeCreateTimeEvent(aeEventLoop *eventLoop,
                            long long milliseconds,
                            aeTimeProc *proc, void *clientData,
                            aeEventFinalizerProc *finalizerProc);
```

其中，输入参数 eventLoop 指向事件循环结构体；milliseconds 表示触发此时间事件的间隔时间，单位为 ms。注意，milliseconds 是一个相对时间，即从当前时间算起，经过 milliseconds 毫秒后，此时间事件会被触发。proc 指向时间事件的处理函数；clientData 指向对应的结构体对象；finalizerProc 同样是函数指针，删除时间事件节点之前会被调用。

读者可以在代码目录全局搜索 aeCreateTimeEvent，找到创建时间事件的逻辑。例如，下面程序就创建了一个时间事件。

```
aeCreateTimeEvent(server.el, 1, serverCron, NULL, NULL);
```

该时间事件在 1 ms 后会被触发，处理函数为 serverCron，参数 clientData 与 finalizerProc 都为 NULL。函数 serverCron 实现了 Redis 服务器所有其他定时任务的周期执行。

```
int serverCron(struct aeEventLoop *eventLoop, long long id, void
        *clientData) {
    run_with_period(100) {
        //100ms周期执行
    }
    run_with_period(5000) {
        //5000ms周期执行
    }
    //清除超时客户端连接
    clientsCron();
    //处理数据库
    databasesCron();

    server.cronloops++;
    return 1000/server.hz;
}
```

变量 server.cronloops 用于记录 serverCron 函数的执行次数；变量 server.hz 表示 serverCron 函数的执行频率，用户可自定义（最小为 1，最大为 500，默认为 10）。假设 server.hz 取默认值 10，函数返回 1000/server.hz，则程序会更新当前时间事件的触发时间为 100 ms，即 serverCron 的执行周期为 100 ms。run_with_period 宏定义实现了定时任务按照指定时间周期（ms）执行，其会被替换为一个 if 条件判断，条件为真才会执行定时任务，定义如下。

```
#define run_with_period(_ms_) if ((_ms_ <= 1000/server.hz)
                              || !(server.cronloops%((_ms_)/(1000/server.hz))))
```

另外，serverCron 函数会无条件执行某些定时任务，如清除超时客户端连接及处理数据库（清除数据库过期键等）。需要特别注意一点，serverCron 函数的执行时间不能过长，否则会导致服务器不能及时响应客户端的命令请求。以删除过期键为例，下面分析 Redis 是如何保证 serverCron 函数的执行时间的。删除过期键由函数 activeExpireCycle 实现，由函数 databasesCron 调用。activeExpireCycle 函数实现如下。

```
void activeExpireCycle(int type) {
    timelimit = config_cycle_slow_time_perc*1000000/server.hz/100;
    timelimit_exit = 0;
    ......
    for (j = 0; j < dbs_per_call && timelimit_exit == 0; j++) {
        do {
            //查找过期键并删除

            if ((iteration & 0xf) == 0) {
                elapsed = ustime()-start;
                if (elapsed > timelimit) {
                    timelimit_exit = 1;
                    server.stat_expired_time_cap_reached_count++;
                    break;
                }
            }
        } while (sampled == 0 ||
            (expired*100/sampled) > config_cycle_acceptable_stale);
    }
}
```

activeExpireCycle 函数最多遍历 dbs_per_call 个数据库，并记录每个数据库删除的过期键数目。当删除的过期键数目大于门限时，认为此数据库过期键较多，需要再次处理。考虑到极端情况，当数据库键数目非常多且基本都过期时，do-while 循环会一直执行下去。因此，我们需要设置 timelimit（时间限制），每执行 16 次 do-while 循环，检测 activeExpireCycle 函数的执行时间是否超过 timelimit，如果超过则强制结束循环。

读者初看 timelimit 的计算方式可能会比较疑惑，其计算结果使得函数 activeExpireCycle 的总执行时间占 CPU 时间的 25%，即 activeExpireCycle 函数每秒的总执行时间为

1000000×25/100μs。仍然假设 server.hz 取默认值 10，即 activeExpireCycle 函数每秒执行 10 次，那么每次 activeExpireCycle 函数的执行时间为 1000000×25/100/10μs。

4.4 小结

Redis 服务器是典型的事件驱动程序，其将事件处理分为两大类：文件事件与时间事件。文件事件即 socket 的读写事件，时间事件即需要周期性执行的一些定时任务。Redis 采用 I/O 多路复用模型（select、epoll 等）处理文件事件，并对这些 I/O 多路复用模型做了简单封装。Redis 服务器只维护了一个时间事件，该时间事件处理函数为 serverCron，执行了所有需要周期性执行的一些定时任务。事件是理解 Redis 的基石，希望读者能认真学习。

第 5 章 Chapter 5

一次命令请求过程

本章主要介绍 Redis 服务端处理客户端命令请求的完整流程。Redis 作为典型的请求－响应式服务，只需等待客户端命令请求到达即可。当 Redis 服务端收到客户端的命令请求时，首先需要解析命令请求，在 Redis 6.0 版本之前，客户端和服务端基于 RESP 2 协议通信，而 Redis 6.0 版本采用 RESP 3 协议。接下来执行命令请求，但在执行命令请求之前，还需要进行一些校验逻辑，如 ACL 权限验证。最后，服务端向客户端返回响应结果。需要注意的是，在 Redis 6.0 版本之前，读取客户端命令请求和向客户端返回结果都是在主线程完成的。然而，Redis 6.0 版本引入了多线程 I/O 的功能，允许开启多个 I/O 线程，实现并行读取客户端命令请求并向客户端返回结果。

5.1 基础知识

为了更好地理解服务器与客户端的交互，读者还需要学习一些基础知识，如客户端信息的存储、Redis 对外支持的命令集合等，这些是 Redis 处理命令的基础。

5.1.1 客户端结构体 client

Redis 使用结构体 client 存储客户端连接的所有信息，包括但不限于客户端的名称、客户端连接的 socket 描述符、客户端当前选择的数据库 ID、客户端的输入缓冲区与输出缓冲区等。结构体 client 的字段较多，此处只介绍命令处理主流程所需的关键字段。

```
typedef struct client {
    uint64_t id;
    int fd;
    redisDb *db;
    robj *name;
    time_t lastinteraction

    sds querybuf;
    int argc;
    robj **argv;
    struct redisCommand *cmd;

    list *reply;
    unsigned long long reply_bytes;
    size_t sentlen;
    char buf[PROTO_REPLY_CHUNK_BYTES];
    int bufpos;

} client;
```

各字段含义如下。

1）**id**：客户端唯一 ID，由全局变量 server.next_client_id 计算生成。

2）**fd**：客户端 socket 的文件描述符。

3）**db**：客户端使用 select 命令选择的数据库对象。其结构体定义如下。

```
typedef struct redisDb {
    int id;
    long long avg_ttl;
    dict *dict;
    dict *expires;
    dict *blocking_keys;
    dict *ready_keys;
    dict *watched_keys;
} redisDb;
```

其中，id 为数据库序号，默认情况下，Redis 有 16 个数据库，id 序号为 0～15。dict 存储数据库所有 key-value 对。expires 存储键的过期时间。avg_ttl 存储数据库对象的平均生存时间。

使用命令 BLPOP 阻塞获取列表元素时，如果链表为空，会阻塞客户端，同时将此列表的键记录在 blocking_keys；当使用 PUSH 命令向列表添加元素时，会先从字典 blocking_keys 中查找该列表键，如果找到，说明有客户端正阻塞等待获取此列表键，于是将此列表键记录到字典 ready_keys，以便后续响应正在阻塞的客户端。

Redis 支持事务，MULTI 命令用于开启事务，EXEC 命令用于执行事务。但是从开启事务到执行事务，如何保证关心的数据不会被修改呢？ Redis 采用乐观锁机制实现。开启事务的同时可以使用 WATCH key 命令监控关心的数据键，而 watched_keys 字典存储的就是被

WATCH key 命令监控的所有数据键，其中 key-value 分别为数据键与客户端对象。当 Redis 服务器接收到写命令时，会从字典 watched_keys 中查找该数据键。如果找到，说明有客户端正在监控此数据键，于是标记客户端对象为 dirty；待 Redis 服务器收到客户端 EXEC 命令时，如果客户端带有 dirty 标记，则会拒绝执行事务。

4）**name**：客户端名称，可以使用 CLIENT SETNAME 命令设置。

5）**lastinteraction**：客户端上次与服务器交互的时间，以此实现客户端的超时处理。

6）**querybuf**：输入缓冲区，recv 函数接收的客户端命令请求会暂时缓存在此缓冲区。

7）**argc**：输入缓冲区的命令请求按照 Redis 协议格式编码字符串，命令请求的所有参数均需被解析，参数个数存储在 argc 字段，参数内容被解析为 robj 对象，存储在 argv 数组。

8）**cmd**：待执行的客户端命令。解析命令请求后，会根据命令名称查找该命令对应的命令对象，并将命令对象存储在客户端的 cmd 字段中，cmd 的类型为 struct redisCommand（命令结构体将会在 5.1.2 小节详细介绍）。

9）**reply**：输出链表，存储待返回给客户端的命令回复数据。链表节点存储的值类型为 clientReplyBlock，其定义如下：

```
typedef struct clientReplyBlock {
    size_t size, used;
    char buf[];
} clientReplyBlock;
```

链表节点本质上就是一个缓冲区（buffer），其中 size 表示缓冲区空间总大小，used 表示缓冲区已使用空间大小。

10）**reply_bytes**：输出链表中所有节点的存储空间总和。

11）**sentlen**：已返回给客户端的字节数。

12）**bufpos**：输出缓冲区中数据的最大字节位置。

显然 sentlen～bufpos 区间的数据都是需要返回给客户端的。reply 和 buf 都用于缓存待返回给客户端的命令回复数据，为什么需要 reply 和 buf 同时存在呢？其实二者只是用于返回不同的数据类型而已，相关内容将在 5.7 节详细介绍。

5.1.2　命令结构体 redisCommand

Redis 支持的所有命令初始都存储在全局变量 redisCommandTable，类型为 struct redisCommand，定义及初始化如下。

```
struct redisCommand redisCommandTable[] = {
    {"get",getCommand,2,
     "read-only fast @string",
     0,NULL,1,1,1,0,0,0},
```

```
    {"set",setCommand,-3,
    "write use-memory @string",
    0,NULL,1,1,1,0,0,0},      ……
}
```

结构体 redisCommand 相对简单，主要定义了命令的名称、命令处理函数及命令标志等，具体如下。

```
struct redisCommand {
    char *name;
    redisCommandProc *proc;
    int arity;
    char *sflags;
    int flags;
    long long microseconds, calls;
};
```

各字段含义如下。

1）name：命令的名称。

2）proc：命令处理函数。

3）arity：命令参数数目，用于校验命令请求格式是否正确。当 arity 小于 0 时，表示命令参数数目大于等于 arity；当 arity 大于 0 时，表示命令参数数目必须为 arity。注意，在命令请求中，命令的名称本身也是一个参数，如 GET 命令的参数数目为 2，命令请求格式为“GET key”。

4）sflags：命令标志，例如标识命令是读命令还是写命令，详情参见表 5-1。注意，sflags 的类型为字符串，这样设计只是为了良好的可读性。

表 5-1　命令标志类型

字符标识	二进制标识	含义	相关命令
no-auth	CMD_NO_AUTH	命令不需要鉴权	auth、hello
write	CMD_WRITE	写命令	set、del、incr、lpush
read-only	CMD_READONLY	读命令	get、exists、llen
use-memory	CMD_DENYOOM	内存不足时，拒绝执行此类命令	set、append、lpush
admin	CMD_ADMIN	管理命令	save、shutdown、slaveof
pub-sub	CMD_PUBSUB	发布 - 订阅相关命令	subscribe、unsubscribe
no-script	CMD_NOSCRIPT	命令不可以在 Lua 脚本中使用	auth、save、brpop
random	CMD_RANDOM	随机命令，即使命令请求参数完全相同，返回结果也可能不同	srandmember、scan、time
to-sort	CMD_SORT_FOR_SCRIPT	当在 Lua 脚本使用此类命令时，需要对输出结果进行排序	sinter、sunion、sdiff

（续）

字符标识	二进制标识	含义	相关命令
ok-loading	CMD_LOADING	服务器启动载入过程，只能执行此类命令	select、auth、info
ok-stale	CMD_STALE	当从服务器与主服务器断开连接，且从服务器配置 slave-serve-stale-data no 时，从服务器只能执行此类命令	auth、shutdown、info
no-monitor	CMD_SKIP_MONITOR	此类命令不会发送给监视器	exec
cluster-asking	CMD_ASKING	集群槽（slot）迁移时有用	restore-asking
fast	CMD_FAST	表示 fast-command，当命令执行时间超过门限时，会记录延迟事件，此标志用于区分延迟事件类型	get、setnx、strlen、exists

5）flags：命令的二进制标志，服务器启动时解析 sflags 字段生成，参见表 5-1。

6）microseconds：用于统计从服务器启动至今命令总的执行时间，通过 microseconds/calls 即可计算出该命令的平均处理时间。

7）calls：用于统计从服务器启动至今命令执行的次数。

当服务器接收到一条命令请求时，需要从命令表中查找命令，而 redisCommandTable 是一个数组，意味着查询命令的时间复杂度为 $O(N)$，效率低下。因此，Redis 在服务器初始化时，会将 redisCommandTable 转换为一个字典，存储在 redisServer 对象的 commands 字段，key 为命令名称，value 为 redisCommand 对象。populateCommandTable 函数实现了命令表从数组到字典的转化，同时解析 sflags 生成 flags（参考 populateCommandTableParseFlags 函数）。

```
int populateCommandTableParseFlags(struct redisCommand *c, char *strflags)
    for (int j = 0; j < argc; j++) {
        char *flag = argv[j];
        if (!strcasecmp(flag,"write")) {
            c->flags |= CMD_WRITE|CMD_CATEGORY_WRITE;
        } else if (!strcasecmp(flag,"read-only")) {
            c->flags |= CMD_READONLY|CMD_CATEGORY_READ;
    }
    ……
}
```

对于经常使用的命令，Redis 甚至会在服务器初始化的时候将命令缓存在 redisServer 对象，这样使用时就不需要每次都从 commands 字典中查找了。

```
struct redisServer {
    struct redisCommand  *delCommand,*multiCommand,*lpushCommand,
        *lpopCommand,*rpopCommand, *sremCommand, *execCommand,
        *expireCommand,*pexpireCommand;
}
```

5.2 I/O多线程

Redis在6.0版本之前，读取客户端命令请求、执行命令及向客户端返回结果都是在主线程完成的，这也是Redis是单线程模型的原因。Redis是基于内存的key-value数据库，执行命令的过程非常快，但读取客户端命令请求和向客户端返回结果（网络I/O）成了Redis的性能瓶颈。

因此，Redis 6.0版本加入了多线程I/O功能，即可以开启多个I/O线程，并行读取客户端命令请求，并行向客户端返回结果。I/O多线程功能使得Redis性能提升至少1倍。此时I/O多线程流程如图5-1所示。

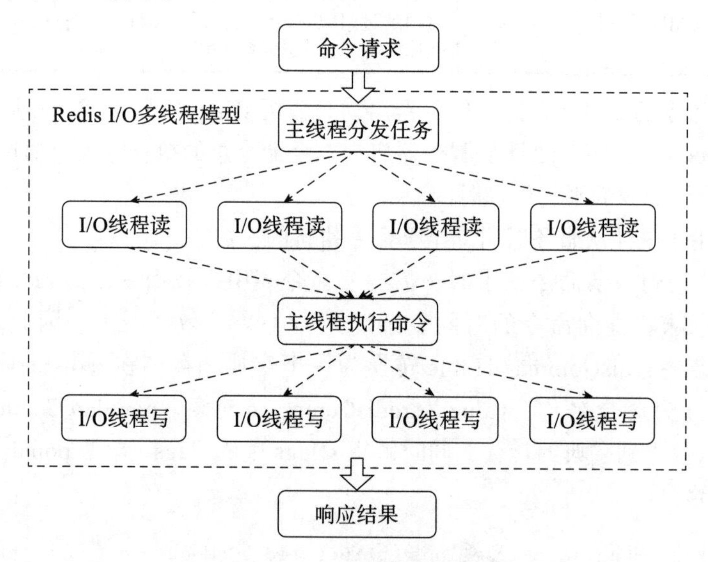

图5-1 I/O多线程流程

为了开启多线程I/O功能，需要先修改配置文件redis.conf：

```
io-threads-do-reads yes
io-threads 4
```

配置含义如下。

1）io-threads-do-reads：是否开启多线程I/O功能，默认为no。

2）io-threads：I/O线程数目，默认为1，即只使用主线程执行网络I/O，线程数最大为128。该配置应该根据CPU核数设置。作者建议，对于4核CPU，设置2或3个I/O线程；对于8核CPU，设置6个I/O线程。

在详细介绍多线程I/O的实现原理之前，读者可以提前思考下：如何解决主线程与多个I/O线程的同步问题呢？这是多线程I/O的核心。下面从I/O线程管理及I/O线程同步两个方面介绍多线程I/O的实现原理。

5.2.1 I/O 线程管理

Redis 在启动时候，通过调用 initThreadedIO 函数创建多个 I/O 线程。

```
void initThreadedIO(void) {
    //全局变量，标识I/O线程是否启动
    io_threads_active = 0;
    //只有一个I/O线程，即主线程
    if (server.io_threads_num == 1) return;

    //循环创建I/O线程
    for (int i = 0; i < server.io_threads_num; i++) {
        //0号线程即主线程
        if (i == 0) continue

        //初始化互斥锁
        pthread_mutex_init(&io_threads_mutex[i],NULL);
        //锁定
        pthread_mutex_lock(&io_threads_mutex[i]);
        //创建I/O线程，注意变量i即该I/O线程的ID
        if (pthread_create(&tid,NULL,IOThreadMain,(void*)(long)i) != 0) {
            serverLog(LL_WARNING,"Fatal: Can't initialize IO thread.");
            exit(1);
        }
        io_threads[i] = tid;
    }
}
```

可以看到，I/O 线程的启动函数是 IOThreadMain。注意，每一个 I/O 线程都有一个线程 ID，后续网络 I/O 任务分发等场景会用到它，主线程 ID 为 0。当 I/O 线程数目配置为 1 时，Redis 只使用主线程进行网络 I/O。

变量 io_threads_active 是做什么的呢？它表示 I/O 线程是否已经启动，这里读者可能会有疑问，线程创建了不就可以被调度执行吗？为什么说没有启动呢？原因就在于互斥锁 io_threads_mutex。主线程在创建 I/O 线程之前，已经获取到该互斥锁，而 IOThreadMain 函数循环处理 I/O 任务时，如果互斥锁已被主线程获取，则获取该互斥锁的操作会导致 I/O 线程阻塞。也就是说，主线程可以通过互斥锁 io_threads_mutex 控制 I/O 线程的暂停或启动。互斥锁就像一把插销，主线程释放锁之后，I/O 线程才可启动。

理解了互斥锁 io_threads_mutex 的作用，I/O 线程的启动及暂停流程就比较简单了，代码逻辑如下。

```
void startThreadedIO(void) {
    //释放互斥锁
    for (int j = 1; j < server.io_threads_num; j++)
        pthread_mutex_unlock(&io_threads_mutex[j]);
    //更改标识变量为已启动
```

```
        io_threads_active = 1;
    }

    void stopThreadedIO (void) {
        //暂停I/O线程之前，先处理I/O读任务
        handleClientsWithPendingReadsUsingThreads ( );
        //抢占互斥锁
        for (int j = 1; j < server.io_threads_num; j++)
            pthread_mutex_lock (&io_threads_mutex[j]);
        //更改标识变量为未启动
        io_threads_active = 0;
    }
```

startThreadedIO 函数用于启动 I/O 线程，stopThreadedIO 函数用于暂停 I/O 线程。启动 I/O 线程只需要释放互斥锁即可，暂停 I/O 线程只需要抢占互斥锁即可。注意，在暂停 I/O 线程之前，还需要处理完 I/O 任务，handleClientsWithPendingReadsUsingThreads 函数就用于处理客户端请求的读取任务。

介绍完 I/O 线程的创建、启动及暂停流程，那么这 3 个流程在什么时候执行呢？ I/O 线程的创建肯定是在 Redis 服务初始化时执行的，I/O 线程的启动呢？ I/O 线程在读取客户端请求之前启动即可。I/O 线程的暂停呢？ Redis 服务退出之前吗？其实不是，Redis 还做了一些优化，当判断当前网络 I/O 任务比较少的时候，I/O 线程就会暂停，只有主线程进行网络 I/O。为什么要这么做呢？当然是为了减少不必要的线程切换，因为线程频繁切换会耗费大量 CPU 时间。判断是否需要暂停 I/O 线程的逻辑由 stopThreadedIOIfNeeded 函数实现，其定义如下。

```
    int stopThreadedIOIfNeeded (void) {
        //需要返回结果的客户端数目
        int pending = listLength (server.clients_pending_write);

        //只使用主线程进行网络I/O，直接返回
        if (server.io_threads_num == 1) return 1;

        //如果网络I/O任务数小于2倍的I/O线程数目，暂停I/O线程
        if (pending < (server.io_threads_num*2)) {
            if (io_threads_active) stopThreadedI/O ( );
            return 1;
        } else {
            return 0;
        }
    }
```

stopThreadedIOIfNeeded 函数使用变量 clients_pending_write 作为网络 I/O 任务数指标，该变量表示有多少个客户端目前需要返回结果。当网络 I/O 任务数小于 2 倍的 I/O 线程数目时，就会暂停所有 I/O 线程（不包括主线程）。注意，暂停 I/O 线程后，不止会暂停 I/O 线程向客户端返回结果的写操作，也会暂停 I/O 线程读取客户端请求的读操作。

5.2.2　I/O线程同步

主线程与I/O线程如何进行同步呢，即主线程如何将网络I/O任务分发给I/O线程呢？I/O线程处理完网络I/O任务，又如何通知主线程呢？I/O线程同步流程如图5-2所示。

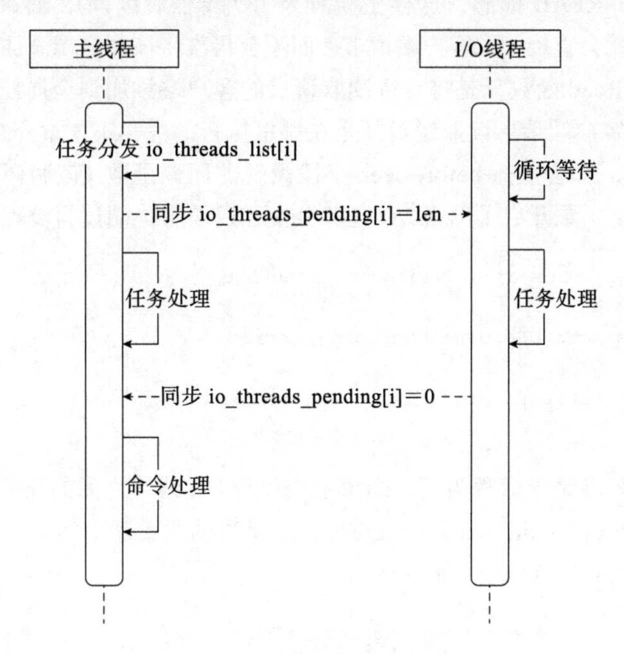

图5-2　I/O线程同步流程

下面将结合源码详细介绍I/O线程同步流程的实现原理。

客户端请求的读处理函数为readQueryFromClient，Redis 6.0版本之前，该函数直接执行了读操作，而Redis 6.0版本之后，该函数判断如果I/O多线程开启了，只会将当前客户端记录到全局读任务链表，然后返回。该逻辑由postponeClientRead函数实现。

```
int postponeClientRead(client *c) {
    if (io_threads_active &&
        server.io_threads_do_reads &&
        !ProcessingEventsWhileBlocked &&
        !(c->flags & (CLIENT_MASTER|CLIENT_SLAVE|CLIENT_PENDING_READ)))
        {
        c->flags |= CLIENT_PENDING_READ;
        listAddNodeHead(server.clients_pending_read,c);
        return 1;
        }
    else {
        return 0;
    }
}
```

可以看到，如果 I/O 多线程开启，postponeClientRead 函数会将当前客户端添加到全局读任务链表 clients_pending_read，后续主线程会遍历该全局任务链表，分发任务到 I/O 线程。注意，在将客户端添加到全局任务链表之前，postponeClientRead 函数还给客户端添加了 CLIENT_PENDING_READ 标志，这样主线程及 I/O 线程后续调用 readQueryFromClient 读取客户端请求时，就会直接读取客户端请求，而不会再次将该客户端添加到全局任务链表。

postponeClientRead 函数只是将等待读取请求的客户端添加到全局任务链表，那么任务分发逻辑及真正的客户端请求读取逻辑又是在哪里执行的呢？第 4 章介绍事件循环时提到，开启事件循环之前，都会执行 beforesleep 字段设置的回调函数（该回调函数的实现函数为 beforSleep），就是该函数开启了网络 I/O 任务分发，以及客户端读写流程。

```
void beforeSleep(struct aeEventLoop *eventLoop) {
    //读客户端请求
    handleClientsWithPendingReadsUsingThreads();
    //向客户端返回结果
    handleClientsWithPendingWritesUsingThreads();
}
```

下面以读取客户端请求流程为例，介绍主线程与 I/O 线程之间的任务同步流程的实现逻辑。handleClientsWithPendingReadsUsingThreads 函数的主要逻辑如下。

1）主线程分发网络 I/O 任务到 I/O 线程。

```
listRewind(server.clients_pending_read,&li);
int item_id = 0;
while((ln = listNext(&li))) {
    client *c = listNodeValue(ln);
    int target_id = item_id % server.io_threads_num;
    listAddNodeTail(io_threads_list[target_id],c);
    item_id++;
}
```

这段代码比较简单，Redis 全局维护网络 I/O 读取任务数组 io_threads_list，该数组元素是一个链表。主线程遍历待读取客户端，并将该客户端添加到任务数组某索引的链表上，以此实现任务分发。

2）主线程同步 I/O 线程。

```
io_threads_op = IO_THREADS_OP_READ;
for (int j = 1; j < server.io_threads_num; j++) {
    int count = listLength(io_threads_list[j]);
    io_threads_pending[j] = count;
}
```

变量 io_threads_op 标识当前 I/O 线程应该执行读操作还是写操作。变量 io_threads_pending 是一个数组，数组元素是整型的，表示对应 I/O 线程有多少个网络 I/O 任务需要处理。这里需要思考下：主线程更改了变量 io_threads_pending，那么 I/O 线程能实时读取到最新值吗？

熟悉多线程编程的读者肯定了解，I/O 线程是不能实时读取到最新值的，所以这里的 io_threads_pending 并不是简单的整型数组，其定义如下。

```
_Atomic unsigned long io_threads_pending[IO_THREADS_MAX_NUM];
```

有了 _Atomic 原子性声明，主线程及 I/O 线程任何一方更改了变量，其余线程都能实时读取到最新值。

3）主线程读取客户端请求。

```
listRewind(io_threads_list[0],&li);
while((ln = listNext(&li))) {
    client *c = listNodeValue(ln);
    readQueryFromClient(c->conn);
}
listEmpty(io_threads_list[0]);
```

作为 0 号 I/O 线程，主线程也是需要处理网络 I/O 任务的，很简单，只需要调用 readQueryFromClient 函数读取客户端请求即可。

4）循环等待所有 I/O 线程处理完网络 I/O 任务。

```
while(1) {
    unsigned long pending = 0;
    for (int j = 1; j < server.io_threads_num; j++)
        pending += io_threads_pending[j];
    if (pending == 0) break;
}
```

I/O 线程处理完网络 I/O 任务之后，会更新原子变量 io_threads_pending，主线程只需要循环检测该变量值是否为 0 即可。

5）主线程循环处理客户端请求，该流程非常简单，这里不再赘述。

上面介绍了主线程分发网络 I/O 任务、同步 I/O 线程、读取客户端请求，以及处理客户端请求的主要逻辑。那么 I/O 线程的主逻辑是怎样的呢？ I/O 线程相对而言就简单很多了，只需要循环等待网络 I/O 任务，并执行相应的读操作或者写操作即可。

```
void *IOThreadMain(void *myid) {
    //线程ID
    long id = (unsigned long)myid;

    //死循环
    while(1) {
        //等待任务
        for (int j = 0; j < 1000000; j++) {
```

```
            if (io_threads_pending[id] != 0) break;
        }

        //没有任务的时候，主线程可以通过io_threads_mutex暂停I/O线程
        if (io_threads_pending[id] == 0) {
            pthread_mutex_lock(&io_threads_mutex[id]);
            pthread_mutex_unlock(&io_threads_mutex[id]);
            continue;
        }
        //遍历客户端，执行读写操作
        listRewind(io_threads_list[id],&li);
        while((ln = listNext(&li))) {
            client *c = listNodeValue(ln);
            if (io_threads_op == IO_THREADS_OP_WRITE) {
                writeToClient(c,0);
            } else if (io_threads_op == IO_THREADS_OP_READ) {
                readQueryFromClient(c->conn);
            } else {
                serverPanic("io_threads_op value is unknown");
            }
        }
        listEmpty(io_threads_list[id]);
        //标示任务处理完成
        io_threads_pending[id] = 0;
    }
}
```

在上面的代码中，IOThreadMain 函数是 I/O 线程的主处理函数，有一个代表当前 I/O 线程 ID 的入参，是在调用 pthread_create 函数创建 I/O 线程时分配的，主线程在进行网络 I/O 任务的分发等场景会用到该线程 ID 号。当没有网络 I/O 任务时，主线程会抢占互斥锁 io_threads_mutex，抢占失败则阻塞当前 I/O 线程，抢占成功后则立即释放该互斥锁。抢占互斥锁成功后又立即释放该互斥锁，那抢占互斥锁的作用是什么呢？如果主线程抢占了互斥锁，那么 I/O 线程抢占锁就会被阻塞，这样就可以暂停所有的 I/O 线程。如果 I/O 线程抢占互斥锁成功，说明此时没有网络 I/O 任务需要执行，因此可以直接进入下一轮循环。I/O 线程通过变量 io_threads_op 判断当前执行的是读操作还是写操作。最后，网络 I/O 任务处理完成时，更改原子变量 io_threads_pending，以此通知主线程任务处理完成。

5.3 RESP 3 协议

TCP 是一种基于字节流的传输层通信协议，因此客户端接收到的 TCP 数据不一定是一

个完整的数据包，有可能是多个数据包的组合，也有可能是某一个数据包的部分，这种现象被称为半包与粘包。

为了区分一个完整的数据包，通常有如下 3 种方法：①数据包长度固定；②通过特定的分隔符区分，如 Redis；③通过在数据包头部设置长度字段区分数据包长度，如 FastCGI 协议。

Redis 服务端与客户端之间的通信协议为 RESP（RedisSerializationProtocol）。在 Redis 6.0 版本前，Redis 一直使用 RESP 2 协议。RESP 2 协议有以下几个缺点。

1）无论是列表还是有序集合，数据都是以字符串数组的形式返回给客户端，这增加了客户端解析实现的复杂性。在语义层，RESP 2 无法让客户端感知到“合适的转化”（如需要返回 key-value 对的时候，服务端只能把 key、value 放一起用数组返回）。

2）缺乏一些重要的数据类型。例如，浮点数和布尔值返回的是 string 与 integer 类型。

Redis 6.0 升级了 RESP 协议，主要改进了以下方面。

1）新增了多种数据类型。

2）支持服务端主动推送数据的协议，这为实现客户端缓存奠定了基础。客户端缓存相关知识将在第 10 章详细介绍。

3）在请求的正常返回内容外，还支持返回一些其他属性，帮助客户端更好地统计、解析返回值。

RESP 3 协议可分为简单类型和聚合类型，后者是前者的组合。RESP 3 协议的基本格式如图 5-3 所示。

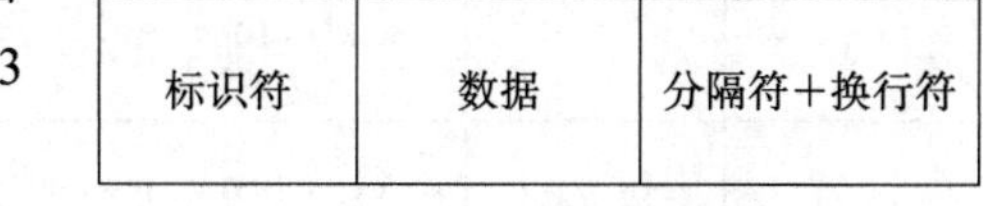

图 5-3　RESP 3 协议基本格式

以字符串为例，在 RESP 3 中返回“hello word!”的格式如下。

```
+hello world\r\n
```

其中，“+”为一般字符串的标识符，“hello world”是数据内容。“\r”“\n”分别是分隔符和换行符，后续用 <CR><LF> 表示。

redlis-cli 对返回的协议数据做了处理，我们可用 Telnet 工具连接 Redis 以更直观地看到返回数据。

注意：默认协议为 RESP 2，要想启用 RESP 3 协议，需执行 hello 3 命令。

下面举例介绍简单类型和聚合类型。

1. 简单类型

当响应结果为字符串、整数等简单类型时，RESP 3 采用简单类型表示。表 5-2 列举了基本的简单类型协议格式。

表 5-2 基本的简单类型协议格式

名称	中文名称	格式	格式示例	备注
blob string	二进制字符串	$<length><CR><LF><bytes> <CR>< LF >	$11<CR><LF> Helloworld <CR><LF>	二进制字符串用“$”作为标识符，第一行数据为长度，第二行数据为实际数据
blob error	二进制错误	!<length> <CR>< LF > <bytes> <CR>< LF >	!21<CR><LF> SYNTAX invalid syntax<CR><LF>	二进制错误用“!”作为标识符
simple string	一般字符串	+<string> <CR>< LF >	+helloworld <CR><LF>	
simple error	一般错误	-ERR	-ERR	
verbatim string	逐字字符串	=<length> <CR>< LF > <bytes> <CR>< LF >	=15<CR><LF> txt:Some string <CR><LF>	该类型在 <bytes> 开始时会用 3 个字符描述更详细的数据类型，如 txt、mkd 等，第 4 个字符总是“:”
number	整数	:<number> <CR>< LF >	:1234 <CR><LF>	整数用“:”作为标识符
null	空	_ <CR>< LF >	_ <CR>< LF >	null 没有数据标识符，“_”后直接为 <CR><CF>
double	浮点数	,<floating-point-number><CR><LF>	,1.23 <CR><LF>	浮点数用“,”作为标识符
boolean	布尔值	#<bool> <CR>< LF >	#t<CR>< LF > #f<CR>< LF >	布尔值用“#”作为标识符。true 为“#t”，false 为“#f”
big number	大数	(<big number> <CR>< LF >	(34928903284092 385093248509438 50943825024385 <CR><LF>	大数用“(”作为标识符

2. 聚合类型

当响应结果为字典、集合等复杂数据类型时，RESP 3 采用聚合类型表示。聚合类型格式类似 JSON，可嵌套简单类型。其语法格式如下。

```
<aggregate-type-char><numelements><CR><LF> ... numelements other types ...
```

表 5-3 列举了基本的聚合类型协议格式。为了更直观地了解聚合类型，表 5-3 中的示例增加了缩进（RESP 3 协议中未约定缩进）。

表 5-3 基本的聚合类型协议格式

名称	中文名称	格式	示例	备注
map type	字典	%<length><CR><LF> +<key> <CR><LF> :<value> <CR><LF> ……	%2<CR><LF> +first<CR><LF> :1<CR><LF> +second<CR><LF> :2<CR><LF>	字典用“%”作为标识符，第一行数据为字典大小，后续行为key-value数据。key为一般字符串，value视情况而定（字符串或整数）
set type	集合	～<length> <CR><LF> ……	～3<CR><LF> $3<CR><LF> 123<CR><LF> $4<CR><LF> hhhh<CR><LF> $5<CR><LF> hello<CR><LF>	集合用“～”作为标识符，第一行数据为集合大小，后续为集合数据
array type	数组	*<length> <CR><LF> ……	*3<CR><LF> :1<CR><LF> :2<CR><LF> :3<CR><LF>	数组用“*”作为标识符，第一行数据为数组大小，后续为数组元素。注意，数组可嵌套
attribute type	属性类型	|<length><CR><LF> ……	megt a b |1<CR><LF> +key-popularity<CR><LF> %2<CR><LF> $1<CR><LF> a<CR><LF> ,0.1923<CR><LF> $1<CR><LF> b<CR><LF> ,0.0012<CR><LF> *2<CR><LF> :2039123<CR><LF> :9543892<CR><LF> {:key-popularity => {:a => 0.1923, :b => 0.0012}}	属性类型用“|”作为标识符，第一行数据为属性个数，后续为属性key-value。如示例所示，在megt返回a、b内容前，返回了a、b的其他属性
push type	推送类型	><length><CR><LF>……	>4<CR><LF> +pubsub<CR><LF> +message<CR><LF> +somechannel<CR><LF> +this is the message<CR><LF>	推送类型是RESP 3较独特的类型
hello		HELLO <protocol-version>	* server: "redis"（or other software name） * version: the server version * proto: the maximum version of the RESP protocol supported * id: the client connection ID * mode: "standalone", "sentinel" or "cluster" * role: "master" or "replica" * modules: list of loaded modules as an array of strings	Hello是开启RESP 3协议的特殊命令。通过Hello 3、Hello 2可切换RESP版本

5.4 命令解析

解析客户端命令请求的入口函数为 readQueryFromClient，该函数会读取 socket 数据，并将 socket 数据存储到客户端对象的输入缓冲区（querybuf），还会调用 processInputBuffer 函数解析命令请求。解析后的命令请求参数存储在客户端对象的 argv（参数对象数组）字段和 argc（参数数目）字段中。processInputBuffer 函数的主要逻辑如图 5-4 所示。

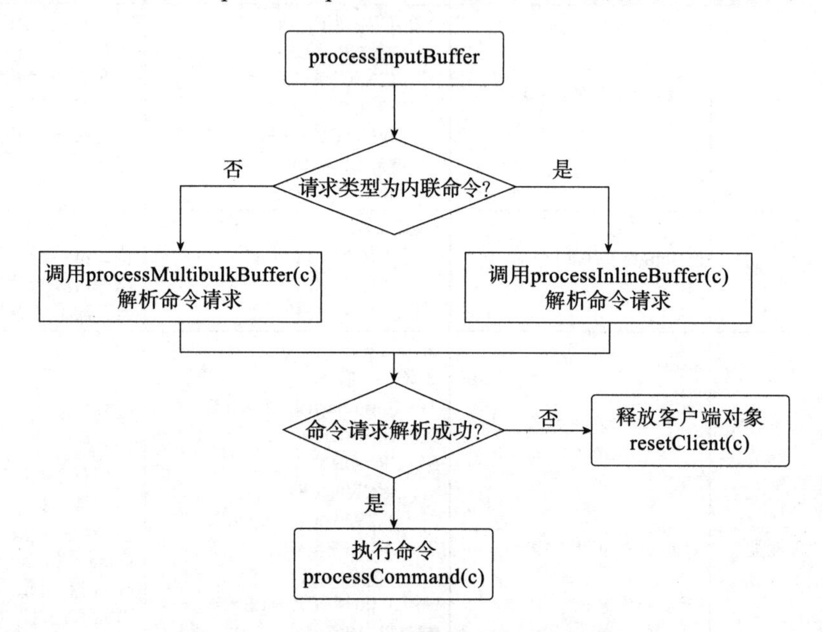

图 5-4 processInputBuffer 函数的主要逻辑

下面简要分析通过 redis-cli 客户端发送的命令请求的解析过程。假设客户端命令请求为“SET redis-key value1”，在 processMultibulkBuffer 函数添加断点，GDB 输出的客户端输入缓冲区内容如下。

```
(gdb) p c->querybuf
$3 = (sds) 0x7ffff1b45505
        "*3\r\n$3\r\nSET\r\n$9\r\nredis-key\r\n$6\r\nvalue1\r\n"
```

解析该命令请求可以分为 2 个步骤。

1）解析命令请求参数数目。

querybuf 指向命令请求首地址，命令请求参数数目的协议格式为“*3\r\n”，即首字符必须是“*”，字符“\r”用于定位行尾位置；解析后的命令请求参数数目暂存于客户端对象的 multibulklen 字段，表示等待解析的参数数目；变量 qb_pos 记录已解析命令请求的长度。

```
//定位到行尾
newline = strchr(c->querybuf+c->qb_pos,'\r');

//解析命令请求参数数目，并存储在客户端对象的multibulklen字段中
ok = string2ll(c->querybuf+1+c->qb_pos,newline-(c->querybuf+1+c->qb_pos),&ll);
c->multibulklen = ll;

//记录已解析命令请求的长度
c->qb_pos = (newline-c->querybuf)+2;
//分配命令请求参数的存储空间
c->argv = zmalloc(sizeof(robj*)*c->multibulklen);
```

GDB输出的主要变量内容如下。

```
(gdb) p c->multibulklen
$9 = 3
```

2）循环解析每个命令请求参数。

命令请求各参数的协议格式为“$3\r\nSET\r\n”，即首字符必须是“$”。解析当前参数之前，需要先解析参数字符串长度，字符“\r”用于定位行尾位置；解析参数字符串长度时，字符串开始位置为c->qb_pos；参数的字符串长度暂存在客户端对象的bulklen字段，同时更新已解析参数字符串位置c->qb_pos。

```
//定位到行尾
newline = strchr(c->querybuf+c->qb_pos,'\r');
//解析当前参数字符串长度，字符串开始位置为c->qb_pos
if (c->querybuf[c->qb_pos] != '$') {
    return C_ERR;
}
ok = string2ll(c->querybuf+c->qb_pos+1,newline-(c->querybuf+c->qb_pos+1),&ll);
c->qb_pos = newline-c->querybuf+2;
c->bulklen = ll;
```

GDB输出的主要变量内容如下。

```
(gdb) p c->querybuf+c->qb_pos
$13 = 0x7ffff1b4550d "SET\r\n$9\r\nredis-key\r\n$6\r\nvalue1\r\n"
(gdb) p c->bulklen
$15 = 3
```

解析当前参数字符串长度之后，可直接读取该长度的参数内容，并创建字符串对象，同时更新待解析参数multibulklen。

```
//解析参数
c->argv[c->argc++] = createStringObject(c->querybuf+pos,c->bulklen);
c->qb_pos += c->bulklen+2;

//待解析参数数目减1
c->multibulklen--;
```

当 multibulklen 值更新为 0 时，说明参数解析完成，循环结束。读者可以思考下：待解析参数数目、参数长度为什么都需要暂存在客户端结构体，使用函数局部变量行不行？肯定是不行的，原因就在于前面提到的 TCP 半包与粘包现象，服务器可能只接收到部分命令请求，如“*3\r\n$3\r\nSET\r\n$9\r\nredis”。当 processMultibulkBuffer 函数执行完毕时，同样只会解析部分命令请求“*3\r\n$3\r\nSET\r\n$9\r\n”，此时就需要记录该命令请求待解析参数数目，以及待解析参数长度；而剩余待解析参数会继续缓存在客户端的输入缓冲区。

5.5 命令调用

参考图 5-4，解析完命令请求之后，最终会调用 processCommand 函数处理该命令请求，而处理命令请求之前还有很多校验逻辑，如客户端是否已经完成认证、命令请求参数是否合法等。下面简要列出若干校验规则。

校验规则 1：对于 quit 命令，直接返回并关闭客户端。

```
if (!strcasecmp(c->argv[0]->ptr,"quit")) {
    addReply(c,shared.ok);
    c->flags |= CLIENT_CLOSE_AFTER_REPLY;
    return C_ERR;
}
```

校验规则 2：执行 lookupCommand 函数查找命令后，如果命令不存在则返回错误提示。

```
c->cmd = c->lastcmd = lookupCommand(c->argv[0]->ptr);
if (!c->cmd) {
    //返回错误提示，如unknown command……
    return C_OK;
}
```

校验规则 3：如果命令请求参数数目不合法，则返回错误提示。命令结构体的 arity 用于校验命令请求参数数目是否合法。arity 小于 0，表示命令请求参数数目大于等于 arity 的绝对值；arity 大于 0，表示命令请求参数数目必须为 arity。注意，在命令请求中，命令的名称本身也是一个参数。

```
if ((c->cmd->arity > 0 && c->cmd->arity != c->argc) ||
     (c->argc < -c->cmd->arity)) {
     //返回错误提示，如wrong number of arguments……
     return C_OK;
}
```

校验规则 4：如果配置文件使用指令“requirepass password”设置了密码，且客户端未认证通过，则只能执行 auth 命令。auth 命令的格式为“AUTH password”。

```
if (authRequired(c)) {
    if (!(c->cmd->flags & CMD_NO_AUTH)) {
        rejectCommand(c,shared.noautherr);//拒绝执行命令
        return C_OK;
    }
}
```

校验规则5：如果配置文件使用指令“maxmemory <bytes>”设置了最大内存限制，且当前内存使用量超过了该配置门限，则服务器会拒绝执行带有CMD_DENYOOM标识的命令，如set命令、append命令、lpush命令等。命令标识参见5.1.2节。

```
if (out_of_memory &&
    (c->cmd->flags & CMD_DENYOOM ||
    (c->flags & CLIENT_MULTI &&
      c->cmd->proc != execCommand &&
      c->cmd->proc != discardCommand)))
{
    flagTransaction(c);
    addReply(c, shared.oomerr);
    return C_OK;
}
```

校验规则6：除了上面的5种校验规则，还有其他校验规则，如集群相关校验、持久化相关校验、主从复制相关校验、发布订阅相关校验，以及事务操作等。这些校验规则会在相关章节进行详细介绍。当所有校验规则都通过后，命令处理函数才会被调用执行命令。代码如下。

```
struct redisCommand *real_cmd = c->cmd;
start = server.ustime;
c->cmd->proc(c);
duration = ustime()-start;
……
//更新统计信息：当前命令执行时间与调用次数
real_cmd->microseconds += duration;//c->cmd
real_cmd->calls++;
//记录慢查询日志
if (flags & CMD_CALL_SLOWLOG && !(c->cmd->flags & CMD_SKIP_SLOWLOG)) {
    slowlogPushEntryIfNeeded(c,c->argv,c->argc,duration);
}
```

命令执行完成后，如果有必要，还需要更新统计信息，记录慢查询日志，AOF持久化该命令请求，传播命令请求给所有的从服务器等。持久化与主从复制会在相关章节进行详细介绍，这里主要介绍慢查询日志的实现方式。

```
void slowlogPushEntryIfNeeded(client *c, robj **argv, int argc,
                              long long duration) {
    //执行时间超过门限，记录该命令
```

```
    if (duration >= server.slowlog_log_slower_than)
        listAddNodeHead(server.slowlog,
                   slowlogCreateEntry(c,argv,argc,duration));

    //慢查询日志最多记录条数为slowlog_max_len，超过则需删除
    while (listLength(server.slowlog) > server.slowlog_max_len)
       listDelNode(server.slowlog,listLast(server.slowlog));
}
```

配置文件可以使用指令 slowlog-log-slower-than 10000 配置执行时间超过多少毫秒才会记录慢查询日志，指令 slowlog-max-len 128 用于配置慢查询日志最大数目，超过最大数目，则会删除最早的日志记录。可以看到，慢查询日志记录在服务端结构体的 slowlog 字段，也就是说慢日志的存取速度非常快，并不会影响命令执行效率。用户可通过 SLOWLOG subcommand [argument] 命令查看服务器记录的慢查询日志。

5.6 ACL 权限控制

在讲解命令调用过程时，我们提到处理命令请求之前还有很多校验逻辑，如客户端是否已经完成认证。Redis 6 之前版本只提供了一个轻量级的访问控制功能，服务端可通过 requirepass 命令设置密码，客户端只需通过 auth 命令输入密码，认证成功后，就拥有全量命令执行权限。

这有什么问题呢？想象如下两个场景。

场景 1：一个普通用户，执行 KEYS 命令，引起 Redis 的短时间阻塞，严重的甚至可能触发主从切换。

场景 2：一个普通用户，执行 FLUSHALL 命令，导致 Redis 数据库被清空。

针对场景 1 和场景 2，用户一般通过 rename-command 命令重命名或禁用这些危险函数。但是还有另外一个问题，即多个线上业务通常共用一个 Redis 实例，可能会出现一个业务误操作另一个业务的数据，当然也存在数据泄露风险。用户只通过 rename-command 命令是防止不了自己的 key 被其他用户访问的。

Redis 6.0 提供了一种新的特性 ACL（Access Control List，访问控制列表），可以方便地解决上述问题。基于 ACL 权限控制，Redis 6.0 可以设置多个用户，并且给每个用户单独设置命令权限和数据权限。当然，ACL 是向上兼容的，默认在不做任何配置的情况下，所有客户端都拥有全量命令执行权限，且继续支持以 requirepass 配置密码的方式进行鉴权。

5.6.1 ACL 概述

ACL 可以对不同的用户设置命令权限或数据权限，这样就能避免有些用户因误操作而导致数据丢失或降低数据泄露的风险。ACL 相关的命令配置分为 3 部分：ACLS 规则（语

法）、用户关联命令配置、用户关联数据配置。

1. 配置 ACL

ACL 是使用 DSL（Domain Specific Language，领域专用语言）来定义的。ACL 的配置方式有两种。

1）在 redis.conf 文件中通过 user 配置项指定 ACL 配置。注意，Redis 为保持兼容性，会默认创建一个 default 用户。示例如下。

```
user worker on nopass ~* +@all //配置规则
```

2）在 redis.conf 文件中通过 aclfile 配置项把 ACL 相关配置生成 .acl 文件引入加载的配置文件。在配置文件中，aclfile 默认是不开启的。通过 aclfile 引入配置项的示例如下。

```
aclfile  /usr/local/bin/redis6.2.6/users.acl //规则写在了users.acl中
```

注意： 这两种方法互不兼容，因此 Redis 要求使用其中一种。官方更推荐使用 aclfile 模式，因为在 redis.conf 中配置了权限之后需要重启 Redis 服务，才能将配置的权限加载至 Redis 服务；使用 aclfile 模式，可以调用 acl load 命令将 aclfile 中配置的 ACL 权限热加载进环境中。

我们先用第一种方式来配置 Redis 的 ACL 规则。

在 redis.conf 添加如下配置。

```
user worker on nopass ~* +@all //配置规则
/usr/local/bin/redis-server  ./redis.conf//重启Redis
```

在上述配置中，user worker on nopass ~* +@all 是典型的 ACL 配置，其中：

- user 为关键词，ACL 配置必须以 user 关键字开始。
- worker 为用户设置的用户名，其后面的内容为 ACL 规则描述。

查看生效规则，可使用 acl list。可以看到，ACL 规则配置有两条，其中 default 用户是默认的用户，是为了向上兼容老版本的 Redis。

```
ht@localhost redis6.2.6 % /usr/local/bin/redis-cli
127.0.0.1:6379> acl list
1) "user default on nopass ~* &* +@all"
2) "user worker on nopass ~* &* +@all"
```

下面给出上述 ACL 配置规则中的“on nopass ~* &* +@all"”等字符的含义。

2. 启用和禁用用户

具体参数说明如下。

1）on：启用用户，可以以该用户身份进行认证。

2）off：禁用用户，不能再使用此用户进行身份验证，但是已经通过身份验证的连接仍然可以使用。

3．为用户配置有效密码

nopass 表示无须密码访问，即客户端不需要用 auth 认证即可使用 Redis，如果需要配置密码，就需要解除 nopass 状态，详解如下。

1）><password>：将此密码添加到用户的有效密码列表中。例如，>mypass 将 mypass 添加到有效密码列表中。该命令会清除用户的 nopass 标记。每个用户可以有任意数量的有效密码。

2）<<password>：从有效密码列表中删除此密码。若该用户的有效密码列表中没有此密码，则返回错误信息。

3）#<hash>：将 SHA-256 Hash 值添加到用户的有效密码列表中。将该 Hash 值与为用户输入的密码的 Hash 值进行比较。该命令允许用户将 Hash 值存储在 users.acl 文件中，而不是存储明文密码；仅接受 SHA-256 Hash 值，因为密码 Hash 值必须为 64 个字符且为小写的十六进制字符。

4）!<hash>：从有效密码列表中删除该 Hash 值。当不知道 Hash 值对应的明文是什么时，此命令很有用。

5）nopass：移除该用户已设置的所有密码，并将该用户标记为 nopass（无密码）状态，即使用任何密码都可以登录。resetpass 命令可以解除 nopass 状态。

6）resetpass：清除该用户的所有密码列表，而且解除 nopass 状态。resetpass 之后用户没有关联的密码，同时也无法使用无密码登录，因此 resetpass 之后必须添加密码或改为 nopass 状态，才能正常登录。

7）reset：重置用户状态为初始状态。执行以下操作：resetpass、resetkeys、off、-@all。

4．允许和禁止用户调用命令（用户关联命令配置）

其中，@all 为禁止或允许所有命令。其中 @ 符号不是所有命令都有。+@all 表示允许用户使用所有命令，-@all 表示禁止这个用户使用所有命令。具体命令详解如下。

1）+<command>：将命令添加到用户可以调用的命令列表中。

2）-<command>：将命令从用户可以调用的命令列表中移除。

3）+@<category>：允许用户调用 <category> 类别中的所有命令，有效类别为 @admin、@set、@sortedset 等。用户可通过调用 ACL CAT 命令查看完整列表。特殊类别 @all 表示所有命令，包括当前和未来版本中存在的所有命令。

4）-@<category>：禁止用户调用 <category> 类别中的所有命令。

5）+<command>|subcommand：允许用户使用已禁用命令的特定子命令。

6）allcommands：+@all 的别名，包括当前存在的命令及将来通过模块加载的所有命令。

7）nocommands：-@all 的别名，禁止用户调用所有命令。

5．允许或禁止用户访问某些键（用户关联命令数据）

其中，~* 表示允许该用户访问某些键，详解如下。

1）~<pattern>：添加可以在命令中提及的键模式，支持正则匹配模式，比如~foo* ~bar* 表示允许这个用户访问以 foo 以及 bar 开头的键。

2）resetkeys：清空之前允许的所有键模式。比如 resetkeys ~objects*，客户端只能访问以 objects 开头的键，而之前配置的所有键模式都将被 resetkeys 命令清空。

了解这些后，我们基本就能配置出一个较完整的 ACL 规则。

接下来看一下客户端操作 ACL 配置的常用命令，如表 5-4 所示。

表 5-4　ACL 常用命令列表

命令	说明
CAT	查看类别
DELUSER	删除用户
GENPASS	创建密码
GETUSER	获得用户
HELP	帮助

LIST	查看 ACL 用户详情：
	`127.0.0.1:6379> acl list`
	`1) "user default on nopass ~* +@all"`
	其中，user 为关键词，default 为用户名，后面的内容为 ACL 规则描述，on 表示活跃的用户，nopass 表示无密码，~* 表示所有 key，+@all 表示所有命令。因此，上面的命令表示活跃用户默认无密码且可以访问所有命令及所有数据

LOAD	加载 aclfile，也可以直接在 aclfile 中修改或新增 ACL 权限，修改之后，ACL 权限不会立刻生效。用户可以在 Redis 命令行中执行 acl load 命令，将该 aclfile 中的权限加载至 Redis 服务中
SAVE	保存至 aclfile，可以使用 acl save 命令将当前服务器中的 ACL 权限持久化到 aclfile 中。如果在关闭 Redis 服务之前没有进行持久化操作，那么之前配置的 ACL 权限就会失效，因此每次授权之后一定要通过 ACL SAVE 命令将 ACL 权限持久化到 aclfile 中
SETUSER	设置用户访问规则，每次设置之后一定要使用 ACL SAVE 命令将 ACL 权限持久化到 aclfile 中，避免丢失。该命令使用方式如下。 ① ACL SETUSER <username>：用户不存在，则按默认规则创建用户；用户存在，则不执行任何操作 ② ACL SETUSER <username> <rules>：用户不存在，则按默认规则创建用户，并增加 <rules>；用户存在，则在原有规则上增加 <rules>
USERS	查看用户
WHOAMI	查看当前用户
LOG	显示日志

最后，AUTH 命令在 Redis 6 中进行了扩展，新加了一个 username 参数，示例如下。

```
AUTH <username> <password>
```

再来看一个旧的使用方式示例：

```
AUTH <password>
```

为兼容 Redis 老版本，Redis 6.0 会默认创建一个 default 用户，其密码是通过 requirepass 配置项配置的。在客户端通过 AUTH 进行鉴权认证时，Redis 的服务端会根据 auth 传入参数分情况处理：①传入 1 个参数时，该参数会作为密码使用，用户名为默认生成的 default 用户；②传入两个参数时，第 1 个参数表示用户名，第 2 个参数表示用户密码。

5.6.2 ACL 源码实现

首先，每个 client. user 结构体会初始化客户端对应的配置信息。client.user 结构体如下。

```
typedef struct {
    sds name;
    uint64_t flags;
    uint64_t allowed_commands[USER_COMMAND_BITS_COUNT/64];
    sds **allowed_subcommands;
    list *passwords;
    list *patterns;
    list *channels;
} user;
```

各字段含义如下。

1）name：存储的是 ACL 配置中的用户名，待用户使用 auth 命令鉴权成功后赋值。auth 命令实现具体如下。

```
void authCommand(client *c) {
    robj *username, *password;
    if (c->argc == 2) {//参数判断，传入2个参数时，用户名设置成默认的default用户
        username = shared.default_username;
        password = c->argv[1];
        //default用户密码默认为requirepass，拥有使用所有命令及所有数据的权限
    } else {//参数判断，传入3个参数时，正常获取配置
        username = c->argv[1];
        password = c->argv[2];
    }
    ACLAuthenticateUser(c,username,password) == C_OK)
    //调用函数判断用户名密码是否正确
}
```

其中，ACLAuthenticateUser 用于判断用户密码是否正确，如果正确，则根据用户名去寻找对应设置的 ACL 配置，赋值到 client.user 结构体中，方便后续命令在鉴权阶段使用，同时把 client.authenticated 字段置 1。

2）flags：主要是一些特殊状态，如用户的启用与禁用、整体控制（所有命令可用与否、所有键可访问与否）、免密码等。

3）allowed_commands：可用命令，是一个长整型数，1024bit，存储的是 Redis 命令的 ID。每一位代表一个命令，如果用户允许使用这个命令，则置相应位为 1。

4）allowed_subcommands：可用子命令，一个指针数组，值也为指针，数组与可用命令一一对应，值为一个 SDS 数组，SDS 数组中存放的是这个命令可用的子命令。

5）passwords：用户密码。

6）patterns：可用的 key patterns。如果这个字段为 NULL，则用户将不能使用任何 key，除非 flag 中指明特殊状态，如 ALLKEYS。

7）channels：允许访问的 Pub/Sub 频道。

如果客户端鉴权失败，会把 client.authenticated 字段置 0；如果鉴权成功，会把 client.authenticated 字段置 1。客户端所有命令都会最终执行到 processCommand 函数。在此函数中，第一步是判断用户的鉴权是否通过，即通过 authenticated 字段判断，如其为 0 则进行第一道拦截，第二步是调用 ACLCheckAllPerm 函数，进行 ACL 执行权限判断，具体调用栈如下。

```
main->aeMain->serverCron->processCommand->ACLCheckAllPerm
```

ACLCheckAllPerm 函数是 ACL 核心实现，此函数会对当前登录用户有无执行权限做判断，若当前登录用户没执行权限则直接拦截返回。

```
int ACLCheckAllPerm(client *c, int *idxptr) {
    int acl_retval = ACLCheckCommandPerm(c,idxptr);
    //当前登录的用户是否对当前执行的命令有权限
    if (acl_retval != ACL_OK)
        return acl_retval;
    ......
}
```

5.7　结果返回

Redis 服务器返回结果类型不同，协议格式不同，而客户端可以根据返回结果的第一个字符判断返回类型。Redis 的返回结果可以按首字符分为若干类，下面举例说明。

1）状态回复，第一个字符是“+”。例如，SET 命令执行完毕会向客户端返回“+OK\r\n”。

```
addReply(c, ok_reply ? ok_reply : shared.ok);
```

变量 ok_reply 通常为 NULL，返回的是共享变量 shared.ok。在服务器启动时，共享变量 shared.ok 的初始化就完成了。

```
shared.ok = createObject(OBJ_STRING,sdsnew("+OK\r\n"));
```

2）错误回复，第一个字符是“-”。例如，当客户端请求命令不存在时，Redis 底层通过调用函数 addReplyErrorFormat 会向客户端返回“-ERR unknown command 'testcmd'”提示。

```
addReplyErrorFormat(c,"unknown command '%s'",(char*)c->argv[0]->ptr);
```

而函数 addReplyErrorFormat 最终又调用了函数 addReplyErrorLength 来拼装错误回复字符串。函数 addReplyLength 部分代码如下。

```
if (!len || s[0] != '-') addReplyProto(c,"-ERR ",5);
 addReplyProto(c,s,len);
 addReplyProto(c,"\r\n",2);
```

3）整数回复，第一个字符是“:”。例如，INCR 命令执行完毕向客户端返回“:100\r\n”。

```
addReply(c,shared.colon);
addReply(c,new);
addReply(c,shared.crlf);
```

其中，共享变量 shared.colon 与 shared.crlf 同样在服务器启动时就完成了初始化。

```
shared.colon = createObject(OBJ_STRING,sdsnew(":"));
shared.crlf = createObject(OBJ_STRING,sdsnew("\r\n"));
```

4）批量回复，第一个字符是“$”。例如，GET 命令查找键向客户端返回结果“$5\r\nhello\r\n”，其中 $5 表示返回字符串的长度。

```
//计算返回对象obj的长度，并拼接为字符串"$5\r\n"
addReplyBulkLen(c,obj);
addReply(c,obj);
addReply(c,shared.crlf);
```

5）多条批量回复，第一个字符是“*”。例如，LRANGE 命令可能会返回多个值，格式为“*3\r\n$6\r\nvalue1\r\n$6\r\nvalue2\r\n$6\r\nvalue3\r\n”，与命令请求协议格式相同，其中“*3”表示返回值数目，“$6”表示当前返回值字符串的长度。

```
//拼接返回值数目“*3\r\n”
addReplyMultiBulkLen(c,rangelen);
//循环输出所有返回值
while(rangelen--) {
    //拼接当前返回值长度“$6\r\n”
    addReplyLongLongWithPrefix(c,len,'$');
    addReplyString(c,p,len);
    addReply(c,shared.crlf);
}
```

可以看到，这几种类型的返回结果都和调用 addReply 函数的返回结果类似，那么这些方法是将返回结果发送给客户端吗？其实不是。客户端结构体 client 有两个关键字段，即 reply 和 buf，分别表示输出链表与输出缓冲区，而 addReply 函数会直接或者间接地调用以下函数，将返回结果暂时缓存在 reply 字段或者 buf 字段。

```
//添加字符串到输出缓冲区
int _addReplyToBuffer(client *c, const char *s, size_t len)

//添加各种类型的对象到输出链表
void _addReplyProtoToList(client *c, const char *s, size_t len) {
```

思考一下：reply 字段和 buf 字段均用于暂时缓存待发送给客户端的数据，数据优先缓存在哪个字段呢？两个字段能同时缓存数据吗？我们可以从 _addReplyToBuffer 函数得到答案。

```
int _addReplyToBuffer(client *c, const char *s, size_t len) {
    if (listLength(c->reply) > 0) return C_ERR;
}
```

调用 _addReplyToBuffer 函数缓存数据到输出缓冲区时，如果检测到 reply 字段有待返回给客户端的数据，则该函数返回错误。通常缓存数据时，该函数都会先尝试缓存数据到 buf 字段（输出缓冲区），如果失败会再次尝试缓存数据到 reply 字段（输出链表）。

```
void addReplyProto(client *c, const char *s, size_t len) {
    if (prepareClientToWrite(c) != C_OK) return;
    if (_addReplyToBuffer(c,s,len) != C_OK)
        _addReplyProtoToList(c,s,len);
}
```

addReply 函数在将待返回给客户端的数据暂时缓存到输出缓冲区或者输出链表的同时，会将当前客户端添加到服务端结构体的 clients_pending_write 链表，以便后续能快速查找出哪些客户端有数据需要发送。

```
listAddNodeHead(server.clients_pending_write,c);
```

看到这里，读者可能会有疑问：addReply 函数只是将待返回给客户端的数据暂时缓存到输出缓冲区或者输出链表，那么什么时候将这些数据发送给客户端呢？beforesleep 函数在每次事件循环阻塞等待文件事件之前执行，即该函数开启了网络 I/O 任务分发，以及客户端读写流程。

handleClientsWithPendingWritesUsingThreads 函数实现了写任务分发，以及向客户端写响应逻辑。主要流程如下。

1）主线程分发网络 I/O 任务到 I/O 线程。

2）主线程同步 I/O 线程，有网络 I/O 任务待处理。

3）主线程向客户端写响应（主线程也会给自己分发部分网络 I/O 任务）。

4）循环等待，直到所有 I/O 线程处理完网络 I/O 任务为止。

多线程写流程与读流程比较类似，这里不再赘述。

I/O 线程执行写操作时，会遍历 clients_pending_write 链表中的每一个客户端节点，并发送输出缓冲区或者输出链表中的数据。

```
//遍历全局server.clients_pending_write链表
listRewind(server.clients_pending_write,&li);
while((ln = listNext(&li))) {
    client *c = listNodeValue(ln);
    listDelNode(server.clients_pending_write,ln);
    //向客户端发送数据
    if (writeToClient(c->fd,c,0) == C_ERR) continue;
}
```

看到这里，大部分读者可能会认为返回结果已经发送给客户端，命令请求也已经处理完成了。其实不然，读者可以思考这么一个问题：当返回结果数据量非常大时，I/O 线程是无法一次性将所有数据都发送给客户端的，即 writeToClient 函数执行之后，客户端输出缓冲区或者输出链表中可能还有部分数据未发送给客户端。这时候怎么办呢？很简单，只需要添加文件事件，监听当前客户端 socket 文件描述符的可写事件即可。

```
if (clientHasPendingReplies(c) &&
    connSetWriteHandler(c->conn, sendReplyToClient) == AE_ERR)
{
    freeClientAsync(c);
}
```

可以看到，该文件事件的事件处理函数为 sendReplyToClient，即当客户端可写时，sendReplyToClient 函数会发送剩余的部分数据给客户端。

至此，命令请求才算真正处理完成了。

5.8 小结

本章首先介绍了客户端与服务端交互的基本知识；然后详细讲解了 Redis 6.0 版本引入的多线程 I/O 功能，即可以开启多个 I/O 线程，并行读取客户端命令请求，并行向客户端返回结果。多线程 I/O 功能使得 Redis 性能提升至少 1 倍。最后介绍了 Redis 服务端与客户端之间的通信协议 RESP 3，在此基础上讲解了服务端处理客户端命令请求的整个流程，包括命令解析、命令调用、返回命令执行结果。

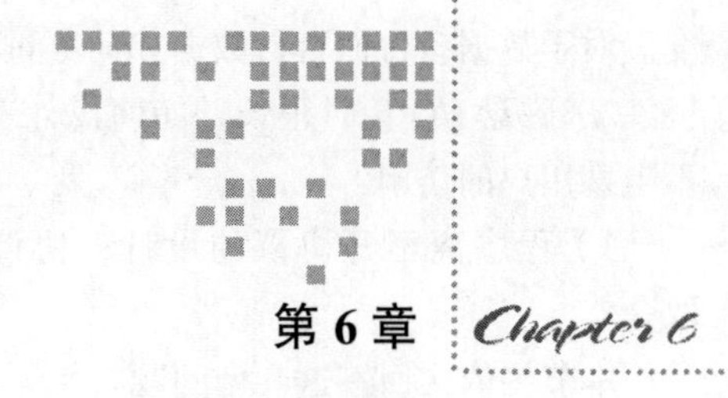

第 6 章 Chapter 6

持久化

数据安全是应用程序最重要的要求。交易类程序的数据不安全，会造成用户的资金数据丢失，也会造成程序长时间暂停服务，最终对企业的社会信用会造成严重的影响，也会造成大量的资金损失。为了保证数据的安全性，数据的备份与恢复必不可少。数据的备份与恢复也是实现分布式系统的关键。Redis 的主从架构的底层原理本质上就是数据的备份与恢复。

了解备份的原理能够指导人们制定详细、安全的备份策略，但更加重要的是加强从业人员的备份意识。互联网类程序服务超多人群，如果没有备份，数据丢失事件总会发生。

Redis 是一种 key-value 内存数据库，当机器重启之后，内存中的数据会丢失，所以持久化对 Redis 尤为重要。Redis 有两种持久化的方式：一种为 RDB（Redis Database），RDB 是一种数据快照，保存的是某一个时间点之前的所有内存数据；另一种为 AOF（Append Only File），保存的是 Redis 服务器端执行的每一条命令。

6.1 备份原理

在讲述 Redis 的备份策略前，我们先了解一下所有数据库都需要解决的 3 个通用问题。

1）计算机的存储是分层的，自底向上有寄存器、CPU 高速缓存、内存、硬盘。内存是编程人员主要打交道的层，其中操作系统又把内存分为内核区和用户区。硬盘一般由机械部件和电子部件组成，电子部件称为设备控制器，一般为芯片。计算机有处理数据的局部性，不同层间都存在缓存，经常被访问的数据会被放到缓存中，以提高数据存取的整体速度。对于数据备份而言，数据如何穿过各个缓存层，并最终被高效地保存到硬盘上呢？

2）磁盘 I/O 耗时很长，如何设计一个合适的在线服务方案，在完成数据备份的同时也不阻塞用户的访问？

3）程序离不开协议的设计，协议包括文本协议和二进制协议。协议该如何设计和取舍？

本节将依次回答这几个问题。

6.1.1 内存数据安全落盘

首先研究内存数据如何安全落盘。

对于数据库而言，数据的安全性是最重要的。我们先看一下计算机是如何确保数据安全写到硬盘的，再看 Redis 如何保证数据的安全性。计算机的缓存结构如图 6-1 所示。

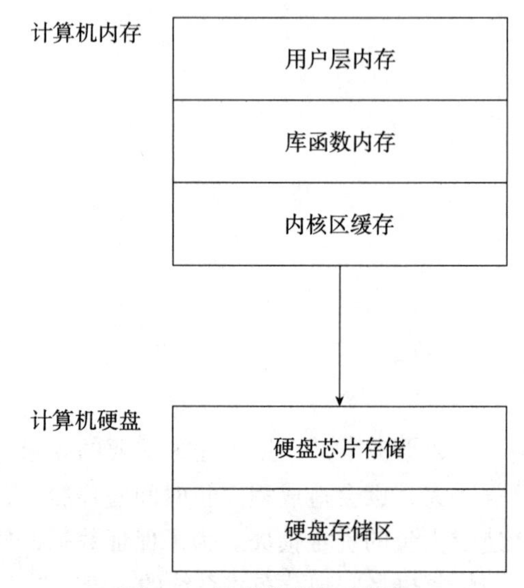

图 6-1　计算机的缓存结构

硬盘这类外部设备包括电子芯片和硬盘的存储介质。硬盘中的芯片又称设备控制器，芯片的存储原理与内存类似，CPU 可直接寻址。操作系统通过汇编类语言操作硬盘的设备控制器，对硬盘发送读写请求。内存和硬盘之间通过 DMA 协议传输数据。

下面先看一个简单的 C 程序，该程序读取客户端的输入，并把输入写入文件。

```
int AcceptLog(FILE *outfp) {
    // 错误信息
    char *neterr = zmalloc(10);

    printf("staring...\n");

    // 端口6380
    int serverSocket = anetTcpServer(neterr, 6380,"*" , 2);
    if ( ! neterr ) {
        printf("start err %s \n", neterr);
        return 1;
    }
    printf("listening...%d \n",serverSocket );

    while(1){
        int cfd;
        // 错误信息
        char* err = zmalloc(20);
        char cip[NET_IP_STR_LEN];
        int cport;
```

```
        cfd = anetTcpAccept(err, serverSocket, cip, sizeof(cip), &cport);
        if ( cfd == ANET_ERR )
            continue;
        printf("accept...%d\n",cfd);
        char buf[1024];
        recv(cfd, buf, sizeof(buf), MSG_WAITALL);

        fwrite((void *)buf, sizeof(buf), 1, outfp);
        fflush(outfp);
        fsync(fileno(outfp));

        printf("recv from %s:%d  %s\n",cip, cport, buf);
        close(cfd);
    }
    close(serverSocket);
}
```

程序首先通过 zmalloc 函数分配应用缓存，然后通过基础库函数 fwrite 操作基础库的缓存，再通过 fflush 函数把用户区的缓存数据刷新到内核区，最后调用 fsync 函数把内核区的缓存数据刷新到硬盘。

由于硬盘有缓存芯片，fsync 函数要避免将硬盘芯片的缓存数据同步到硬盘，导致存储的失败。为了成功持久化数据到硬盘，fsync 函数可以直接禁用硬盘缓存，或者虽开启硬盘缓存，但通过标识可以避免数据被硬盘控制器缓存。通过以上步骤，程序中的缓存数据就能安全地写入硬盘。即使系统重启，也可以通过保存到硬盘的数据恢复。

简单看一下 RDB 文件写入时，Redis 是如何保证数据安全的。

```
    int rdbSave(char *filename, rdbSaveInfo *rsi) {
    char tmpfile[256];
    char cwd[MAXPATHLEN];
     FILE *fp;
    rio rdb;
    int error = 0;

    ……
    /* 确保数据不在操作系统的输出缓冲区中 */
    if (fflush(fp) == EOF) goto werr;
    if (fsync(fileno(fp)) == -1) goto werr;
    if (fclose(fp) == EOF) goto werr;
    ……
    werr:
       serverLog(LL_WARNING,"Write error saving DB on disk: %s", strerror(err-
       no));
    fclose(fp);
    unlink(tmpfile);
    stopSaving(0);
    return C_ERR;
}
```

fflush 函数和 fsync 函数的区别如下。

1）fflush 函数将用户空间缓存数据写到内核空间缓存。

2）fsync 函数将内核空间缓存数据写入硬盘；通过禁用硬盘控制器缓存功能，或开启直写硬盘标志，同步等待函数返回，确保数据安全落盘。

可以看到，Redis 通过调用 fflush 函数和 fsync 函数来保证数据安全写入硬盘。

6.1.2 异步复制

大量数据同步写入磁盘耗时非常大。采用同步的方式复制数据会阻塞主流程，即在复制数据完成前，Redis 不能响应其他请求。Redis 使用了多进程技术，调用 fork 函数创建子进程，然后在子进程中操作数据快照执行数据复制操作。

fork 函数采用写时复制的优化策略，以减少数据复制耗时。父进程和子进程对数据进行修改时会触发异常中断，此时异常中断处理程序才真正执行申请新内存操作，进行数据的复制。Redis 调用 fork 函数创建两个进程，内存占用量基本不会成倍增加。在最坏的情况下，当执行完 fork 函数后，父进程和子进程在短时间内对所有数据都有修改访问，这会导致操作系统异常中断处理程序为父进程和子进程申请不同的内存，并且进行数据的复制也会造成服务器内存占用量翻倍。

我们来分析图 6-2 所示的多进程写时复制过程。主进程通过调用 fork 函数，生成子进程。箭头上的数字为内存的逻辑地址，表格左侧列为内存的物理地址。执行 fork 函数后，主进程的逻辑地址 101 指向物理地址 0，逻辑地址 100 指向物理地址 1。子进程的物理地址与逻辑地址的映射关系与主进程一致。

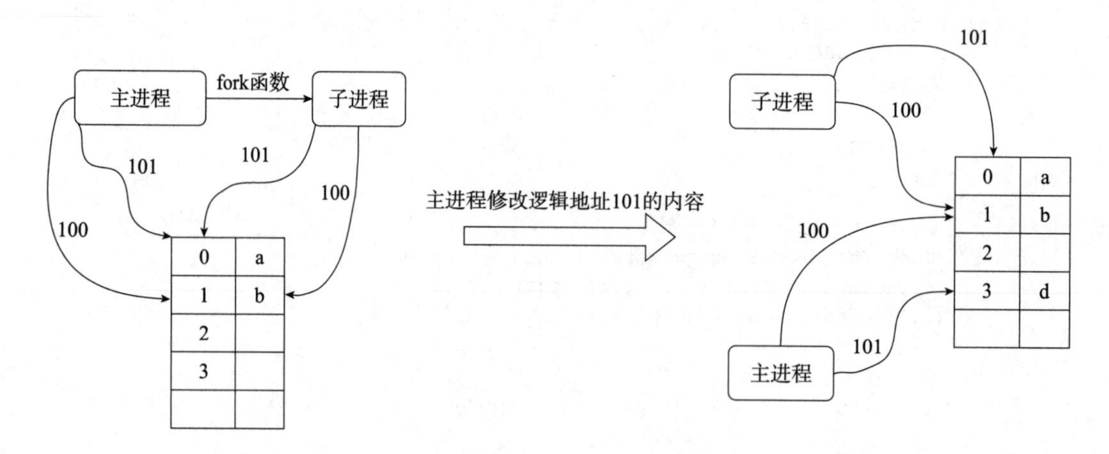

图 6-2 多进程写时复制过程

之后主进程执行了修改操作，修改了逻辑地址 101 的内容，即将数据修改为 d。修改会触发异常中断程序。异常中断程序为主进程分配了物理地址 3，现在主进程的逻辑地址 101

指向的物理地址为 3，存储的数据为 d。

编程中的地址为逻辑地址，逻辑地址到物理地址的映射由操作系统实现。

6.1.3 文本协议与二进制协议

字节是计算机可寻址的最小单位，是面向机器的。ASCII 码是面向用户的。在 ASCII 码中，1 个字符占用 1B，但只有低 7 位参与编码，所以最多有 128 种字符。

当前计算机有各类文字的编码系统，如 Unicode 编码。但因为 ASCII 码较简单，所以计算机文本协议大多采用 ASCII 码设计协议。部分 ASCII 码如表 6-1 所示。

表 6-1 部分 ASCII 码

字符	十进制	十六进制
0	48	30
1	49	31
2	50	32
3	51	33
\n	10	0A
A	65	41
B	66	42
C	67	43

在表 6-1 中，A 对应的十进制数为 65，数字 0 对应的十进制数为 48，数字、字母的编码是有一定顺序的。例如，B 的编码就是 A 的编码加 1，为十进制数 66。换行字符 \n 对应的十进制数为 10。在 Linux 系统中，用户可以通过执行 man ascii 命令来查看全部编码表。

假设现在的任务是保存 123。第一种方法是使用 ASCII 码保存。

首先在系统中建立一个文本，将其命名为 123.txt，里面内容为 123；执行 xxd 123.txt 命令，查看字节内容。

```
xxd 123.txt
00000000: 3132 330A                                123.
```

xxd 命令用于查看字节序列，默认以十六进制显示。在上述代码中，左侧是地址，中间为十六进制表示的数字，右侧为 ASCII 码定义的字符。可以看到，第一个字节为 0x31，对应的字符为 1；第二个字节为 0x32，对应的字符为 2；第三个字节为 0x33，对应的字符为

3；第四个字节为十六进制的 0A，对应的字符为换行字符 \n。换行字符是文本编辑器自动添加上的。可以看到，要保存 123 字符，需要 3 个字节，其内容为 0x31 0x32 0x33。

第二种方法是采用二进制协议进行编码，即将 123 用十六进制编码，表示为 0x7b，只需要 1B，可节省 2 字节。二进制协议可以节省空间，特别是保存比较大的数字时。例如，保存数字 130 000 000，可采用文本协议，每个字符需要 1B，共需要 9B，而采用二进制协议将数字保存为十六进制，只需保存 0x7BFA480，需要 4B，可以节省 5B 的空间。然而，二进制协议会使用字节中的每个位进行编码，单字节中保存的值可能会大于 127，而且不能用文本编辑器查看保存内容。为了节省空间，提高存储效率，我们应尽量采用二进制协议进行编码。

不管是采用文本协议，还是采用二进制协议，我们都需要了解编码规则。AOF 采用了文本协议。RDB 采用了二进制协议，在后面内容中会继续分析。

6.1.4 大小端

6.1.3 小节未讨论存储连续多个字节的顺序问题，即大小端字节序问题，其存储示意图如图 6-3 所示。例如要存储数字 30 000 000，表示为十六进制是 0x1C9C380，可以存储为 int 类型，该类型占用 4B。特别说明一点，4B 可表示 8 个十六进制数字。如果十六进制数字不满 8 个，需在开头补数字 0，将数字补齐到 8 个。0x1C9C380 为 7 个数字，需在开头补充一个数字 0，即 0x01C9C380。

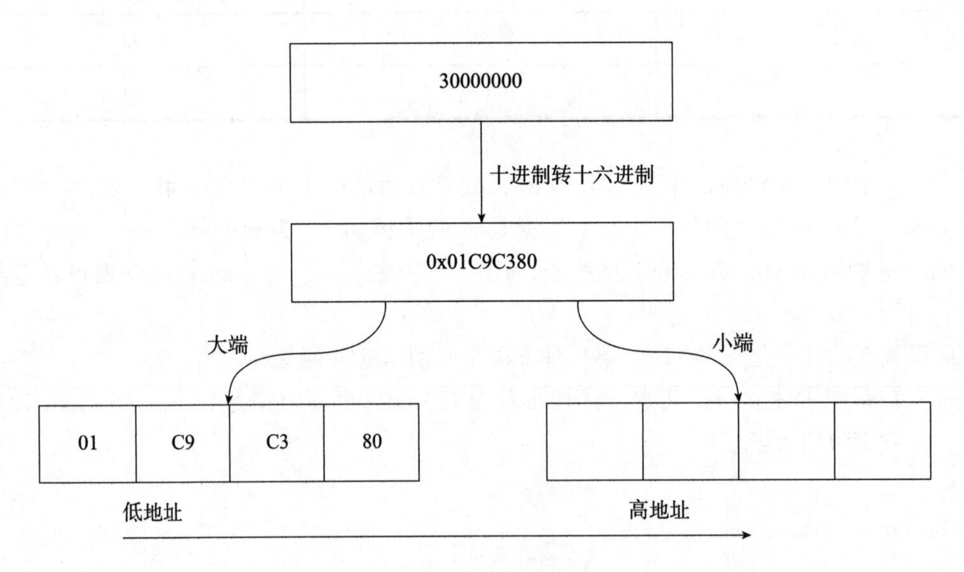

图 6-3 大小端字节序

采用大端序存储时，存储的内容使用十六进制查看时，数字为 0x01C9C380，数字的高位存储在低地址，读写顺序符合人类阅读习惯。采用小端序存储时，存储的内容使用十六进制查看时，数字为0x80C3C901。数字的低位存储在低地址。采用小端序存储计算机处理速度快。

在常见的场景中，网络交换数据采用大端序编码，而计算机内部基本采用小端序编码。

6.2 持久化配置

Redis提供了多种不同级别的持久化方式。

1）RDB：可在指定的时间间隔内生成数据集的时间点快照，数据格式为二进制。

2）AOF：记录Redis执行的所有写命令，内容为纯文本；可通过重放命令来还原数据集。Redis使用RESP协议编码命令。Redis还可以在后台对AOF文件进行重写。

3）同时使用AOF协议和RDB协议进行持久化存储。

4）关闭持久化功能。

用户可以通过info命令查看与持久化相关的选项。

```
127.0.0.1:6379>info
    ……
# Persistence
loading:0//是否正在加载RDB文件内容
rdb_changes_since_last_save:2//最后一次保存之后改变的键的个数
rdb_bgsave_in_progress:0//是否正在后台执行RDB的保存任务
rdb_last_save_time:1540371552//最后一次执行RDB保存任务的时间
rdb_last_bgsave_status:ok//最后一次执行RDB保存任务的状态
rdb_last_bgsave_time_sec:0//最后一次执行RDB保存任务消耗的时间
rdb_current_bgsave_time_sec:-1
//如果正在执行RDB保存任务，则此项的值为当前RDB任务已经消耗的时间，否则为-1
rdb_last_cow_size:6631424//最后一次执行RDB保存任务消耗的内存
aof_enabled:0//是否开启了AOF方式
aof_rewrite_in_progress:0//是否正在后台执行AOF重写任务
//是否等待调度一次AOF重写任务。如果触发了一次AOF重写，但是后台正在执行RDB保存任务时会将该状态置1
aof_rewrite_scheduled:0
aof_last_rewrite_time_sec:-1//最后一次执行AOF重写任务消耗的时间
aof_current_rewrite_time_sec:-1
//如果正在执行AOF重写任务，则此项的值为当前该任务已经消耗的时间，否则为-1
aof_last_bgrewrite_status:ok//最后一次执行AOF重写任务的状态
//最后一次执行AOF缓冲区写入的状态(服务端执行命令时会开辟一段内存空间将命令放入其中，然后
//从该缓冲区中同步到文件，该字段记录了最后一次同步到文件的状态
aof_last_write_status:ok
aof_last_cow_size:0//最后一次执行AOF重写任务消耗的内存
```

6.3 AOF

6.3.1 同步时机

AOF 持久化最终需要将缓冲区中的内容写入一个文件。写文件操作通过操作系统提供的 write 函数执行。然而，写操作之后，数据只是保存在内核的缓冲区中，真正写入磁盘还需要调用 fsync 函数。fsync 函数是一个阻塞并且执行速度比较慢的函数，所以 Redis 通过 appendfsync 配置指令控制执行 fsync 函数的频次，具体有如下的 3 种模式。

1）no：不执行 fsync 函数，由操作系统负责数据的刷盘；数据安全性最低，但 Redis 性能最高。

2）always：每执行一次写入操作就会执行一次 fsync 函数；数据安全性最高，但会导致 Redis 性能降低。

3）everysec：每秒执行一次 fsync 函数；在数据安全性和 Redis 性能之间达到一个平衡。

生产环境一般将 appendfsync 配置为 everysec，即每秒执行一次 fsync 函数。

6.3.2 always 策略安全性

我们思考一个问题：当持久化的同步时机为 always 时，数据会丢失吗？如果不丢失，Redis 是否可以充当数据库，而不仅是用做缓存系统？在 writeToClient 函数中，服务端会向客户端返回数据。我们先看一下 writeToClient 函数的调用链，如图 6-4 所示。

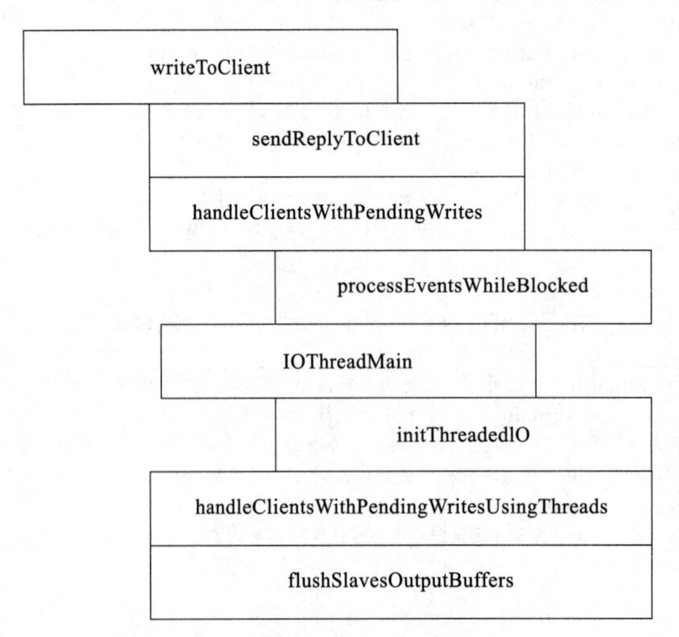

图 6-4 writeToClient 函数的调用链

在图 6-4 中，通过 writeToClient 函数的调用链，可以看到，handleClientsWithPendingWritesUsingThreads 函数会调用 writeToClient 函数，而在 beforeSleep 函数中会调用 handleClientsWithPendingWritesUsingThreads 函数。先看下 beforeSleep 函数。

```
void beforeSleep(struct aeEventLoop *eventLoop) {
    ......
    /* 将AOF 缓存区数据写到磁盘 */
    flushAppendOnlyFile(0);

    /* 向客户端返回数据 */
    handleClientsWithPendingWritesUsingThreads();

    ......
}
```

可以看到，beforeSleep 函数在调用 handleClientsWithPendingWritesUsingThreads 函数向客户端返回数据前，会先调用 flushAppendOnlyFile 函数执行持久化操作。

下面看一下 AOF 的 always 选项是如何影响 flushAppendOnlyFile 的。

```
void flushAppendOnlyFile(int force) {
// 如果持久化策略为always，则调用同步函数redis_fsync，以把数据写到磁盘
if (server.aof_fsync == AOF_FSYNC_ALWAYS) {
    latencyStartMonitor(latency);
    redis_fsync(server.aof_fd); /* 写磁盘 */
    latencyEndMonitor(latency);
    latencyAddSampleIfNeeded("aof-fsync-always",latency);
    server.aof_fsync_offset = server.aof_current_size;
    server.aof_last_fsync = server.unixtime;
} else if ((server.aof_fsync == AOF_FSYNC_EVERYSEC &&
           server.unixtime > server.aof_last_fsync)) {
    if (!sync_in_progress) {
        aof_background_fsync(server.aof_fd);
        server.aof_fsync_offset = server.aof_current_size;
    }
    server.aof_last_fsync = server.unixtime;
}
}
```

在 flushAppendOnlyFile 函数中可以看到，如果持久化策略为 always，则在调用 flushAppendOnlyFile 函数时会同步调用 redis_fsync 函数，以把数据写到磁盘。然而，由于 flushAppendOnlyFile 函数没有检查 redis_fsync 的返回值，所以写磁盘失败时，writeToClient 函数会向客户端返回执行结果。

因此，将 Redis 作为安全敏感的存储数据库是不可以的。虽然每次改动数据，Redis 都有写磁盘的动作，但不保证写磁盘操作成功。

如果简单改造一下 flushAppendOnlyFile 函数，即当 redis_fsync 同步磁盘失败时，

flushAppendOnlyFile 函数向客户端返回命令执行失败信息，让客户端处理异常，我们就可以将 Redis 当作数据库系统使用。

6.3.3 命令同步

AOF 保存的内容是 Redis 命令。命令采用 RESP 3 协议编码。本节首先分析 Redis 服务器在收到客户端发送的 Redis 命令后，如何把生成的命令文本写入文件，然后分析一个简单的 Redis 命令。

首先配置开启 AOF 功能。修改 redis.conf 文件，并配置 appendonly 参数和 appendfilename 参数。

```
appendonly yes  // 开启AOF
appendfilename "appendonly.aof"  // 指定AOF文件名为appendonly.aof
aof-use-rdb-preamble no     // 禁用混合模式
```

第 5 章已经详细地介绍了命令的执行过程。本节只关注 Redis 服务器生成命令文本和执行写 AOF 文件操作。图 6-5 是一个简单的 AOF 命令同步流程。

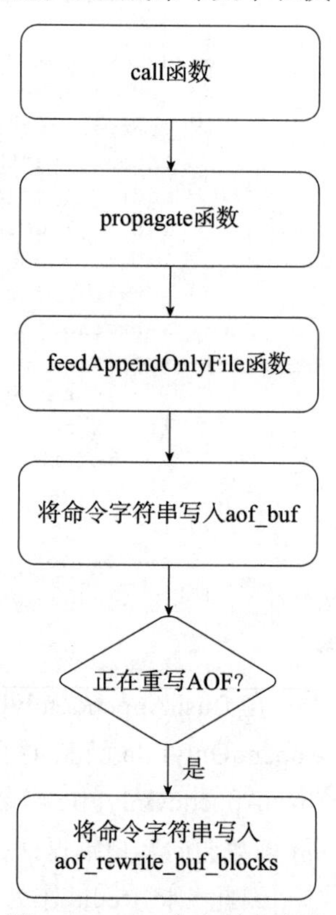

图 6-5 AOF 命令同步流程

AOF 命令同步流程从 call 函数开始。call 函数是所有命令执行的入口。call 函数会调用 feedAppendOnlyFile 函数。如果服务器配置开启了 AOF 功能，则每条命令执行完毕后都会同步写入 aof_buf。aof_buf 是一个全局的 SDS 类型的缓冲区。那么命令是按什么格式写入缓冲区的呢？

Redis 通过 catAppendOnlyGenericCommand 函数将客户端执行的命令转换为字符串，并将其追加到 aof_buf 中。

我们在 catAppendOnlyGenericCommand 函数处设置断点，启动服务 Redis 服务器，并在客户端执行简单的 set key aof 命令，这个命令用于向服务器保存简单字符串。我们在服务器断点处可以看到以下字符串。

```
*3\r\n$3\r\nset\r\n$3\r\nkey\r\n$3\r\naof\r\n
```

我们一起来分析一下上面的字符串。RESP 3 协议用“\r\n”作为分隔符。其中，“*3”表示后面共有 3 部分。

1）$3 表示接下来参数长度为 3，顺序读取 3 个字符，获得第一个部分 set，第一部分解析完毕。

2）$3 表示接下来参数长度为 3，顺序读取 3 个字符，获得第二个部分 key，第二部分解析完毕。

3）$3 表示接下来参数长度为 3，顺序读取 3 个字符，获得第三个部分 aof，第三部分解析完毕。

至此，该条命令解析完毕。

通过命令在不同 Redis 实例上的重放，可以保证多个实例间数据的一致性。

6.3.4　重写机制

随着 Redis 服务的运行，对于同一个 key，可能会有成百上千条命令都保存在 AOF 文件中，导致 AOF 文件变大。我们可以通过 AOF 重写来减小文件。

Redis 服务器可以重写 AOF 文件，针对每个 key 生成对应的命令文本。

依次执行以下命令：

1）set a 1。

2）set a 2。

未进行 AOF 重写前，AOF 文件的内容如下。

```
*2$6SELECT$10*3$3set$1a$11*3$3set$1a$12
```

当客户端调用 bgrewriteaof 进行 AOF 重写后，AOF 的内容如下。

```
*2$6SELECT$10*3$3SET$1a$12
```

可以看到，这里只保留了最终的 set a 2，而 set a 1 这种中间命令被优化掉了。

重写 AOF 文件，既可以减小文件，又可以提高文件加载速度。

6.4　RDB

本节将介绍二进制协议 RDB。首先主要介绍 RDB 执行流程、RDB 格式，最后分析 RDB 文件。

6.4.1　执行流程

RDB 快照有两种触发方式。

第一种方式为通过配置参数触发。例如，在配置文件中写入如下配置。

```
save 60 1000
```

在 60s 内，如果有 1000 个 key 发生变化，Redis 就会触发一次 RDB 快照的执行。

第二种方式是通过在客户端执行 BGSAVE 命令显式触发一次 RDB 快照的执行，如图 6-6 所示。

在客户端输入 BGSAVE 命令后，Redis 调用 bgsaveCommand 函数，该函数派生一个子进程执行 rdbSave 函数，以进行实际的快照存储工作，而父进程可以继续处理客户端请求。当子进程退出后，父进程调用相关回调函数进行后续处理。

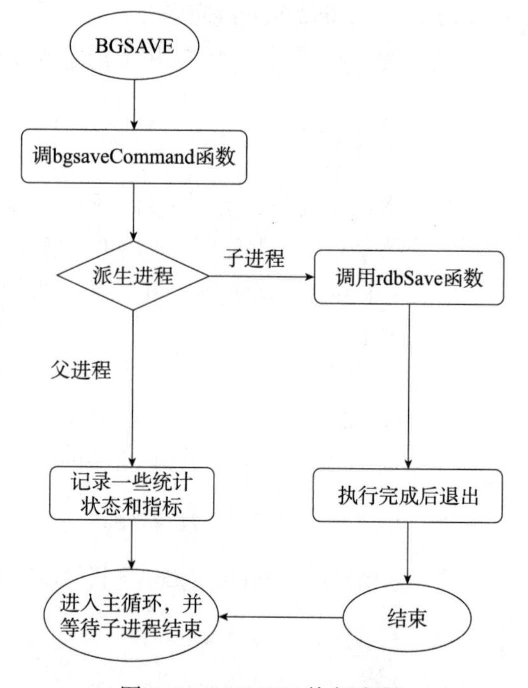

图 6-6　BGSAVE 执行流程

> **注意：** 派生子进程后，程序的内存是写时复制。内存中用量不会直接翻倍，只有在调用 fork 函数并同时修改内存数据时，内存占用量才会增加。

6.4.2　RDB 协议

1. 字符串的保存格式

Redis 的 RDB 文件是内存数据库的二进制表示。Redis 可以加载二进制文件内存。不管是文本协议，还是二进制协议，都是有格式的。字符串是常用的类型。先看下 Redis 在 RDB 协议中是如何表示字符串的。

RDB 中字符串的保存格式如图 6-7 所示。其中，LENGTH 字段表示字符串长度，STRING 是具体的字符串内容。在 Redis 中，LENGTH 是一个变长字段，用户通过首字节能够知道 LENGTH 字段有多长，然后通过读取 LENGTH 字段可以知道具体的 STRING 长度。

LENGTH	STRING

图 6-7　RDB 中字符串的保存格式

```
字符串长度<64
00xxxxxx
字符串长度<16384
01xxxxxx xxxxxxxx
字符串长度<=UINT32_MAX
10000000 xxxxxxxx xxxxxxxx xxxxxxxx xxxxxxxx
字符串长度<=UINT64_MAX
10000001 xxxxxxxx xxxxxxxx xxxxxxxx xxxxxxxx xxxxxxxx xxxxxxxx xxxxxxxx xxxxxxxx
```

当使用多字节编码字符串时，前两位是 00，表示 LENGTH 字段占用 1B，STRING 的长度保存在后 6 位中，字符串长度最长为 63B。

两位是 01，表示 LENGTH 字段占用 2B，STRING 的长度保存在后 14 个字节中，字符串长度最长为 16383B。

如果前 8 位为 10000000，表示 LENGTH 字段共占用 5B，正好是一个无符号整型，STRING 的长度最长为 UINT32_MAX。

如果 STRING 的长度大于 UINT32_MAX，则前 8 位表示为 10000001，LENGTH 字段共占用 9B。后 8 个字节表示字符串实际长度，为 LONG 类型。

RDB 对字符串的存储还有两种优化形式：一种是尝试将字符串按整型格式存储；另一种是将字符串进行 LZF 压缩之后存储。下边主要介绍字符串按整型格式存储的情况。

字符串按整型格式存储的结构如图 6-8 所示。

TYPE	INT

图 6-8　字符串按整型格式存储的结构

TYPE 字段其实类似于图 6-7 中的 LENGTH 字段。LENGTH 字段前两位可取值 00、01、10，TYPE 字段的前两位取值为 11，其后 6 位表明存储的是整型类型。

1）11000000 xxxxxxxx：INT8，取值范围 [−128，127]。

2）11000001 xxxxxxxx xxxxxxxx：INT16，取值范围 [−32768，32767]。

3）11000010 xxxxxxxx xxxxxxxx xxxxxxxx xxxxxxxx：INT32，取值范围 [−2147483648，2147483647]。

后 6 位是 000000，表示存储的是一个有符号 INT8 类型；后 6 位是 000001，表示存储的是一个有符号 INT16 类型；后 6 位是 000010，表示存储的是一个有符号 INT32 类型。更长的长度直接按字符串类型保存。

综上，可以得到字符串的编码格式，如表 6-2 所示。

表 6-2　字符串的编码格式

前缀	长度 / B	类型
00xxxxxx	1	字符串
01xxxxxx xxxxxxxx	2	字符串
10000000 xxxxxxxx xxxxxxxx xxxxxxxx xxxxxxxx	5	字符串
10000001 xxxxxxxx xxxxxxxx xxxxxxxx xxxxxxxx xxxxxxxx xxxxxxxx xxxxxxxx xxxxxxxx	9	字符串
11000000 xxxxxxxx	2	整型
11000001 xxxxxxxx xxxxxxxx	3	整型
11000010 xxxxxxxx xxxxxxxx xxxxxxxx xxxxxxxx	5	整型

2. 整体文件结构

（1）二进制格式

在图 6-9 中，RDB 格式在逻辑上可划分为头信息区、数据存储区、尾信息区。

1）头信息区存储 RDB 版本、Redis 版本、文件创建时间等信息。

2）数据存储区保存的是用户存储的 key-value 对。也会保存数据库编号和 key 的数量。

3）尾信息区存储结束标识符和 CRC64 校验码。CRC64 校验码用于校验数据是否被修改过。

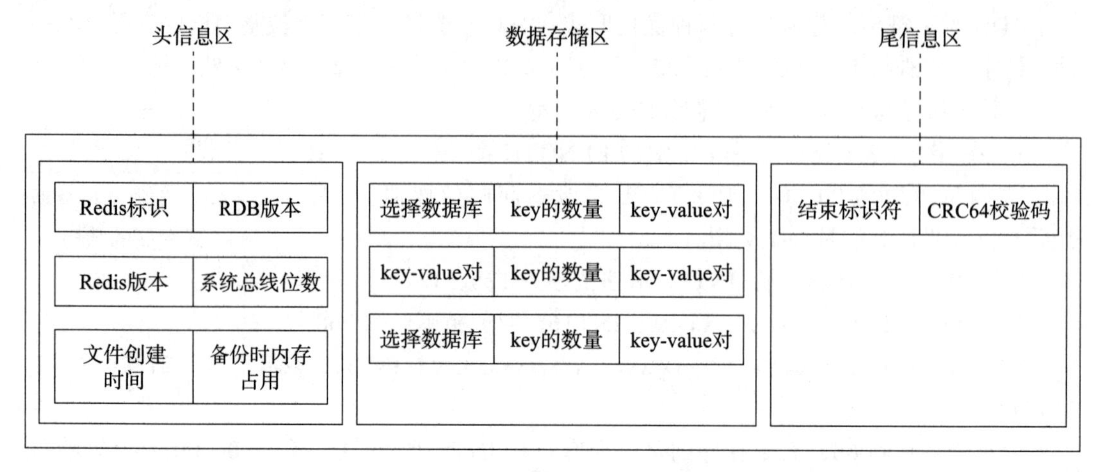

图 6-9 RDB 格式

（2）二进制文件

二进制文件有两种标识格式。

1）采用位置定位，如固定位置定位或者相对位置定位。例如，前 5 个字节存储"REDIS"，为固定位置定位。文件结束符后的 8 个字节存储校验码，为相对位置定位。

2）使用特殊前缀。例如，0xFF 表示文件结束。

存储协议采用特殊前缀表示不同操作，因为与计算机组成原理中的指令和数据类似，所以特殊前缀又被称为操作码。表 6-3 给出了部分操作码。

表 6-3 部分操作码

操作码十六进制表示	操作码十进制表示	作用
0xFF	255	AOF 文件结束
0xFE	254	选择数据库
0xFD	253	key 过期指令，单位为 s
0xFC	252	key 过期指令，单位为 ms
0xFB	251	Hash 表扩缩容提示
0xFA	250	辅助字段
0xF9	249	LFU
0xF8	248	LRU

（3）AOF 指令

指令由操作码和被操作码操作的数据组成。接下来学习分析 AOF 文件要用到的几个指令。

1）AOF 文件结束指令。AOF 文件结束指令如图 6-10 所示。AOF 文件结束指令只有操作码，没有操作数。

2）辅助字段指令。如图 6-11 所示，辅助字段指令有两个操作数，操作数的长度是可变的。字符串的保存格式可参考图 6-7。

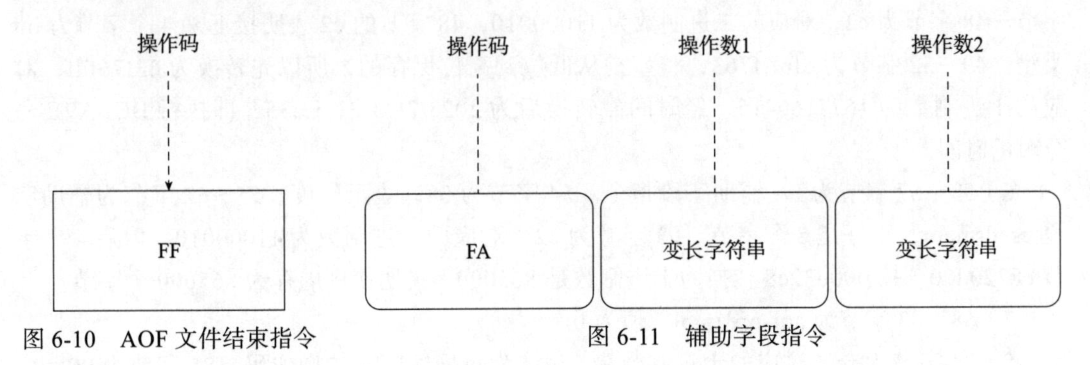

图 6-10 AOF 文件结束指令

图 6-11 辅助字段指令

6.4.3 文件分析

我们执行 BGSAVE 命令将字符串保存在文件中，并具体分析文件内容。

首先在数据库中保存一个 key-value 对，key 为 ab，value 为 abcd，使用 xxd 命令分析生成的 dump.rdb 文件。

```
xxd ./dump.rdb
00000000: 5245 4449 5330 3030 39fa 0972 6564 6973  REDIS0009..redis
00000010: 2d76 6572 0536 2e30 2e30 fa0a 7265 6469  -ver.6.0.0..redi
00000020: 732d 6269 7473 c040 fa05 6374 696d 65c2  s-bits.@..ctime.
00000030: df6f f763 fa08 7573 6564 2d6d 656d c2e8  .o.c..used-mem..
00000040: 320d 00fa 0c61 6f66 2d70 7265 616d 626c  2....aof-preambl
00000050: 65c0 00fe 00fb 0100 0002 6162 0461 6263  e.........ab.abc
00000060: 64ff 6ee3 7b56 ade7 e845                 d.n.{V...Exxd
```

在输出格式中，左侧为字节偏移标志，每行 16 个字节，每字节按十六进制编码，占两个字符。最右侧为相应的 ASCII 码字符。对照 ASCII 码表，依次解析为 dump.rdb 的字节序列。

1）1～5 字节采用固定位置编码，为 REDIS 5 个字符的 ASCII 码。

2）6～9 字节为 RDB 的版本号，采用固定位置编码。

3）10～26 字节为 FA 辅助字段指令。10 字节为辅助字段的操作码。11 字节为 09，表示长度为 9。第 12～20 字节为 redis-ver，正好是 9 个字节。21 字节为 05，表示长度为 5。22～26 字节为 6.0.0，正好是 5 个字节。

4）27～40 字节为 FA 辅助字段指令。27 字节为 fa 开头，表明又开始了一个辅助字段。28 字节表示长度，为 0a，说明有 10 个字节。29～38 字节为 redis-bits，正好有 10 个字节。

39 字节为 c0，注意 c0 对应的二进制数为 11000000，参考表 6-2，可知为字符串，后一个字节的十进制为保存的字符。40 字节为十六进制数 40，对应的十进制数为 64，即 redis-bits 的值为 64。

5）41～52 字节为 FA 辅助字段指令。42 字节为 05。43～47 字节为 ctime，正好是 5 个字节。48 字节为 c2，对应的二进制数为 11000010，48 字节的 c2 表明接下来 4 个字节为 int 类型。49～52 字节为 df6f f763，整型是从低位到高位保存的，所以先转换为 63f76fdf，对应的十进制数为 1677160415，经时间戳转换后为 2023/2/23 21:53:35，即执行 BGSAVE 命令时的时间。

6）53～67 字节为 FA 辅助字段指令。54 字节为 08，表示长度。55～62 字节为辅助字段 used-mem，正好是 8 个字节。63 字节为 c2，对应的二进制数为 11000010，取后 4 个字节 e8320d00，按 000d32e8 转换为十进制数是 865000，说明使用内存为 865000 个字节。

7）68～83 字节为 aof-preambl，值为 0。

8）84 字节为 fe，对应的十进制数为 254，为数据库序号的操作码。85 字节为 00，表示当前使用的是数据库 0。

9）86 字节为 fb，对应的十进制数为 251，是数据库和过期时间 Hash 表大小的操作码。87 字节为 01，即数据库大小为 1，正好是 ab 键。88 字节为 00，标识无过期的键。

10）参考表 6-2，89 字节表示字符串类型。90 字节为 02，表示键的长度为 2。91～92 字节为 6162，为 ab（即 key）。93 字节为 04，表示值的长度为 4。94～97 字节为 61626364，表示 abcd（即 value）。

11）98 字节为结束的操作码，ff 转换为十进制数为 255。

12）99～106 字节为 8 字节的校验和。

6.5 混合持久化

混合持久化是进行 AOF 重写时，子进程将当前时间点的数据快照保存为 RDB 文件格式，而后将父进程累积命令保存为 AOF 格式。混合持久化存储格式如图 6-12 所示。

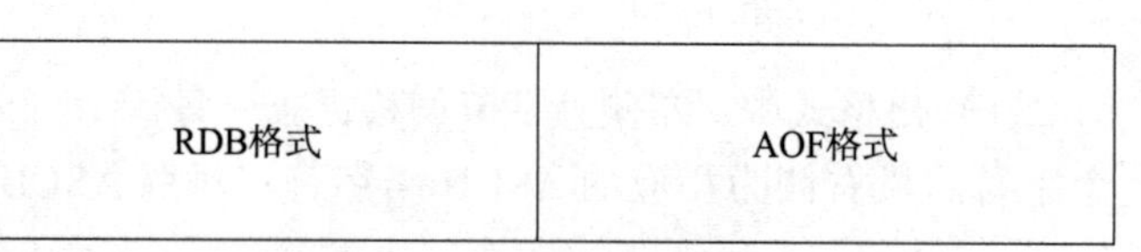

图 6-12 混合持久化存储格式

加载时，Redis 首先会识别 AOF 文件是否以 REDIS 字符串开头，如果是，就按 RDB 格式加载，加载完 RDB 后继续按 AOF 格式加载剩余部分。

用户可通过以下命令设置是否开启混合持久化功能。

```
aof-use-rdb-preamble yes
```

子进程执行 rewriteAppendOnlyFile 函数时会判断该配置是否开启，如果开启，则首先按 RDB 的保存方式保存当前数据快照，保存完毕后回放累积命令到文件末尾即可。

6.6 RDB 与 AOF 相关配置指令

本节介绍与 Redis 持久化相关的配置指令及其含义，其中一部分在 RDB 和 AOF 相关章节中已有涉及，本节重点讲解前面未涉及的配置指令。

Redis 常见持久化配置项如表 6-4 所示。

表 6-4 Redis 常见持久化配置项

配置项	可选值	功能	作用
save		RDB	自动触发 RDB 配置
stop-writes-on-bgsave-error	yes/no（默认 yes）	RDB	参见下文说明 1
rdbcompression	yes/no（默认 yes）	RDB	执行 RDB 快照操作时是否将 string 类型的数据进行 LZF 压缩
rdbchecksum	yes/no（默认 yes）	RDB	是否开启 RDB 文件内容的校验功能
dbfilename	文件名称（默认 dump.rdb）	RDB	RDB 文件名称
dir	文件路径（默认 ./）	RDB	RDB 和 AOF 文件存放路径
rdb-save-incremental-fsync	yes/no（默认 yes）	RDB	见下文说明 2
appendonly	yes/no（默认 no）	AOF	是否开启 AOF 功能
appendfilename	文件名称（默认 appendonly.aof）	AOF	AOF 文件名称
appendfsync	always/everysec/no	AOF	fsync 执行频次
no-appendfsync-on-rewrite	yes/no（默认 no）	AOF	见下文说明 3
auto-aof-rewrite-percentage	百分比（默认 100）	AOF	自动重写配置项
auto-aof-rewrite-min-size	文件大小（默认 64MB）	AOF	自动重写配置项
aof-load-truncated	yes/no（默认 yes）	AOF	见下文说明 4
aof-use-rdb-preamble	yes/no（默认 yes）	AOF	是否开启混合持久化功能

说明：

1）stop-writes-on-bgsave-error：开启该参数后，如果开启了 RDB 快照功能（即配置了 save 指令），并且最近一次快照操作执行失败，则 Redis 将停止接收写相关的请求。

2）rdb-save-incremental-fsync：开启该参数后，生成 RDB 文件时每产生 32MB 数据就执行一次 fsync 操作。

3）no-appendfsync-on-rewrite：开启该参数后，如果后台正在执行 RDB 快照操作或者 AOF 重写操作，则主进程不再进行 fsync 操作（即使将 appendfsync 配置为 always 或者 everysec）。

4）aof-load-truncated：AOF 文件以追加日志的方式生成，所以服务端发生故障时可能会有尾部命令不完整的情况。在此种情况下开启该参数，AOF 文件会截断尾部不完整的命令，然后继续加载，并且会在日志中进行提示；如果不开启该参数，则加载 AOF 文件时会输出错误日志，然后直接退出。

6.7 小结

本章介绍了以下几方面内容。首先介绍了备份原理，包括内存数据如何安全写入磁盘、异步复制、文本协议与二进制协议等内容。其次介绍了持久化配置，即 AOF、RDB 相关内容。最后介绍了混合持久化，以及 RDB 与 AOF 相关的配置指令。文本化协议，RDB 是二进制协议。通过对两种协议的学习。可以掌握协议的设计，以及持久化的原理。介绍了持久化策略，alway 可以保证数据安全落盘，但性能差。大部分公司服务器线上的同步策略配置 everysec 即可。

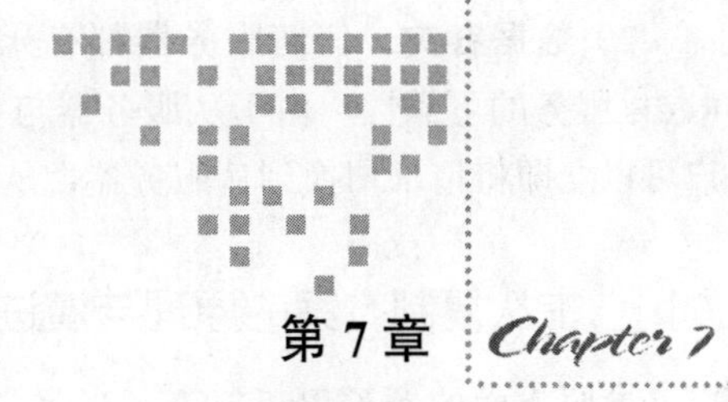

第7章 Chapter 7

主从复制

Redis的主从复制是指将一台Redis服务器的数据复制到其他的Redis服务器。前者对应的服务器为主服务器（Master），后者对应的服务器为从服务器（Slave）。数据的复制是单向的，只能由主节点到从节点。使用主从复制功能时，用户可以通过执行SLAVEOF命令或者在配置文件中设置slaveof选项来开启主从复制功能。例如，现在有两台服务器，即127.0.0.1:6379和127.0.0.1:7000，前者向后者发送以下命令。

```
127.0.0.1:6379>SLAVEOF 127.0.0.1 7000
OK
```

这样服务器127.0.0.1:6379会成为服务器127.0.0.1:7000的从服务器，服务器127.0.0.1:7000会成为服务器127.0.0.1:6379的主服务器。通过主从复制功能，从服务器127.0.0.1:6379的数据可以与主服务器127.0.0.1:7000的数据保持同步。

7.1 主从复制功能的实现

为什么需要主从复制功能呢？主要有以下两点原因。

1）**读写分离**，单台服务器能支撑的QPS是有上限的，我们可以部署一台主服务器、多台从服务器。主服务器只处理写请求，从服务器通过主从复制功能同步主服务器的数据，只处理读请求，以此提升Redis的服务能力。另外，用户可以通过主从复制功能让主服务器免于执行持久化操作：只要关闭主服务器的持久化功能，然后由从服务器去执行持久化操作即可。

2）**数据容灾**，任何服务器都有死机的可能性，用户同样可以通过主从复制功能提升 Redis 服务的可靠性。由于从服务器与主服务器保持数据同步，因此一旦主服务器死机，用户可以立即将请求切换到从服务器，从而避免 Redis 服务中断。

7.1.1 主从复制方案的原理与演进

参照上面的例子思考一下：当服务器 127.0.0.1:6379 接收到 SLAVEOF 127.0.0.1 7000 命令时，如何开启主从复制功能呢？主服务器又如何将数据同步到从服务器呢？主要流程如下。

1）从服务器向主服务器发送 SYNC 命令，请求同步数据。

2）主服务器接收到 SYNC 命令请求，开始执行 BGSAVE 命令持久化数据到 RDB 文件，并且会在持久化数据期间将所有新执行的写入命令都保存到一个缓冲区。

3）当持久化数据执行完毕后，主服务器将该 RDB 文件发送给从服务器，从服务器接收该 RDB 文件，并将文件中的数据加载到内存。

4）主服务器将缓冲区中的命令请求发送给从服务器。

5）每当接收到写命令请求时，主服务器都会将该命令请求按照 Redis 协议格式发送给从服务器，从服务器接收并处理主服务器发送过来的命令请求。

上述流程已经可以完成基本的主从复制功能了。其实 Redis 2.8 以前的版本就是这样实现主从复制功能的，但是请注意步骤 2 中存在 BGSAVE 持久化操作，这是一个非常耗费资源的操作。

举一个简单的例子：主服务器和从服务器是通过 TCP 长连接交互数据的，假设某个时刻主从服务器之间的网络连接发生故障且时间比较短，在此期间，主服务器只执行了很少的写命令请求。待主从服务器之间的网络连接恢复后，从服务器会重新连接到主服务器，并发送 SYNC 命令请求同步数据。这时候主服务器还需要执行 BGSAVE 持久化操作吗？显然是不需要的，主服务器只需要缓存连接故障期间执行的写命令即可。

于是 Redis 2.8 版本提出了新的主从复制解决方案。

1）从服务器记录已经从主服务器接收到的数据量（复制偏移量）。

2）主服务器会维护一个复制缓冲区，记录自己已执行且待发送给从服务器的命令请求，同时需要记录复制缓冲区第一个字节的复制偏移量。

3）从服务器请求同步主服务器的命令改为了 PSYNC，当从服务器连接到主服务器时，从服务器会向主服务器发送 PSYNC 命令请求同步数据，同时告诉主服务器自己已经接收到的复制偏移量。

4）主服务器判断该复制偏移量是否还包含在自己的复制缓冲区。

①如果包含，则主服务器不需要执行 BGSAVE 操作，可直接向从服务器发送复制缓冲区中的命令请求即可，这称为部分重同步。

②如果不包含，则主服务器需要执行 BGSAVE 操作，同时将所有新执行的写命令缓存到复制缓冲区中，并重置复制缓冲区第一个字节的复制偏移量，这称为完整重同步。

注意：每台 Redis 服务器都有一个运行 ID（RUN_ID），从服务器每次发送 PSYNC 命令请求同步数据时，会携带自己需要同步的主服务器的运行 ID。主服务器接收到 PSYNC 命令时，需要判断命令参数运行 ID 与自己的运行 ID 是否相等，只有两者相等，主服务器才有可能执行部分重同步操作。当从服务器首次请求主服务器同步数据时，从服务器显然是不知道主服务器的运行 ID 的，此时运行 ID 以"？"填充，同时将复制偏移量初始化为 -1。

PSYNC 命令格式如下

```
PSYNC<MASTER_RUN_ID><OFFSET>
```

主服务器与从服务器的交互过程如图 7-1 所示。

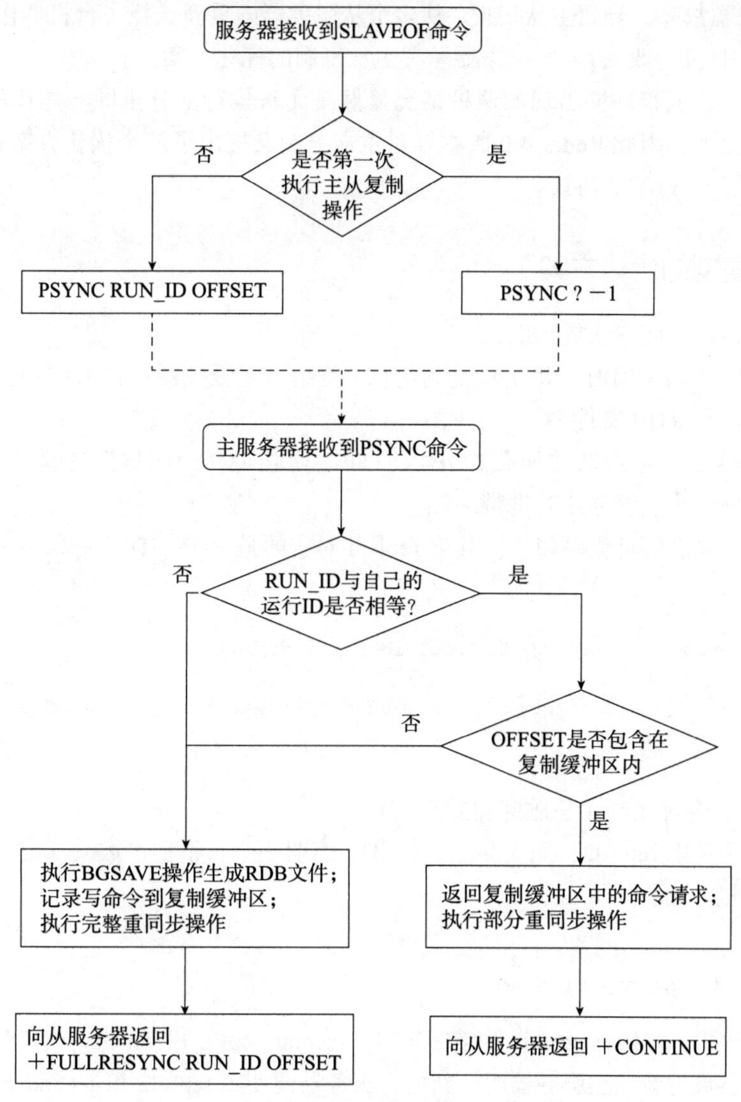

图 7-1　主服务器与从服务器的交互过程

从图 7-1 可以看到，主服务器判断可以执行部分重同步操作时向从服务器返回 +CONTINUE；需要执行完整重同步操作时向从服务器返回“+FULLRESYNC RUN_ID OFFSET”，其中 RUN_ID 为主服务器的运行 ID，OFFSET 为复制偏移量。

可以看到，执行部分重同步操作的要求还是比较严格的。

1）RUN_ID 必须相等。

2）复制偏移量必须包含在复制缓冲区中。

然而在生产环境中，经常会出现以下两种情况。

1）从服务器重启（复制信息丢失）。

2）主服务器故障，导致主从切换（从多个从服务器中重新选择一台机器作为主服务器，主服务器运行 ID 发生改变）。所以需要思考主从复制的优化方案。

如上节所述，生产环境出现的两种情况显然是无法执行部分重同步操作的，而这两种情况又是很常见的，因此 Redis 4.0 版本针对主从复制又提出了两个优化方案，基于这两个优化方案提出了 PSYNC 2 协议。

7.1.2 主从复制的优化方案

1. 方案 1：持久化主从复制信息

1）Redis 服务器关闭时，将主从复制信息（复制的主服务器运行 ID 与复制偏移量）作为辅助字段存储在 RDB 文件中。

2）当 Redis 服务器启动并加载 RDB 文件时，读取 RUN_ID 与复制偏移量来恢复主从复制信息，重新同步主服务器时携带。

持久化主从复制信息代码如下。其中 repl-id 对应的是 RUN_ID，repl-offset 对应的是复制偏移量。

```
if (rdbSaveAuxFieldStrStr(rdb,"repl-id",server.replid)
    == -1) return -1;
 if (rdbSaveAuxFieldStrInt(rdb,"repl-offset",server.master_repl_offset)
    == -1) return -1;
```

2. 方案 2：存储上一个主服务器复制信息

声明一个字符串 replid2，用于存储运行 ID；声明一个长整型参数 second_replid_offset，用于记录偏移量。代码如下。

```
char replid2[CONFIG_RUN_ID_SIZE+1];
long long second_replid_offset;
```

在上述代码中，初始化 replid2 为空字符串，second_replid_offset 为 -1；当主服务器发生故障，从服务器成为新的主服务器时，新的主服务器便使用 replid2 和 second_replid_offset 存储之前主服务器的运行 ID 与复制偏移量，从而实现对同步位置的记录。具体代码如下。

```
void shiftReplicationId(void) {
    memcpy(server.replid2,server.replid,sizeof(server.replid));
    server.second_replid_offset = server.master_repl_offset+1;
    changeReplicationId();
}
```

在判断是执行部分重同步操作还是执行完整重同步操作时，需要检查 replid 是否一致，或者检查 slave 的数据偏移量是否超出缓存数据偏移量的范围。具体代码如下。

```
if (strcasecmp(master_replid, server.replid) &&
        (strcasecmp(master_replid, server.replid2) ||
         psync_offset > server.second_replid_offset))
{
        goto need_full_resync;
}
```

假设 *m* 为主服务器（运行 ID 为 M_ID），*A*、*B* 和 *C* 为 3 个从服务器。某一时刻主服务器 *m* 发生故障，从服务器 *A* 升级为主服务器（同时会记录 replid2=M_ID），从服务器 *B* 和 *C* 重新向主服务器 *A* 发送“PSYNC M_ID psync_offset”请求。那么根据上面条件，只要 psync_offset 满足条件，主服务器就可以执行部分重同步操作。

7.2 主从复制源码分析

在讲解主服务器和从服务器对应的源码之前，我们先来了解一下 Redis 中与主从复制功能相关的主要变量，这是学习主服务器与从服务器源码的基石。

主从复制相关变量大部分定义在 redisServer 结构体中。

```
struct redisServer {
    char replid[CONFIG_RUN_ID_SIZE+1];
    int repl_ping_slave_period;

    char *repl_backlog;
    long long repl_backlog_size;
    long long repl_backlog_off;
    long long repl_backlog_histlen;
    long long repl_backlog_idx;

    list *slaves
    int repl_good_slaves_count;
    int repl_min_slaves_to_write;
    int repl_min_slaves_max_lag;

    char *masterauth;
    char *masterhost;
    int masterport;
```

```
    client *master;

    int repl_serve_stale_data;
    int repl_slave_ro;
}
```

各字段具体含义如下。

1）**replid**：Redis 服务器的运行 ID，长度为 CONFIG_RUN_ID_SIZE（40）的随机字符串，通过下面的代码生成。

```
getRandomHexChars(server.replid,CONFIG_RUN_ID_SIZE);
server.replid[CONFIG_RUN_ID_SIZE] = '\0';
```

对于主服务器，replid 表示当前服务器的运行 ID；对于从服务器，replid 表示其复制的主服务器的运行 ID。

2）**repl_ping_slave_period**：主服务器与从服务器是通过 TCP 长连接交互数据的，主服务器需要周期性地向从服务器发送心跳包来检测连接的有效性。该字段表示发送心跳包的周期，主服务器以此周期向所有从服务器发送 ping 心跳包。该参数可通过配置参数 repl_ping_replica_period 或者 repl_ping_slave_period 设置，默认为 10。

3）**repl_backlog**：复制缓冲区，用于缓存主服务器已执行且待发送给从服务器的命令请求。缓冲区大小由字段 **repl_backlog_size** 指定，其可通过配置参数 repl_backlog_size 设置，默认为 1MB。

4）**repl_backlog_off**：复制缓冲区中第一个字节的复制偏移量。

5）**repl_backlog_histlen**：复制缓冲区中存储的命令请求数据长度。

6）**repl_backlog_idx**：复制缓冲区中存储的命令请求的最后一个字节的索引位置，即向复制缓冲区写入数据时会从该索引位置开始。

例如，feedReplicationBacklog 函数用于向缓冲区中写入数据，实现如下。

```
void feedReplicationBacklog(void *ptr, size_t len) {
    unsigned char *p = ptr;
    //缓冲区最后一个字节的复制偏移量
    server.master_repl_offset += len;

    //复制缓冲区采用先进先出的循环队列
    while(len) {
        size_t thislen = server.repl_backlog_size - server.repl_backlog_idx;
        if (thislen > len) thislen = len;
        memcpy(server.repl_backlog+server.repl_backlog_idx,p,thislen);
        server.repl_backlog_idx += thislen;

        //repl_backlog_idx索引已经到缓冲区最大位置，需要移动到缓冲区头部
        if (server.repl_backlog_idx == server.repl_backlog_size)
            server.repl_backlog_idx = 0;
```

```
            len -= thislen;
            p += thislen;
            //记录缓冲区中存储的命令请求数据长度
            server.repl_backlog_histlen += thislen;
        }
        //缓冲区中数据量最大为缓冲区大小
        if (server.repl_backlog_histlen > server.repl_backlog_size)
            server.repl_backlog_histlen = server.repl_backlog_size;
        //设置缓冲区中数据第一个字节的复制偏移量
        server.repl_backlog_off = server.master_repl_offset -
                              server.repl_backlog_histlen + 1;
    }
```

从 feedReplicationBacklog 函数的实现逻辑可以看出，复制缓冲区是一个先进先出的循环队列，当写入数据量超过缓冲区大小时，旧的数据会被覆盖。因此，随着每次数据的写入，需要更新缓冲区中数据第一个字节的复制偏移量 repl_backlog_off，同时记录下次写入数据时的索引位置 repl_backlog_idx，以及当前缓冲区中有效数据长度 repl_backlog_histlen。

7）**slaves**：记录所有从服务器的链表，链表节点值类型为 client。

8）**repl_good_slaves_count**：当前有效从服务器的数目。什么样的从服务器是有效的呢？我们知道，主服务器与从服务器是通过 TCP 长连接交互数据的，并且主服务器会周期性地向从服务器发送心跳包来检测连接的有效性。主服务器会记录每个从服务器上次心跳检测成功的时间 repl_ack_time，并且定时检测当前时间距离 repl_ack_time 是否超过一定超时门限，如果超过则认为从服务器处于失效状态。字段 repl_min_slaves_max_lag 存储的就是该超时门限，可通过配置参数 min_slaves_max_lag 或者 min_replicas_max_lag 设置，默认为 10，单位为 s。

如何实现从服务器的有效性检测呢？其具体实现在 refreshGoodSlavesCount 函数中，代码如下。

```
void refreshGoodSlavesCount(void) {

    if (!server.repl_min_slaves_to_write ||
        !server.repl_min_slaves_max_lag) return;

    listRewind(server.slaves,&li);
    while((ln = listNext(&li))) {
        client *slave = ln->value;
        time_t lag = server.unixtime - slave->repl_ack_time;
        //上次心跳检测成功的时间小于repl_min_slaves_max_lag，则认为从服务器有效
        if (slave->replstate == SLAVE_STATE_ONLINE &&
            lag <= server.repl_min_slaves_max_lag) good++;
    }
    server.repl_good_slaves_count = good;
}
```

从上述代码中可以看到，如果没有配置 repl_min_slaves_to_write 与 repl_min_slaves_max_lag，函数会直接返回，因为这时候没有必要检测了。其中，字段 repl_min_slaves_to_write 表示当有效从服务器的数目小于该值时，主服务器会拒绝执行写命令。处理命令请求之前会有很多校验逻辑，其中包括校验从服务器数目，代码如下。

```
if (server.masterhost == NULL &&
        server.repl_min_slaves_to_write &&
        server.repl_min_slaves_max_lag &&
        c->cmd->flags & CMD_WRITE &&
        server.repl_good_slaves_count < server.repl_min_slaves_to_write)
{
        flagTransaction(c);
        addReply(c, shared.noreplicaserr);
        return C_OK;
}
```

9）**masterauth**：当主服务器配置了 requirepass password 时，表示从服务器必须通过密码认证才能同步主服务器数据。同样需要在从服务器配置 masterauth <master-password>，用于设置请求同步主服务器时的认证密码。

10）**masterhost**：主服务器 IP 地址，**masterport** 为主服务器端口。

11）**master**：当主从服务器成功建立连接之后，从服务器成为主服务器的客户端，主服务器也成为从服务器的客户端，master 为主服务器，类型为 client。

12）**repl_serve_stale_data**：当主从服务器断开连接时，该变量表示从服务器是否继续处理命令请求，可通过配置参数 slave_serve_stale_data 或者 replica_serve_stale_data 设置，默认为 1，即从服务器可以继续处理命令请求。该校验同样在命令调用处完成，代码如下。

```
if (server.masterhost && server.repl_state != REPL_STATE_CONNECTED &&
        server.repl_serve_stale_data == 0 &&
        !(c->cmd->flags & CMD_STALE)){
        flagTransaction(c);
        addReply(c, shared.masterdownerr);
        return C_OK;
}
```

13）**repl_slave_ro**：表示从服务器是否只读（不处理写命令），可通过配置参数 slave-read-only 或者 replica-read-only 设置，默认为 1，即从服务器不处理写命令请求，除非该命令是主服务器发送的。该校验同样在命令调用处完成，代码如下。

```
if (server.masterhost && server.repl_slave_ro &&
        !(c->flags & CLIENT_MASTER) &&
        c->cmd->flags & CMD_WRITE)
{
        addReply(c, shared.roslaveerr);
        return C_OK;
}
```

7.3 Slave源码分析

用户可以通过执行SLAVEOF命令开启主从复制功能。当接收到SLAVEOF命令时，Redis服务器需要主动连接主服务器请求同步数据。SLAVEOF命令的处理函数为replicaofCommand，这是我们分析Slave源码的入口。该函数的主要实现如下。

```
void replicaofCommand(client *c) {
    //slaveof no one命令可以取消复制功能
     if (!strcasecmp(c->argv[1]->ptr,"no") &&
         !strcasecmp(c->argv[2]->ptr,"one")) {

     } else {
         server.masterhost = sdsnew(ip);
         server.masterport = port;
         server.repl_state = REPL_STATE_CONNECT;
     }
     addReply(c,shared.ok);
}
```

可以看到，用户可以通过命令SLAVEOF NO ONE取消主从复制功能，此时主从服务器会断开连接，从服务器成为普通的Redis实例。看到这里，读者可能存在两个疑问。

1）replicaofCommand函数只是记录主服务器IP地址与端口，什么时候连接主服务器呢？

2）变量repl_state有什么作用？

1. 第一个疑问的解答

我们先来回答第一个疑问。replicaofCommand函数并没有向主服务器发起连接请求，说明该操作应该是一个异步操作，那么该操作很有可能是在时间事件中执行的。搜索时间事件处理函数serverCron会发现，它以1s为周期执行主从复制相关操作。

```
run_with_period(1000) replicationCron();
```

可以看到，在replicationCron函数中，从服务器向主服务器发起了连接请求。

```
if (server.repl_state == REPL_STATE_CONNECT) {

    if (connectWithMaster() == C_OK) {
        serverLog(LL_NOTICE,"MASTER <-> REPLICA sync started");
        server.repl_state = REPL_STATE_CONNECTING;
    }
}
```

从服务器成功连接到主服务器时，还会创建对应的文件事件。

```
aeCreateFileEvent(server.el,fd,AE_READABLE|AE_WRITABLE,
    syncWithMaster,NULL);
```

另外，replicationCron函数还用于检测主从连接是否超时，定时向主服务器发送ping心跳包，定时报告自己的复制偏移量等，具体代码如下。

```
time(NULL)-server.repl_transfer_lastio > server.repl_timeout
```

变量repl_transfer_lastio存储的是主从服务器上次交互的时间，repl_timeout表示主从服务器超时时间，用户可通过参数repl_timeout配置，默认为60，单位为s。超过此时间则认为主从服务器之间的连接发生故障，从服务器会主动断开连接。

从服务器通过命令REPLCONF ACK < reploff >定时向主服务器汇报自己的复制偏移量，主服务器使用变量repl_ack_time存储接收到该命令的时间，以此作为检测从服务器是否有效的标准。代码如下。

```
addReplyMultiBulkLen(c,3);
addReplyBulkCString(c,"REPLCONF");
addReplyBulkCString(c,"ACK");
addReplyBulkLongLong(c,c->reploff);
```

2. 第二个疑问的解答

下面回答第二个疑问。当从服务器接收到SLAVEOF命令时，从服务器会主动连接主服务器请求同步数据，这并不是一蹴而就的，需要若干个步骤完成交互。

（1）主从服务器交互的步骤

1）连接socket。

2）发送ping请求包确认连接是否正确。

3）发起密码认证（如果需要）。

4）信息同步。

5）发送PSYNC命令。

6）接收RDB文件并载入。

7）连接建立完成，等待主服务器同步命令请求。

（2）主从复制进展

变量repl_state表示主从复制流程的进展（即从服务器状态）。Redis定义了以下状态。

```
#define REPL_STATE_NONE 0
#define REPL_STATE_CONNECT 1
#define REPL_STATE_CONNECTING 2

#define REPL_STATE_RECEIVE_PONG 3
#define REPL_STATE_SEND_AUTH 4
#define REPL_STATE_RECEIVE_AUTH 5
#define REPL_STATE_SEND_PORT 6
#define REPL_STATE_RECEIVE_PORT 7
#define REPL_STATE_SEND_IP 8
```

```
#define REPL_STATE_RECEIVE_IP 9
#define REPL_STATE_SEND_CAPA 10
#define REPL_STATE_RECEIVE_CAPA 11
#define REPL_STATE_SEND_PSYNC 12
#define REPL_STATE_RECEIVE_PSYNC 13

#define REPL_STATE_TRANSFER 14
#define REPL_STATE_CONNECTED 15
```

各状态含义如下。

1）REPL_STATE_NONE：未开启主从复制功能，当前服务器是普通的 Redis 实例。

2）REPL_STATE_CONNECT：待发起 socket 连接主服务器请求。

3）REPL_STATE_CONNECTING：socket 连接成功。

4）REPL_STATE_RECEIVE_PONG：从服务器已经发送了 PING 请求包，并等待接收主服务器 pong 回复。

5）REPL_STATE_SEND_AUTH：待发起密码认证。

6）REPL_STATE_RECEIVE_AUTH：从服务器已经发起了密码认证请求（AUTH <password>），等待接收主服务器回复。

7）REPL_STATE_SEND_PORT：待发送端口号。

8）REPL_STATE_RECEIVE_PORT：从服务器已发送端口号（REPLCONF listening-port <port>），等待接收主服务器回复。

9）REPL_STATE_SEND_IP：待发送 IP 地址。

10）REPL_STATE_RECEIVE_IP：从服务器已发送 IP 地址（REPLCONF ip-address <ip>），等待接收主服务器回复。该 IP 地址与端口号用于主服务器主动建立 socket 连接，以及向从服务器同步数据。

11）REPL_STATE_SEND_CAPA：主从复制功能进行过优化升级，不同版本 Redis 服务器支持的能力可能不同，因此从服务器需要告诉主服务器自己支持的主从复制能力，通过命令 REPLCONF capa <capability> 实现。

12）REPL_STATE_RECEIVE_CAPA：从服务器等待接收主服务器回复。

13）REPL_STATE_SEND_PSYNC：待发送 PSYNC 命令。

14）REPL_STATE_RECEIVE_PSYNC：从服务器等待接收主服务器 PSYNC 命令的回复结果。

15）REPL_STATE_TRANSFER：从服务器正在接收 RDB 文件。

16）REPL_STATE_CONNECTED：RDB 文件接收并载入完毕，主从复制连接成功建立。此时从服务器只需要等待接收主服务器的同步数据即可。

上面说过，从服务器成功连接到主服务器时，还会创建对应的文件事件。处理函数为 syncWithMaster（在 socket 可读或者可写时调用执行），主要实现从服务器与主服务器的交互流程，即完成从服务器的状态转换。

（3）从服务器状态转换的实现

下面分析从服务器状态转换的实现，其中符号“→”表示状态转换。

1）REPL_STATE_CONNECTING → REPL_STATE_RECEIVE_PONG，实现代码如下。

```
if (server.repl_state == REPL_STATE_CONNECTING) {
    server.repl_state = REPL_STATE_RECEIVE_PONG;
    err = sendSynchronousCommand(SYNC_CMD_WRITE,fd,"PING",NULL);
    return;
}
```

可以看到，当检测到当前状态为 REPL_STATE_CONNECTING，从服务器发送 ping 命令请求，并修改状态为 REPL_STATE_RECEIVE_PONG，函数直接返回。

2）REPL_STATE_RECEIVE_PONG → REPL_STATE_SEND_AUTH → REPL_STATE_RECEIVE_AUTH（或 REPL_STATE_SEND_PORT），实现代码如下。

```
if (server.repl_state == REPL_STATE_RECEIVE_PONG) {
    err = sendSynchronousCommand(SYNC_CMD_READ,fd,NULL);
    server.repl_state = REPL_STATE_SEND_AUTH;
}

if (server.repl_state == REPL_STATE_SEND_AUTH) {
    if (server.masterauth) {
        err = sendSynchronousCommand(SYNC_CMD_WRITE,fd,"AUTH",
            server.masterauth,NULL);
        server.repl_state = REPL_STATE_RECEIVE_AUTH;
        return;
    } else {
        server.repl_state = REPL_STATE_SEND_PORT;
    }
}
```

当检测到当前状态为 REPL_STATE_RECEIVE_PONG 时，从服务器会从 socket 中读取主服务器 pong 回复，并修改状态为 REPL_STATE_SEND_AUTH。可以看到，此时对应的 syncWithMaster 函数没有返回，也就是说上述代码下面的第二个 if 语句依然会执行。如果用户配置了参数 masterauth <master-password>，则从服务器会向主服务器发送密码认证请求，同时修改状态为 REPL_STATE_RECEIVE_AUTH；否则，修改状态为 REPL_STATE_SEND_PORT。同样，上面代码对应的 syncWithMaster 函数也没有返回，会继续执行第 4 步中的状态转换逻辑。

3）REPL_STATE_RECEIVE_AUTH → REPL_STATE_SEND_PORT，实现代码如下。

```
if (server.repl_state == REPL_STATE_RECEIVE_AUTH) {
    err = sendSynchronousCommand(SYNC_CMD_READ,fd,NULL);
```

```
    server.repl_state = REPL_STATE_SEND_PORT;
}
```

当检测到当前状态 REPL_STATE_RECEIVE_AUTH 时，从服务器会从 socket 中读取主服务器回复结果，并修改状态为 REPL_STATE_SEND_PORT，syncWithMaster 函数同样没有返回，会继续执行第 4 步的状态转换逻辑。

4）REPL_STATE_SEND_PORT → REPL_STATE_RECEIVE_PORT，实现代码如下。

```
if (server.repl_state == REPL_STATE_SEND_PORT) {
    err = sendSynchronousCommand(SYNC_CMD_WRITE,fd,"REPLCONF",
            "listening-port",port, NULL);
    server.repl_state = REPL_STATE_RECEIVE_PORT;
    return;
}
```

当检测到当前状态为 REPL_STATE_SEND_PORT 时，从服务器向主服务器发送端口号，并修改状态为 REPL_STATE_RECEIVE_PORT，此时 syncWithMaster 函数直接返回。

5）REPL_STATE_RECEIVE_PORT → EPL_STATE_SEND_IP → REPL_STATE_RECEIVE_IP，实现代码如下。

```
if (server.repl_state == REPL_STATE_RECEIVE_PORT) {
    err = sendSynchronousCommand(SYNC_CMD_READ,fd,NULL);
    server.repl_state = REPL_STATE_SEND_IP;
}

if (server.repl_state == REPL_STATE_SEND_IP) {
    err = sendSynchronousCommand(SYNC_CMD_WRITE,fd,"REPLCONF",
            "ip-address",server.slave_announce_ip, NULL);
    server.repl_state = REPL_STATE_RECEIVE_IP;
    return;
}
```

当检测到当前状态为 REPL_STATE_RECEIVE_PORT 时，从服务器会从 socket 中读取主服务器回复结果，并修改状态为 REPL_STATE_SEND_IP，此时 syncWithMaster 函数并没有返回，而是会继续执行下面的 if 语句；向主服务器发送 IP 地址，并修改状态为 REPL_STATE_RECEIVE_IP，函数返回。

6）REPL_STATE_RECEIVE_IP → REPL_STATE_SEND_CAPA → REPL_STATE_RECEIVE_CAPA，实现代码如下。

```
if (server.repl_state == REPL_STATE_RECEIVE_IP) {
    err = sendSynchronousCommand(SYNC_CMD_READ,fd,NULL);
    server.repl_state = REPL_STATE_SEND_CAPA;
}
```

```
if (server.repl_state == REPL_STATE_SEND_CAPA) {
    err = sendSynchronousCommand(SYNC_CMD_WRITE,fd,"REPLCONF",
            "capa","eof","capa","psync2",NULL);
    server.repl_state = REPL_STATE_RECEIVE_CAPA;
    return;
}
```

当检测到当前状态为REPL_STATE_RECEIVE_IP时，从服务器会从socket中读取主服务器回复结果，并修改状态为REPL_STATE_SEND_CAPA。此时函数没有返回，会继续执行下面的if语句。可以看到，从服务器通过sendSynchronousCommand函数向主服务器发送REPLCONF capa eof capa psync2命令。capa为单词capability的简写，意为能力，表示从服务器支持的主从复制能力，eof为短语end of file的意思。Redis主从复制功能经历过优化升级，高版本的Redis服务器可能支持更多的功能，因此这里从服务器需要向主服务器同步自身具备的功能。

根据7.1节可知，主服务器在接收到PSYNC命令时，如果必须执行完整重同步操作，会持久化数据库到RDB文件，完成后将RDB文件发送给从服务器。而当从服务器支持EOF（End of File，文件结束）功能时，主服务器便可以直接将数据库中的数据以RDB协议格式通过socket发送给从服务器，免去了本地磁盘文件不必要的读写操作。

Redis 4.0针对主从复制提出了PSYNC 2协议，当主服务器故障导致主从切换后，依然有可能执行部分重同步操作。而当主服务器接收到PSYNC命令时，主服务器向客户端回复的是“+CONTINUE <new_repl_id>”。参数psync2表明从服务器支持PSYNC 2协议。

最后从服务器修改状态为REPL_STATE_RECEIVE_CAPA，函数返回。

7）REPL_STATE_RECEIVE_CAPA → REPL_STATE_SEND_PSYNC → REPL_STATE_RECEIVE_PSYNC，代码实现如下。

```
if (server.repl_state == REPL_STATE_RECEIVE_CAPA) {
    err = sendSynchronousCommand(SYNC_CMD_READ,fd,NULL);
    server.repl_state = REPL_STATE_SEND_PSYNC;
}

if (server.repl_state == REPL_STATE_SEND_PSYNC) {
    if (slaveTryPartialResynchronization(fd,0) == PSYNC_WRITE_ERROR) {
    }
    server.repl_state = REPL_STATE_RECEIVE_PSYNC;
    return;
}
```

当检测到当前状态为REPL_STATE_RECEIVE_CAPA时，从服务器会从socket中读取主服务器回复结果，并修改状态为REPL_STATE_SEND_PSYNC，此时函数没有返回，会继续执行下面的if语句。可以看到，上面代码调用slaveTryPartialResynchronization函数尝试执行部分重同步操作，并修改状态为REPL_STATE_RECEIVE_PSYNC。

slaveTryPartialResynchronization 函数主要执行两个操作：①尝试获取主服务器运行 ID 及复制偏移量，并向主服务器发送 PSYNC 命令请求；②读取并解析 PSYNC 命令回复，判断执行完整重同步操作还是部分重同步操作。slaveTryPartialResynchronization 函数第二个参数表明执行操作①还是操作②。

8）REPL_STATE_RECEIVE_PSYNC → REPL_STATE_TRANSFER，代码实现如下。

```
psync_result = slaveTryPartialResynchronization(fd,1);
if (psync_result == PSYNC_CONTINUE) {
    return;
}

if (aeCreateFileEvent(server.el,fd, AE_READABLE,readSyncBulkPayload,NULL)
            == AE_ERR)
{
}
server.repl_state = REPL_STATE_TRANSFER;
```

调用 slaveTryPartialResynchronization 函数读取并解析 PSYNC 命令回复时，如果返回的是 PSYNC_CONTINUE，表明可以执行部分重同步操作（slaveTryPartialResynchronization 函数内部会修改状态为 REPL_STATE_CONNECTED）；否则说明需要执行完整重同步操作，从服务器需要准备接收主服务器发送的 RDB 文件。从代码中可以看到建了文件事件，使用 aeCreateFileEvent 调用了处理函数 readSyncBulkPayload，并修改状态为 REPL_STATE_TRANSFER。

readSyncBulkPayload 函数实现了 RDB 文件的接收与加载，加载完成后同时会修改状态为 REPL_STATE_CONNECTED。

如果从服务器状态为 REPL_STATE_CONNECTED，表明从服务器已经成功与主服务器建立连接，从服务器只需要接收并执行主服务器同步过来的命令请求即可，与执行普通客户端命令请求差别不大，这里就不做详细介绍了。

7.4　Master 源码分析

从服务器接收到 SLAVEOF 命令会主动连接主服务器请求同步数据，主要流程如下。

1）连接 socket。

2）发送 ping 请求包确认连接是否正确。

3）发起密码认证（如果需要）。

4）通过 REPLCONF 命令同步信息。

5）发送 PSYNC 命令。

6）接收 RDB 文件并载入。

7）连接建立完成，等待主服务器同步命令请求。

主服务器对流程1到流程3的处理比较简单，这里不做介绍，本节主要介绍主服务器针对流程4到流程7的处理。

主服务器处理命令REPLCONF的入口函数为replconfCommand，实现如下。

```
void replconfCommand(client *c) {
    for (j = 1; j < c->argc; j+=2) {
        if (!strcasecmp(c->argv[j]->ptr,"listening-port")) {
            c->slave_listening_port = port;
        } else if (!strcasecmp(c->argv[j]->ptr,"ip-address")) {
            memcpy(c->slave_ip,ip,sdslen(ip)+1);
        } else if (!strcasecmp(c->argv[j]->ptr,"capa")) {
            if (!strcasecmp(c->argv[j+1]->ptr,"eof"))
                c->slave_capa |= SLAVE_CAPA_EOF;
            else if (!strcasecmp(c->argv[j+1]->ptr,"psync2"))
                c->slave_capa |= SLAVE_CAPA_PSYNC2;
        } else if (!strcasecmp(c->argv[j]->ptr,"ack")) {
            if (offset > c->repl_ack_off)
                c->repl_ack_off = offset;
            c->repl_ack_time = server.unixtime;
        }
    }
    addReply(c,shared.ok);
}
```

可以看到，replconfCommand函数主要解析客户端请求参数，并将其存储在客户端对象client中，主要需要记录以下信息。

1）从服务器监听的IP地址与端口，主服务器以此连接从服务器并同步数据。

2）客户端能力标识。eof标识主服务器可以直接将数据库中的数据以RDB协议格式通过socket发送给从服务器，免去了本地磁盘文件不必要的读写操作。psync2表明从服务器支持PSYNC 2协议，即从服务器可以识别主服务器回复的+CONTINUE <new_repl_id>。

3）从服务器的复制偏移量及交互时间。

接下来从服务器将向主服务器发送PSYNC命令，请求同步数据，主服务器处理PSYNC命令的入口函数为syncCommand。主服务器首先判断是否可以执行部分重同步操作，如果可以，则向客户端返回+CONTINUE，并返回复制缓冲区中的命令请求，同时更新有效从服务器数目。具体代码如下。

```
int masterTryPartialResynchronization(client *c) {
    //判断服务器运行ID是否匹配，复制偏移量是否合法
    if (strcasecmp(master_replid, server.replid) &&
        (strcasecmp(master_replid, server.replid2) ||
         psync_offset > server.second_replid_offset))
    {
        goto need_full_resync;
```

```
    }

    //判断复制偏移量是否包含在复制缓冲区
    if (!server.repl_backlog ||
        psync_offset < server.repl_backlog_off ||
        psync_offset > (server.repl_backlog_off +
               server.repl_backlog_histlen))
    {
        goto need_full_resync;
    }
    //部分重同步，标识为从服务器
    c->flags |= CLIENT_SLAVE;
    c->replstate = SLAVE_STATE_ONLINE;
    c->repl_ack_time = server.unixtime;
    //将该客户端添加到从服务器链表slaves中
    listAddNodeTail(server.slaves,c);

   //根据从服务器能力返回+CONTINU
    if (c->slave_capa & SLAVE_CAPA_PSYNC2) {
        buflen = snprintf(buf,sizeof(buf),"+CONTINUE %s\r\n", server.replid);
    } else {
        buflen = snprintf(buf,sizeof(buf),"+CONTINUE\r\n");
    }
    if (write(c->fd,buf,buflen) != buflen) {
    }
    //向客户端发送复制缓冲区中的命令请求
    psync_len = addReplyReplicationBacklog(c,psync_offset);
    //更新有效从服务器数目
    refreshGoodSlavesCount();
    return C_OK; /* 这里直接返回，不需要进行完整重同步操作 */

need_full_resync:
    return C_ERR;
}
```

执行部分重同步操作是有条件的：服务器运行ID与复制偏移量必须合法；复制偏移量必须包含在复制缓冲区中。

1）当可以执行部分重同步操作时，主服务器便将该客户端添加到自己的从服务器链表slaves中，并标记客户端状态为SLAVE_STATE_ONLINE，客户端类型为CLIENT_SLAVE（从服务器）。

2）从服务器已经通过命令请求REPLCONF向主服务器同步了自己支持的能力，主服务器根据该能力决定向从服务器返回+CONTINUE还是+CONTINUE < replid >。

3）主服务器需要根据PSYNC请求参数中的复制偏移量，将复制缓冲区中的部分命令请求同步给从服务器。由于有新的从服务器连接成功，主服务器还需要更新有效从服务器数目，以此实现min_slaves功能。

当主服务器判断需要执行完整重同步操作时，会派生子进程来执行RDB持久化操作，并将持久化数据发送给从服务器。RDB 持久化有两种选择：①直接通过 socket 发送给从服务器；②持久化数据到本地文件，待持久化完成后再将该文件发送给从服务器。具体代码如下。

```
if (socket_target)
    retval = rdbSaveToSlavesSockets(rsiptr);
else
    retval = rdbSaveBackground(server.rdb_filename,rsiptr);
```

变量 socket_target 的赋值逻辑如下。

```
int socket_target = server.repl_diskless_sync && (c->slave_capa &
     SLAVE_CAPA_EOF);
```

其中，变量 repl_diskless_sync 可通过配置参数 repl_diskless_sync 设置，默认为 0；默认情况下，主服务器先持久化数据到本地文件，再将该文件发送给从服务器。变量 slave_capa 根据流程 4 中从服务器的同步信息确定。

当所有流程执行完毕后，主服务器每次接收到写命令请求时，都会将该命令请求广播给所有从服务器，同时记录在复制缓冲区中。向从服务器广播命令请求的实现函数为 replicationFeedSlaves，其实现逻辑如下。

```
void replicationFeedSlaves(list *slaves, int dictid, robj **argv, int argc) {
    //如果与上次选择的数据库不相同，需要先发送select命令
    if (server.slaveseldb != dictid) {
        //将select命令添加到复制缓冲区
        if (server.repl_backlog)
              feedReplicationBacklogWithObject(selectcmd);
        //向所有从服务器发送select命令
        while((ln = listNext(&li))) {
            addReply(slave,selectcmd);
        }
    }
    server.slaveseldb = dictid;
    if (server.repl_backlog) {
        //将当前命令请求添加到复制缓冲区
    }

    while((ln = listNext(&li))) {
       //向所有从服务器同步命令请求
    }
}
```

当前客户端连接的数据库可能并不是上次向从服务器同步数据的数据库，因此可能需要先向从服务器同步 select 命令修改数据库。针对每个写命令，主服务器都需要将命令请求同步给所有从服务器。同时从上面代码可以看到，向从服务器同步的每个命令请求都会

被记录到复制缓冲区中。

7.5 小结

本章首先介绍了主从复制功能的实现，读者从中可以学习到 Redis 针对主从复制的优化设计思路。在介绍主从复制源码实现时，本章首先介绍了主要数据变量的定义，最后详细介绍了主从复制主要流程的实现。通过本章的学习，读者对主从复制应该有了较为深刻的理解。

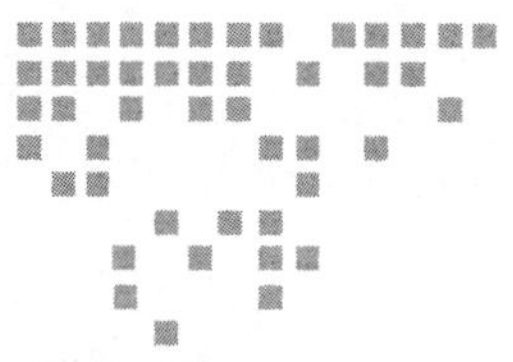

Chapter 8 第8章

哨 兵

Redis 的主从架构能够为数据提供多个副本，实现数据的读写分离，但是主从架构也有明显的缺点，例如：

- 当 Master 节点出现故障时，就无法继续对外提供服务，也就无法保证服务的高可用性。
- 写数据依赖于 Master 节点，但这会造成单点问题。
- 整体的存储能力受到 Master 节点内存的制约。

针对这些问题，Redis 提供了解决方案。本章主要介绍 Redis 哨兵的原理与实现，哨兵可以实时监测 Master 节点的变化，当 Master 节点不可用时，可以从 Slave 节点中挑选新的 Master 节点，并自动完成切换过程，保障服务的高可用性。

8.1 哨兵简介

典型的哨兵部署结构如图 8-1 所示。

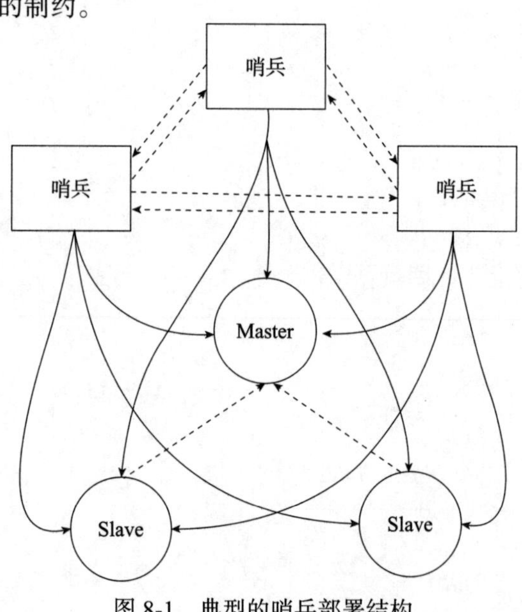

图 8-1 典型的哨兵部署结构

从图 8-1 中可以看出，集群部署了 3 个哨兵节点，为什么部署 1 个哨兵节点不行？因为哨兵是实现 Redis 高可用的解决方案。

如果只部署1个哨兵节点，当这个哨兵节点出现故障时，就会无法完成Redis故障节点的切换。如果部署两个哨兵节点，当Master节点出现故障，需要进行切换时，两个哨兵节点需要先选择出一个Leader，负责控制故障节点切换的流程，偶数个哨兵节点容易导致选举Leader票数相等，故而哨兵节点数目通常是奇数。

从图8-1可以看出，每个哨兵除了与自己需要监测的Master节点建立连接之外，也会与Master节点对应的Slave节点建立连接，这是因为哨兵需要实时掌握Slave节点的状态，当需要切换故障节点时，能够快速从Slave节点中选择合适的节点作为新的Master节点。另外，监测同一个Master节点的哨兵之间也会建立连接，哨兵之间的连接能够保障哨兵之间的实时信息交换，发生故障时，能够快速响应。

针对哨兵，我们可以先思考如下几个问题。

1）哨兵需要与监测的Master节点、Master节点对应的Slave节点、监听同一个Master节点的哨兵保持通信，这是不是意味着，在哨兵启动时需要指定这些信息？

2）如果哨兵不需要处理Get、Set等常规Redis Server命令，那么哨兵的启动过程与常规的Redis Server启动有何不同？

3）哨兵如何判断自己监测的Master节点出现了故障，哨兵本身会不会误判？

4）哨兵是怎么完成故障Master节点切换的，如果在切换的过程中出现了问题，该如何解决？

5）如果过一段时间后故障Master节点又能正常提供服务了，该如何重新提供服务？

问题1的答案是不需要，因为对Redis的主从架构而言，Slave节点的信息可以从Master节点处获取，其他的哨兵节点也可以通过Master节点间接获取。另外，这些信息会动态变化，配置意义不大。后面的几个问题在后续章节进行详细介绍。

8.2 哨兵的启动

本节首先介绍哨兵的配置，之后讲解哨兵的启动流程。

8.2.1 哨兵配置

一个典型的哨兵启动配置如下。这里假定哨兵启动时，需要监测两个Master节点，名称分别为mymaster及resque。

```
//监控一个名称为mymaster的Master节点
// 地址和端口号为127.0.0.1:6379，quorum为2
sentinel monitor mymaster 127.0.0.1 6379 2
//如果哨兵60s内未收到mymaster的有效ping回复，则认为mymaster处于下线状态
sentinel down-after-milliseconds mymaster 60000
//执行切换的超时时间为180s
```

```
sentinel failover-timeout mymaster 180000
//切换完成后同时向新的Master节点发起同步数据请求的Slave节点个数为1，即切换完成后依次让每个Slave节点去同步数据。前一个Slave节点同步完成后，下一个Slave节点才发起同步数据的请求
sentinel parallel-syncs mymaster 1
//监控另一个名称为resque的Master节点
sentinel monitor resque 192.168.1.3 6380 4
sentinel down-after-milliseconds resque 10000
sentinel failover-timeout resque 180000
sentinel parallel-syncs resque 5
```

这里先介绍两个概念：主观下线及客观下线。通过之前的介绍，我们知道多个哨兵同时监测同一个Master节点。当某个哨兵认为Master节点处于下线状态时，并不能认为此时Master节点一定处于故障状态，因为这个哨兵有可能处于故障状态，如果此时启动故障Master节点切换的话，很明显会浪费资源，故而Redis哨兵设计了主观下线，即某个哨兵认为Master处于下线状态。当多个哨兵都认为这个Master节点处于主观下线状态时，就可以将这个Master节点标记为客观下线。主观下线切换到客观下线所需要的个数可以通过哨兵启动的配置文件进行配置。这就是我们需要重点介绍的quorum配置。quorum在哨兵中有两层含义：

1）主观下线到客观下线需要的哨兵个数。只有当足够的哨兵都认为Redis Master处于主观下线状态时，才能将这个Master节点转换为客观下线状态，进而启动主从切换。

2）哨兵在进行Leader选举时，当选Leader节点所需要的票数。例如，集群一共配置了3个哨兵节点，quorum配置为2，则当选Leader至少需要2票。

8.2.2 启动流程

从哨兵的启动配置中，我们可以看出，哨兵启动只需要配置待监测的Master节点即可。准备好哨兵配置后，就可以启动哨兵。启动命令如下。

```
./redis-server /path/conf/sentinel.conf --sentinel
//或者
./redis-sentinel /path/conf/sentinel.conf
```

Redis在以哨兵模式启动时，处理流程如下。

```
int main(int argc, char **argv){
    ……
    if (server.sentinel_mode) {
        initSentinelConfig();
        initSentinel();
    }
    ……
    if (!server.sentinel_mode) {
        ……
    }else {
```

```
        InitServerLast();
        sentinelIsRunning(); // 创建哨兵ID，是一个40位的随机数
    }
    ......
    redisSetCpuAffinity(server.server_cpulist);
    aeMain(server.el);
    aeDeleteEventLoop(server.el);
    return 0;
}
```

从 main 函数的执行过程可以看出，当哨兵启动时，会先通过 initSentinelConfig 函数完成哨兵配置的初始化，之后通过 initSentinel 函数完成哨兵服务的初始化。在 initSentinel 函数的处理过程中，会用哨兵特定的命令替换 Redis 默认的命令。哨兵支持的命令列表如下。

```
struct redisCommand sentinelcmds[] = {
    {"ping",pingCommand,1,"",0,NULL,0,0,0,0,0},
    {"sentinel",sentinelCommand,-2,"",0,NULL,0,0,0,0,0},
    {"subscribe",subscribeCommand,-2,"",0,NULL,0,0,0,0,0},
    {"unsubscribe",unsubscribeCommand,-1,"",0,NULL,0,0,0,0,0},
    {"psubscribe",psubscribeCommand,-2,"",0,NULL,0,0,0,0,0},
    {"punsubscribe",punsubscribeCommand,-1,"",0,NULL,0,0,0,0,0},
    {"publish",sentinelPublishCommand,3,"",0,NULL,0,0,0,0,0},
    {"info",sentinelInfoCommand,-1,"",0,NULL,0,0,0,0,0},
    {"role",sentinelRoleCommand,1,"ok-loading",0,NULL,0,0,0,0,0},
    {"client",clientCommand,-2,"read-only no-script",0,NULL,0,0,0,0,0},
    {"shutdown",shutdownCommand,-1,"",0,NULL,0,0,0,0,0},
    {"auth",authCommand,2,"no-auth no-script ok-loading ok-stale fast",0,
    NULL,0,0,0,0,0},
    {"hello",helloCommand,-2,"no-auth no-script fast",0,NULL,0,0,0,0,0}
};
```

除了 Sentinel 命令之外，其他都是 Redis 常用的命令，限于篇幅，这里重点介绍 Sentinel 命令。

1）Sentinel Masters：返回该哨兵监控的所有 Master 节点的相关信息。

2）Sentinel Master <name>：返回指定名称的 Master 节点的相关信息。

3）Sentinel Slaves <master-name>：返回指定名称的 Master 节点的所有 Slave 节点的相关信息。

4）Sentinel Sentinels <master-name>：返回指定名称的 Master 节点的所有哨兵的相关信息。

5）Sentinel Is-Master-Down-By-Addr <ip> <port> <current-epoch> <runid>：如果 runid 是“*”，返回由 IP 和 Port 指定的 Master 节点是否处于主观下线状态的信息。如果 runid 是某个哨兵的 ID，则会同时要求对该 runid 进行选举投票。这个命令用于故障 Master 节点的切换。

6）Sentinel Reset <pattern>：重置所有该哨兵监控的、满足匹配模式的 Master 节点（刷新状态，重新建立各类连接）。

7）Sentinel Get-Master-Addr-By-Name <master-name>：返回指定名称的 Master 节点对应的 IP 和端口号。

8）Sentinel Failover <master-name>：对指定的 Master 节点手动强制执行一次切换。

9）Sentinel Monitor <name> <ip> <port> <quorum>：指定该哨兵监听一个 Master 节点。

10）Sentinel Flushconfig：将哨兵当前的配置文件刷新到磁盘。

11）Sentinel Remove <name>：从监控中去除指定名称的 Master 节点。

12）Sentinel Ckquorum <name>：计算哨兵可用数量是否满足配置数量（认定客观下线的数量），以及是否满足切换数量（哨兵数量的一半以上）。

13）Sentinel Set <mastername> [<option> <value> …]：设置指定名称的 Master 节点的各类参数（如超时时间等）。

14）Sentinel Simulate-Failure <flag>… <flag>：模拟切换时的崩溃，参数 flag 可取值 Crash-After-Election 或者 Crash-After-Promotion，分别代表选举主哨兵之后崩溃及将被选中的从服务器推举为 Master 之后的崩溃。

在 initSentinel 函数执行完成之后，会通过 sentinelIsRunning 函数为哨兵创建一个 40 位的唯一 ID，用于标识哨兵身份。与 Redis Server 一样，哨兵完成初始化后也会进入事件循环，等待执行用户的命令或者定期执行定时任务。

哨兵启动时，只需要配置哨兵需要监听的 Master 节点。当哨兵发现 Master 节点对应的 Slave 节点，或者同样监听这个 Master 节点的其他哨兵时，会将这些信息写入配置文件，这样当哨兵重启时，就能直接从配置文件中读取相关信息。因此，哨兵启动时，必须有配置文件的写权限。

8.3 哨兵相关的数据结构

哨兵会与自己监测的 Master 节点、Master 节点对应的 Slave 节点及同样监听这个 Master 节点的其他哨兵保持连接，便于实时通信。故每个哨兵都需要在内存中维护相应的数据结构，用于保存这些信息。本节就介绍哨兵相关的数据结构。在哨兵模式下，Redis 定义了类型为 sentinelState 的全局变量 sentinel，用于维护哨兵的状态。其定义如下。

```
struct sentinelState {
    // 哨兵ID，是一个40位的随机字符串
    char myid[CONFIG_RUN_ID_SIZE+1];
    // 哨兵当前纪元
    uint64_t current_epoch;
    // 哨兵监听的Master节点
    // key是Master节点的名称，value是sentinelRedisInstance结构
    dict *masters;
    ......
} sentinel;
```

sentinelState结构记录了哨兵的核心数据，包括哨兵的ID、当前纪元、哨兵监听的Master节点等。哨兵监听的所有Master节点会通过一个字典进行保存，字典key为Master节点的名称，value的结构为sentinelRedisInstance。这个Master节点对应的Slave节点及同时监听这个Master节点的其他哨兵节点也都会通过sentinelRedisInstance结构存储。哨兵存储结构如图8-2所示。

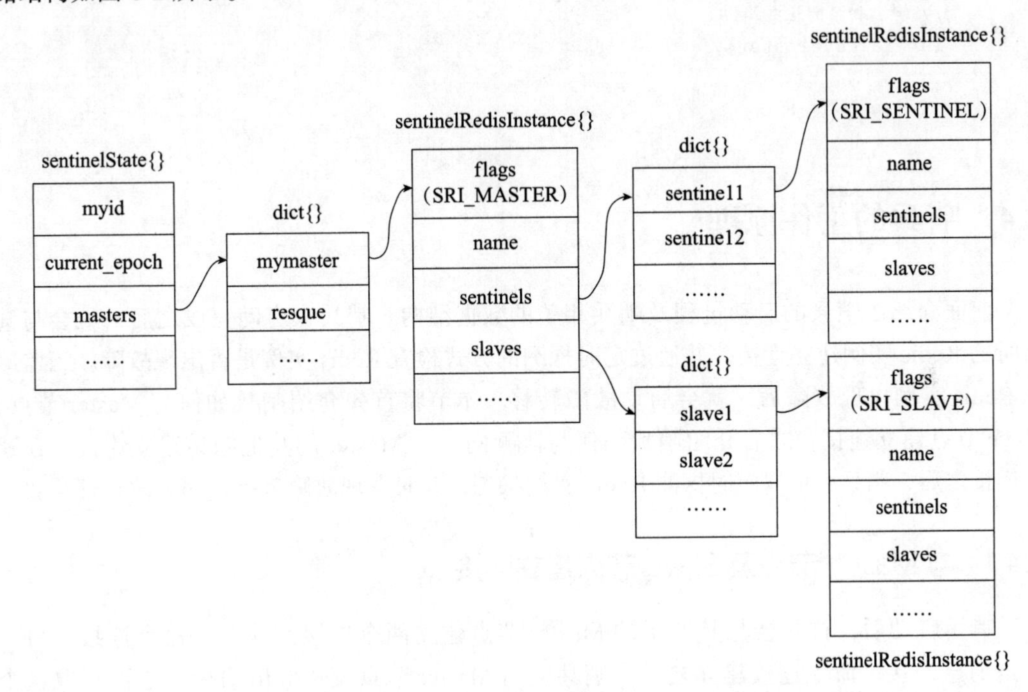

图8-2 哨兵存储结构

sentinelRedisInstance结构用于表示Master、Slave及其他哨兵，不同类型会通过flags字段进行区分。当这个结构用于表示其他哨兵时，即flags为SRI_SENTINEL，该结构可以复用。例如，5个哨兵同时监听100个Master节点，如果为每个Master节点对应的sentinel都创建一个sentinelRedisInstance结构，则会创建500个sentinelRedisInstance结构。很明显，这会造成极大浪费，通过结构复用，则只需要创建5个sentinelRedisInstance结构。sentinelRedisInstance结构的主要字段如下所示。

```
typedef struct sentinelRedisInstance {
    // 标识身份，具体有SRI_MASTER、SRI_SLAVE、SRI_SENTINEL
    int flags;
    // 名称
    char *name;
    // Redis ID或者哨兵ID
    char *runid;
    // 与这个Redis或者哨兵建立连接
```

```
    instanceLink *link;
    // 保存同样监测这个Master节点的其他哨兵
    dict *sentinels;
    // Master对应的Slave
    dict *slaves;
    // 主从切换时，保存哨兵选举的Leader
    char *leader;
    // 主从切换的状态
    int failover_state;
    ......
}
```

8.4 哨兵的工作原理

前面介绍了哨兵的启动过程及哨兵相关的数据结构。哨兵在启动完成之后，就会与其监听的 Redis 实例建立连接，并通过定时探测的方式检查 Redis 实例是否出现故障。当监测到 Redis 实例出现故障后，就会启动故障转移。本节将首先介绍哨兵如何与 Master 节点、Slave 节点建立连接，之后介绍哨兵如何与监测同一个 Master 的其他哨兵建立连接。在建立连接之后，哨兵就可以定时探测 Redis 实例状态，及时发现故障节点，完成故障迁移。

8.4.1 与 Master 节点及 Slave 节点建立连接

哨兵启动后，首先会与其监听的 Master 节点建立两个连接：一个是命令连接，另一个是消息连接。命令连接建立之后，哨兵会向 Master 节点发送 info 命令，进而获取这个 Master 节点对应的 Slave 节点，之后也会与每个 Slave 节点建立命令连接及消息连接。连接示意图如图 8-3 所示。

在哨兵启动过程中，我们并没有看到什么时候建立的命令连接及消息连接，这是因为连接的初始化是在 Redis 的 serverCron 函数中完成的。serverCron 函数的实现如下所示。

```
int serverCron(struct aeEventLoop *eventLoop, long long id, void *clientData) {
    if (server.sentinel_mode) sentinelTimer();
    ......
}
```

从 serverCron 函数中可以看出，哨兵的定时任务是通过 sentinelTimer 函数实现的。sentinelTimer 函数的核心处理逻辑如下。

```
int void sentinelTimer(void){
    sentinelHandleDictOfRedisInstances(sentinel.masters);
    ......
}
```

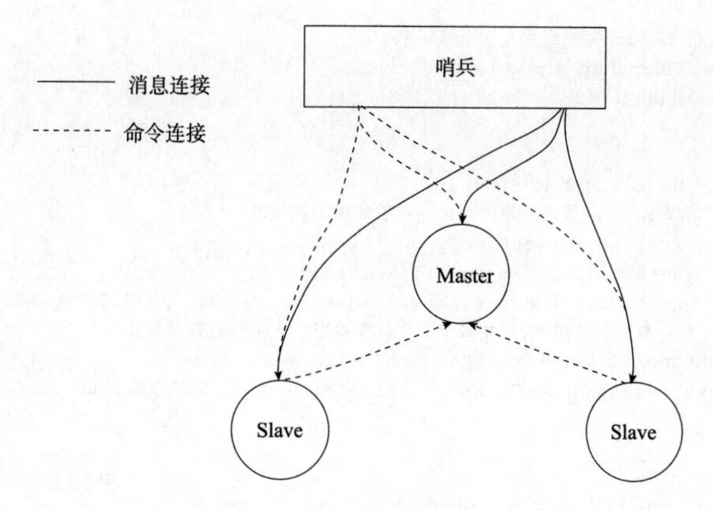

图 8-3 连接示意图

sentinelTimer 函数通过调用 sentinelHandleDictOfRedisInstances 函数，逐一处理哨兵监听的 Master 节点。sentinelHandleDictOfRedisInstances 函数的实现如下。

```
void sentinelHandleDictOfRedisInstances(dict *instances) {
    dictIterator *di;
    dictEntry *de;
    sentinelRedisInstance *switch_to_promoted = NULL;
    // 遍历所有Master节点
    di = dictGetIterator(instances);
    while((de = dictNext(di)) != NULL) {
        sentinelRedisInstance *ri = dictGetVal(de);
        // 处理Master节点
        sentinelHandleRedisInstance(ri);
        if (ri->flags & SRI_MASTER) {
            // 处理Master节点对应的Slave节点及Sentinels节点
            sentinelHandleDictOfRedisInstances(ri->slaves);
            sentinelHandleDictOfRedisInstances(ri->sentinels);
            ......
        }
    }
    ......
}
```

从 sentinelHandleDictOfRedisInstances 函数中可以看出，与每个 Redis 实例建立连接的过程是通过 sentinelHandleRedisInstance 函数实现的。

```
void sentinelHandleRedisInstance(sentinelRedisInstance *ri) {
    // 建立命令连接及消息连接，并且周期性地发送命令
    sentinelReconnectInstance(ri);
    sentinelSendPeriodicCommands(ri);
    ......
```

```
        // 针对所有Redis实例进行主观下线探测
        sentinelCheckSubjectivelyDown(ri);
        if (ri->flags & (SRI_MASTER|SRI_SLAVE)) {
            ......
        }
        if (ri->flags & SRI_MASTER) {
            // 针对Master节点，检查其是否处于客观下线状态
            sentinelCheckObjectivelyDown(ri);
            if (sentinelStartFailoverIfNeeded(ri))
                sentinelAskMasterStateToOtherSentinels(ri,SENTINEL_ASKo_FORCED);
            // 执行故障转移操作， 如果未处于故障状态，则不进行任何操作
            sentinelFailoverStateMachine(ri);
            sentinelAskMasterStateToOtherSentinels(ri,SENTINEL_NO_FLAGS);
        }
    }
```

在 sentinelHandleRedisInstance 函数中，我们看到了哨兵是如何处理每个 Redis 实例的：该函数内部会通过调用 sentinelReconnectInstance 函数，尝试与每个 Redis 实例建立连接。连接建立的整体流程如图 8-4 所示。

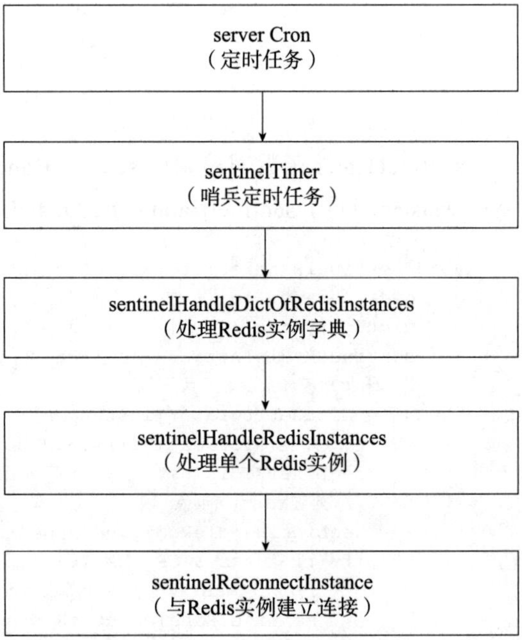

server Cron
（定时任务）

sentinelTimer
（哨兵定时任务）

sentinelHandleDictOtRedisInstances
（处理Redis实例字典）

sentinelHandleRedisInstances
（处理单个Redis实例）

sentinelReconnectInstance
（与Redis实例建立连接）

图 8-4　连接建立的整体流程

下面分析 sentinelReconnectInstance 函数，研究哨兵具体是如何与 Redis 实例建立连接的，该函数的实现如下。

```
void sentinelReconnectInstance(sent
inelRedisInstance *ri) {
    ......
    instanceLink *link = ri->link;
    // 建立命令连接
    if (link->cc == NULL) {
        link->cc = redisAsyncCon-
        nectBind(ri->addr->ip,
                ri->addr->port,NET_FIRST_BIND_ADDR);
        ......
    }
    // 针对Master节点及Slave节点建立消息连接
    if ((ri->flags & (SRI_MASTER|SRI_SLAVE)) && link->pc == NULL) {
        link->pc = redisAsyncConnectBind(ri->addr->ip,
                ri->addr->port,NET_FIRST_BIND_ADDR);
        if(!link->pc->err && server.tls_replication &&
                (instanceLinkNegotiateTLS(link->pc) == C_ERR)){
        ......
        }else if(link->pc->err){
        }else {
            // 哨兵利用消息连接订阅这个Redis实例的SENTINEL_HELLO_CHANNEL频道
```

```
            retval = redisAsyncCommand(link->pc,
                sentinelReceiveHelloMessages, ri, "%s %s",
                sentinelInstanceMapCommand(ri,"SUBSCRIBE"),
                SENTINEL_HELLO_CHANNEL);
            ......
        }
    }
    ......
}
```

至此，哨兵与Master节点、Slave节点建立连接的过程完成了。

8.4.2 与其他哨兵建立连接

哨兵除了与自己需要监听的Master节点、Slave节点建立连接之外，还需要与同时监听这个Master节点的其他哨兵建立连接，那么哨兵是如何知道其他正在监听这个Master节点的哨兵呢？在哨兵处理单个Redis实例的sentinelHandleRedisInstance函数中可以看出，哨兵在连接建立之后会通过sentinelSendPeriodicCommands函数定期发送命令，用于探活及广播自身消息。sentinelSendPeriodicCommands函数的实现如下。

```
void sentinelSendPeriodicCommands(sentinelRedisInstance *ri) {
    mstime_t now = mstime();
    mstime_t info_period, ping_period;
    int retval;
    ......
    // 计算info命令发送的间隔
    if ((ri->flags & SRI_SLAVE) &&
        ((ri->master->flags & (SRI_O_DOWN|SRI_FAILOVER_IN_PROGRESS)) ||
         (ri->master_link_down_time != 0)))
    {
        info_period = 1000;
    } else {
        info_period = SENTINEL_INFO_PERIOD;
    }
    ......
    // 向Master节点及Slave节点发送info命令
    if ((ri->flags & SRI_SENTINEL) == 0 &&
        (ri->info_refresh == 0 ||
        (now - ri->info_refresh) > info_period))
    {
        retval = redisAsyncCommand(ri->link->cc,
            sentinelInfoReplyCallback, ri, "%s",
            sentinelInstanceMapCommand(ri,"INFO"));
        if (retval == C_OK) ri->link->pending_commands++;
    }
    // 向Master、Slave、Sentinel节点都发送ping命令
    if ((now - ri->link->last_pong_time) > ping_period &&
```

```
            (now - ri->link->last_ping_time) > ping_period/2) {
            sentinelSendPing(ri);
        }
        // 向Master、Slave和Sentinel节点都发送publish命令
        if ((now - ri->last_pub_time) > SENTINEL_PUBLISH_PERIOD) {
           sentinelSendHello(ri);
        }
}
```

从 sentinelSendPeriodicCommands 函数的处理流程可以看出，命令连接建立之后，每隔 1s，哨兵会发送 ping 命令，用于探活；每隔 2s，哨兵会发送 publish 命令，用于广播自身的信息。广播的数据格式如下。

```
// publish命令格式
sentinel_ip, sentinel_port, sentinel_runid, current_epoch, master_name, master_
ip, master_port, master_config_epoch.
```

上述参数分别代表了当前哨兵的 IP、端口、哨兵的唯一 ID、当前纪元、Master 节点名称、Master 节点 IP、Master 节点端口和 Master 节点的配置纪元。每隔 10s，哨兵还会发送 info 命令，用于重新采集监测节点的信息，当 Master 节点处于下线状态或者处于故障转移状态时，针对 Slave 节点，info 命令的发送周期会改为 1s。

我们从 sentinelReconnectInstance 函数可以看出，哨兵与 Redis 服务器连接建立之后，会订阅其他哨兵的 __sentinel__:hello 频道。当其他哨兵节点通过 publish 命令广播自身信息时，哨兵可以通过消息连接获取到监听这个 Master 节点的其他哨兵的信息。之后，哨兵便会将其他哨兵作为待处理的 Redis 实例节点，当定时任务调用 sentinelHandleRedisInstance 函数处理 Redis 实例时，便会处理这个节点。

与其他哨兵建立连接的过程也是通过 sentinelReconnectInstance 函数实现的。从函数的实现过程可以看出，哨兵节点只会建立命令连接，不会建立消息连接。哨兵之间的命令连接建立后，每隔 1s，哨兵也会发送 ping 命令，用于探活；每隔 2s，也会发送 publish 命令，以广播自身的信息。对于客户端而言，可以使用哨兵特定命令，或者订阅哨兵的 __sentinel__:hello 频道，以获取 Master 节点的最新信息。哨兵集群与 Redis Master 节点、Slave 节点的连接如图 8-5 所示（这里只展示 2 个哨兵节点的情况）。

至此，我们介绍完了哨兵如何与 Master 节点、Slave 节点、其他哨兵建立连接的过程。可以看出，哨兵会定期发送 ping 命令用于探活，当哨兵发送的 ping 命令没有得到响应或者得到无效响应时，哨兵就会标记这个节点处于主观下线状态。如果是 Slave 节点，哨兵只需要标记该节点即可。如果是 Master 节点，此时哨兵需要向其他哨兵发送 Sentinel 命令，获取其他哨兵对这个 Master 节点的状态判断。当认为 Master 节点处于主观下线状态的哨兵个数超过半数，并且满足设置的 quorum 值要求时，哨兵就会标记这个 Master 节点处于客观下线状态，此时就可以启动主从切换了。获取其他哨兵对 Master 节点状态判断的命令如下。

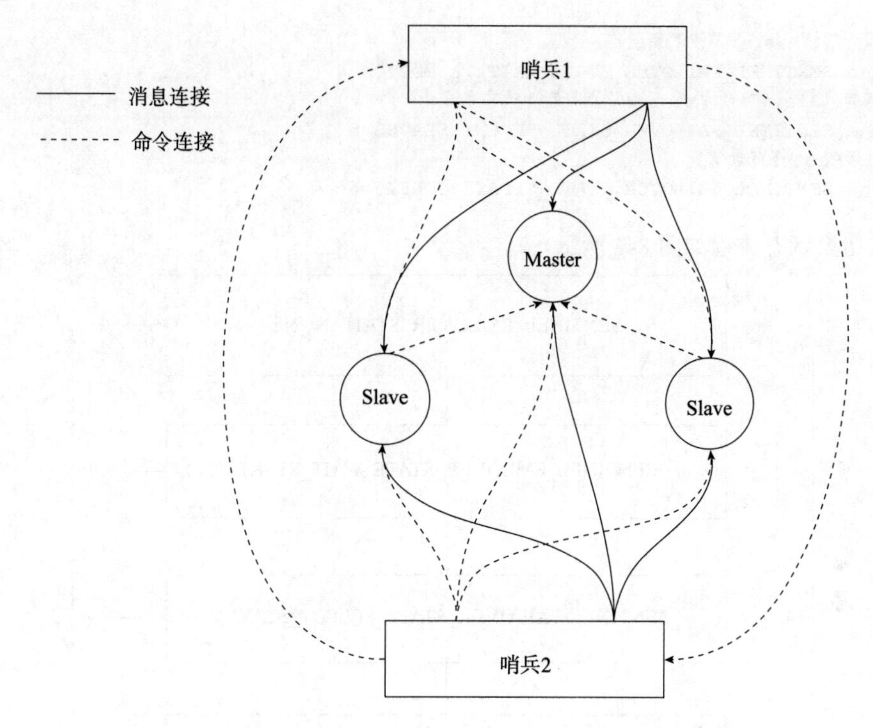

图 8-5 哨兵集群与 Redis Master 节点、Slave 节点的连接

```
Sentinel Is-Master-Down-By-Addr <ip> <port> <current-epoch> <runid>
```

此时 runid 会被设置为 *，表明该命令只是用于获取 Master 节点的状态。

8.5 故障转移

当哨兵监测到 Master 节点处于客观下线状态后，集群的整体状态如图 8-6 所示。

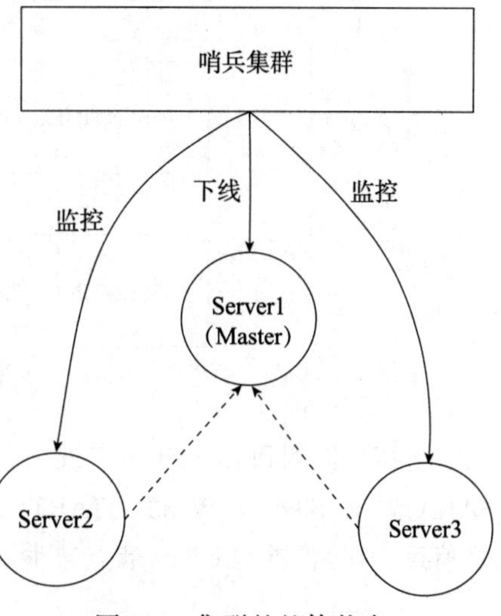

图 8-6 集群的整体状态

为了保障服务的高可用性，此时哨兵会启动主从切换流程。主从切换的状态定义如下。

```
// 没有进行主从切换
#define SENTINEL_FAILOVER_STATE_NONE 0
// 等待哨兵完成选主后启动主从切换
#define SENTINEL_FAILOVER_STATE_WAIT_START 1
// 从Slave节点中选择一个节点作为新的Master节点
#define SENTINEL_FAILOVER_STATE_SELECT_SLAVE 2
// 将选中的Slave节点设置为Master节点
#define  SENTINEL_FAILOVER_STATE_SEND_SLAVEOF_
NOONE 3
```

```
// 等待新的Master节点更新状态
#define SENTINEL_FAILOVER_STATE_WAIT_PROMOTION 4
// 将其他Slave节点的Master节点更新为选中的节点
#define SENTINEL_FAILOVER_STATE_RECONF_SLAVES 5
// 更新Master节点信息
#define SENTINEL_FAILOVER_STATE_UPDATE_CONFIG 6
```

主从切换状态流程如图 8-7 所示。

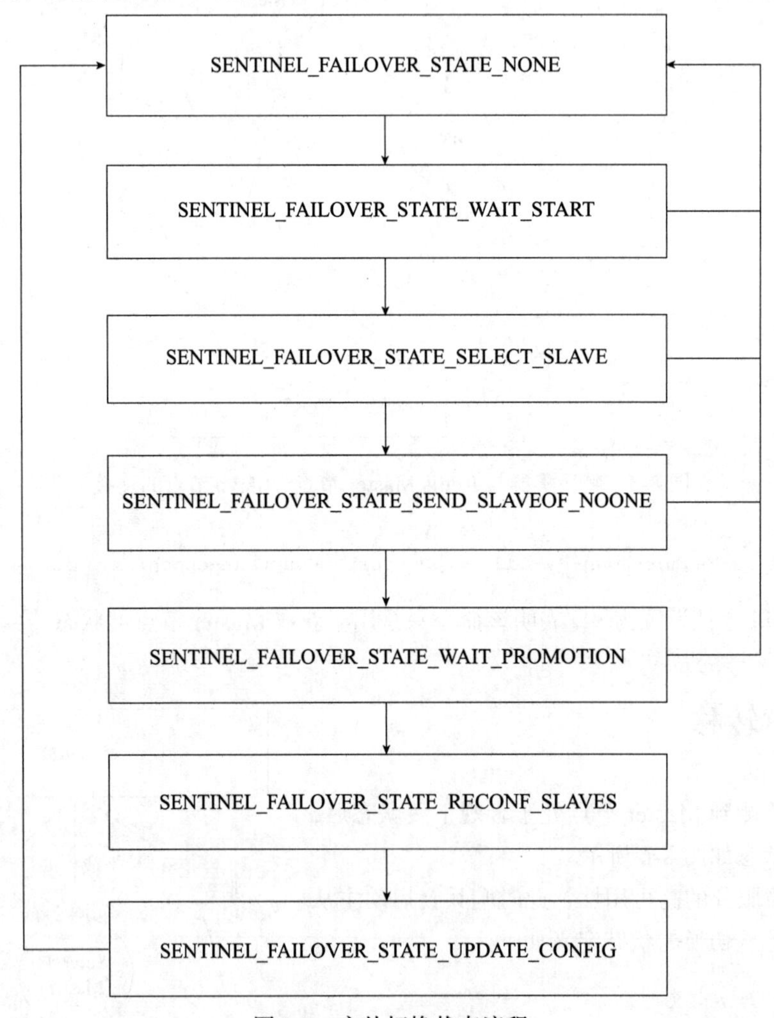

图 8-7 主从切换状态流程

当哨兵检测到 Master 节点处于客观下线状态后，首先会将自身的状态改为 SENTINEL_FAILOVER_STATE_WAIT_START，之后会发送 Sentinel 命令给其他监听这个 Master 节点的哨兵，开始进行 Leader 节点选举，命令格式如下。

```
Sentinel Is-Master-Down-By-Addr <ip> <port> <current-epoch> <runid>
```

此时runid会被设置为当前哨兵的ID。哨兵选举是基于Raft算法的，限于篇幅，这里只介绍其核心思想，关于其他细节，读者可以查阅Raft算法的相关内容。

（1）哨兵Leader选举

哨兵Leader选举的主要流程如下。

1）Master节点处于客观下线状态后，修改自身状态，并将自身纪元加1，向其他哨兵发起Leader选举投票请求。其他哨兵并不是立即执行Leader选举投票，而是会等待一段时间，等待时间包含一定的随机值，这样能够避免多个哨兵同时发起Leader投票请求。

2）在一个纪元内，每个哨兵只能投1票，哨兵可以投票给自己。投票后，在一定时间内，该哨兵不可以主动发起Leader选举，要求其他哨兵选择自己作为新的Leader。

3）当某个哨兵获得的票数超过半数，并且满足quorum要求后，该哨兵才可以当选为Leader。如果没有哨兵满足条件，则本轮选举失败，进入下一个纪元，重新选举。每个哨兵的等待时间也会包含一定的随机值，以减少选举的冲突。

选择出Leader哨兵后，Leader哨兵首先会将当前切换状态更改为SENTINEL_FAILOVER_STATE_SELECT_SLAVE，即开始选择一台从服务器作为新的主服务器，对于包含多个从服务器的情况，该如何选择呢？

（2）Redis的选主规则

Redis的选主规则如下。

1）如果该Slave节点处于主观下线状态，则不能被选中。

2）如果该Slave节点在5s内没有有效回复ping命令或者与主服务器断开时间过长，则不能被选中。

3）如果slave-priority为0，则相应Slave节点不能被选中（slave-priority可以在配置文件中指定，取正整数，值越小，优先级越高，当指定为0时，不能被选为主服务器）。

4）在剩余Slave节点中比较优先级，优先级高的被选中；如果优先级相同，则有较大复制偏移量的被选中；否则按字母顺序选择排名靠前的Slave节点。

选好新的Master节点之后，哨兵需要将当前状态更改为SENTINEL_FAILOVER_STATE_SEND_SLAVEOF_NOONE，并且在下一次时间任务调度时执行该步骤。该状态需要把选择的Slave节点切换为Master节点，即哨兵向该Slave节点发送如下命令。

```
// 启动事务
Multi
// 将该服务器设置为主服务器
Slaveof No One
// 将配置文件重写
Config Rewrite
// 关闭连接到这个服务器的客户端连接(客户端重连后会重新获取Master节点信息)
Client Kill Type Normal
// 执行事务
Exec
```

执行完这一步骤后，哨兵就可以将状态转换为 SENTINEL_FAILOVER_STATE_WAIT_PROMOTION。本次发送了 Slaveof No One 命令后，并没有立即处理 Redis 实例返回，而是等待下一次执行 info 命令。如果 info 命令返回这个 Redis 实例的 Role 为 Master 时，就说明这个步骤已经执行成功，便将状态转换为 SENTINEL_FAILOVER_STATE_RECONF_SLAVES。此时，新 Master 选出后的集群整体状态如图 8-8 所示。

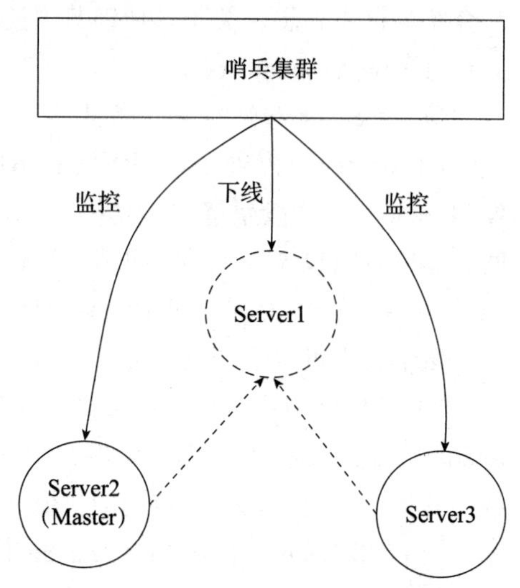

图 8-8　新 Master 选出后的集群整体状态

在 SENTINEL_FAILOVER_STATE_RECONF_SLAVES 之前，如果切换超时，则哨兵可以放弃本次切换，从第一步重新开始；但是如果进行到这个步骤之后，便只能继续执行。执行到 SENTINEL_FAILOVER_STATE_RECONF_SLAVES 之后，哨兵便依次向其他的从服务器发送 Master 切换指令，命令格式如下。

```
// 启动事务
Multi
// 要求其他Slave更新自己的Master信息
Slaveof IP Port
// 将配置文件重写
Config Rewrite
// 关闭连接到这个服务器的客户端连接(客户端重连后会重新获取Master节点信息)
Client Kill Type Normal
// 执行事务
Exec
```

哨兵根据配置项 parallel-syncs 决定一次向几个从服务器发送 Master 切换命令。当所有从服务器都完成 Master 切换后，哨兵就会将状态更新为 SENTINEL_FAILOVER_STATE_UPDATE_CONFIG，故障转移完成后的集群状态如图 8-9 所示。

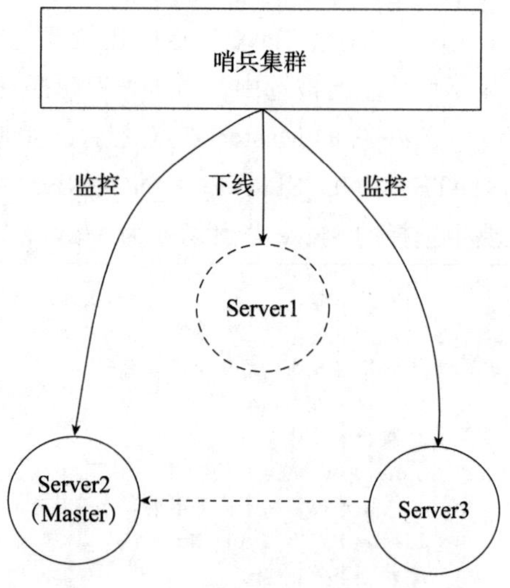

图 8-9　故障转移完成后的集群状态

在这一状态下，哨兵会将旧 Master 节点也设置为新 Master 节点的从服务器，因为此时旧 Master 节点已经处于下线状态，这里会进行标记。当旧 Master 节点重新上线之后，哨兵就会将其设置为新 Master 的从节点。这些完成之后，就会将状态更新为 SENTINEL_FAILOVER_STATE_NONE，至此主从切换完成。

（3）问题归纳

这里再看下 8.1 节提出的几个问题。

1）哨兵需要与监测的 Master 节点、Master 节点对应的 Slave 节点、监听同一个 Master 节点的哨兵保持通信，这是不是意味着，哨兵启动时，需要指定这些信息？

答：哨兵启动只需要指定 Master 节点即可，哨兵会通过 info 命令从 Master 节点获取其所属的 Slave 节点信息。因为哨兵会定期通过 publish 命令广播自身信息，故哨兵之间可以通过订阅 __sentinel__:hello 频道相互感知。

2）如果哨兵不需要处理 Get、Set 等常规 Redis Server 命令，那么哨兵的启动过程与常规的 Redis Server 启动有何不同？

答：哨兵启动时会使用哨兵特定命令替换 Redis Server 的默认命令，哨兵不提供数据存储功能，但是可以通过哨兵获取 Master 节点、Slave 节点及其他哨兵等的状态信息。

3）哨兵如何判断自己监测的 Master 节点出现了故障，哨兵本身会不会误判？

答：单个哨兵是可能误判的，Redis 设计了主观下线及客观下线，只有当 Master 节点处于客观下线状态时，才会启动主从切换。

4）哨兵是怎么完成故障 Master 节点切换的，如果切换过程出现了问题，该如何解决？

答：在将主从状态切换为 SENTINEL_FAILOVER_STATE_RECONF_SLAVES 之前时，哨兵会进行超时检测，出现问题后，会放弃本次切换，重新开始；在切换到 SENTINEL_FAILOVER_STATE_RECONF_SLAVES 状态后，则哨兵只能继续进行，直到完成本次切换。

5）如果过一段时间后故障 Master 节点又能正常提供服务了，该如何重新提供服务？

答：在主从切换完成后，旧 Master 节点会变成新 Master 节点的从服务器，旧 Master 节点恢复后，需要先重新 Master 节点同步数据，完成后即可正常提供服务。

8.6 小结

哨兵是 Redis 实现高可用的解决方案，哨兵可以监测 Redis Master 节点的工作状态，当 Master 节点出现故障时，哨兵可以自动完成主从切换。本章首先介绍了 Redis 哨兵的部署结构，之后详细介绍了哨兵的工作原理：哨兵通过与 Master 节点建立的命令连接，获取 Master 节点对应的 Slave 节点信息，并且通过命令连接进行探活及周期性的广播自身信息。除此之外，哨兵通过订阅 __sentinel__:hello 频道，进而获取监听这个 Master 节点的其他哨兵信息，并与其他哨兵建立命令连接，用于后续 Master 节点故障时的选举及故障转移。最后，本章也详细介绍了故障转移的状态转换流程。通过本章的学习，读者可以深入理解 Redis 哨兵的工作原理，有助于读者更好地使用 Redis。

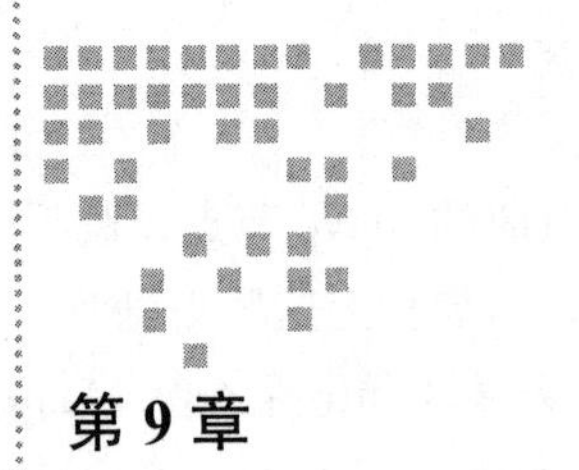

Chapter 9 第9章

集 群

第7章和第8章分别介绍了主从复制和哨兵机制，有了这两块基石，单实例的Redis高可用性就有保障了。然而，一个实例的性能和容量毕竟有限，如何在多机下也保证高可用性呢？集群（Redis Cluster）是Redis为解决高可用问题而引入的分布式存储方案。Redis 3.0正式推出了Redis Cluster这一官方解决方案。在这之前，业界主流的Redis集群方案主要为Codis和Twemproxy，两者都是通过proxy实现的集群。前者是由Twitter开源的集群化方案，实现了基本的请求转发功能，但不支持在线扩容、缩容等功能。后者为豌豆荚的中间件团队开发的一套Redis集群方案，除请求转发功能之外，还实现了在线数据迁移、节点扩容/缩容、故障自动恢复等功能。

相比Codis和Twemproxy，Redis原生集群方案是一个去中心化的方案，它包含多个节点，分为主节点和从节点两类，且不包含proxy节点。图9-1是一个典型的集群部署方案。

如图9-1所示，该集群有三个主节点，每个主节点各挂一个从节点，三主三从共同构成了该集群。

Redis将数据分散在多个节点：一方面增大了存储容量，并支持横向扩容；另一方面由于每个主节点都能提供读写服务，进一步提高了集群的响应能力。

初步了解集群后，相信读者会有以下疑问。

1）多个主节点，数据该如何分布？

2）在Redis集群中，节点间如何通信？

3）端如何向集群发起请求（客户端并不知道某个数据应该由哪个节点提供服务）？

4）某个节点发生故障之后，该节点服务的数据又该如何处理？

下面一一解答以上问题。

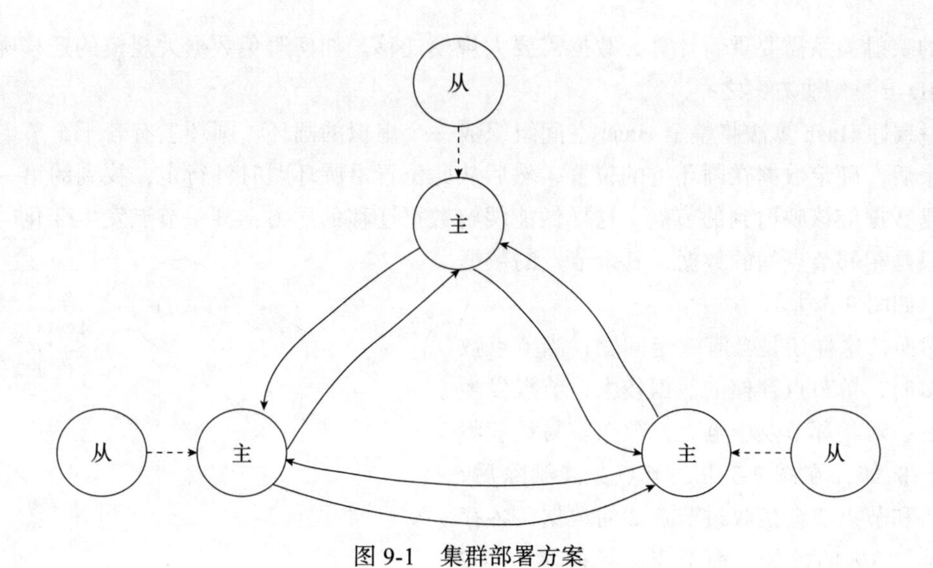

图 9-1 集群部署方案

9.1 数据分区

集群中的数据分散存储于若干个节点上，如何分布数据是存储的核心。在 Redis Cluster 中，最重要的分区概念是 slot（槽）。为了理解 slot，先介绍一个概念：一致性 Hash 分区。

数据分区有顺序分区、Hash 分区等，其中 Hash 分区由于其天然的随机性，使用广泛。Hash 分区符合大家的逻辑：对数据的特征值进行 Hash 计算，然后根据 Hash 值决定数据落在哪个节点。

在 Redis Cluster 中，我们可以先计算出 key 对应的 Hash 值，再对节点数量取余，从而决定数据存储位置，最终将 key 映射至不同节点，此时 Hash 分区如图 9-2 所示。

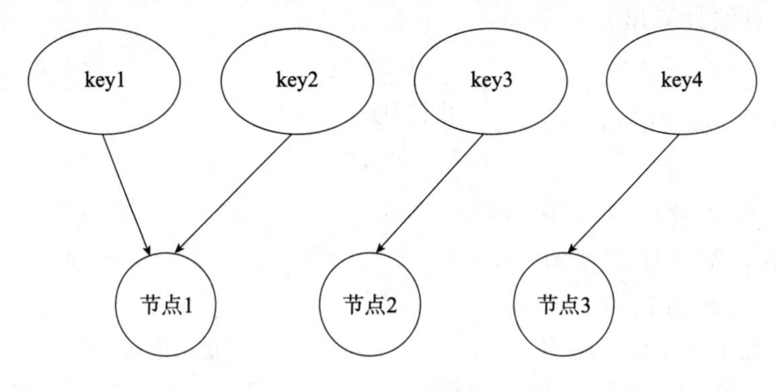

图 9-2 Hash 分区

然而，该方案有一个最大的问题，即一旦节点数量发生变化（新增节点或删除节点），所有的映射关系需要重新计算，数据需要大规模迁移。如何避免数据大规模的迁移呢？一致性 Hash 是解决方案之一。

一致性 Hash 算法将整个 Hash 空间组织成一个虚拟的圆环，圆环上有若干个节点，数据取余后，确定数据在圆环上的位置，然后从此位置沿圆环顺时针行走，找到的第一个节点就是数据应该映射到的节点。这样做能缓解数据迁移的压力：某一节点发生变化时，影响的只是相邻节点间的数据，其余节点的数据不变，如图 9-3 所示。

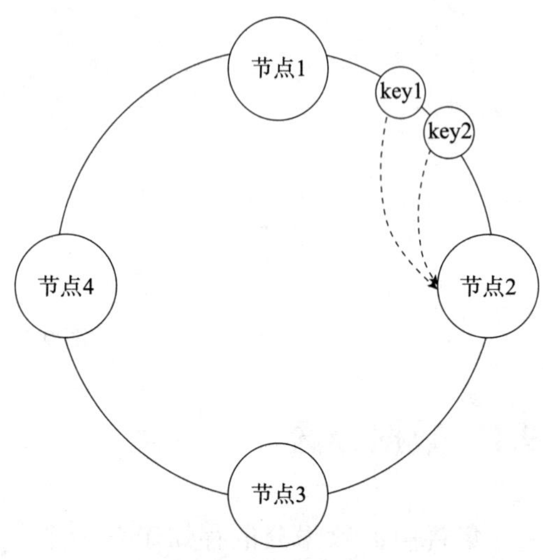

图 9-3 一致性 Hash

然而，这样还是会有一定问题：当节点数量不多时，单节点存储的数据较大，节点发生变化后，对相邻节点影响大，数据容易负载不均衡。例如，在图 9-3 中，节点 2 被删除后，节点 1 和节点 3 会接收过节点 2 的数据，各存储节点 2 3/8 的数据，而节点 4 只存储节点 2 1/4 的数据。

我们可以引入虚拟节点的概念：圆环上的节点不再是实际的节点，而是虚拟节点，虚拟节点与实际节点还有一层映射关系，这样可以进一步平衡数据负载。这便是 Redis Cluster 方案。在图 9-4 中，我们将两个实际节点分为 4 个虚拟节点，若虚拟节点 2 被删除后，key1 和 key2 会迁移至虚拟节点 3，但实际上依旧存储在实际节点 2 中，数据并未倾斜。

在 Redis Cluster 中，slot 便是虚拟节点，共有 16384（2^{14}）个，通过如下算法计算出 key 所对应的 slot。

```
HASH_SLOT = CRC16(key) mod 16384
```

客户端可以请求任意一个节点，每个节点都会保存所有 16384 个 slot 具体映射到哪一个节点的信息。如果一个 key 所属的 slot 正好由被请求的节点提供服务，则直接处理并返回结果，

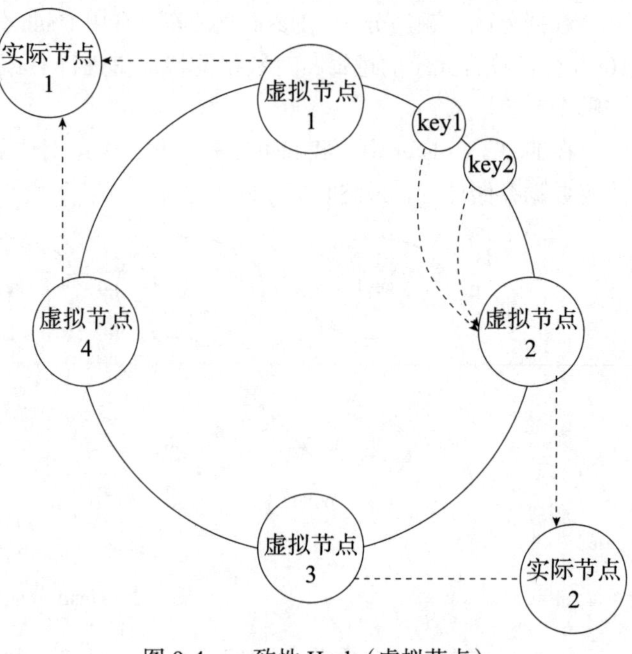

图 9-4 一致性 Hash（虚拟节点）

否则返回MOVED重定向信息，具体代码如下。

```
GET key
-MOVED slot IP:PORT
```

-MOVED slot IP:PORT由-MOVED开头，接着是该key计算出的slot，然后是该slot对应到的节点IP和端口。客户端应该处理该重定向信息，并且向拥有该key的节点发起请求[⊖]。

当集群由于节点故障或者扩容导致重新分片后，客户端可以首先通过重定向获取数据，其次每次发生重定向后，客户端可以将新的映射关系进行缓存，下次仍然可以直接向正确的节点发起请求。

那么客户端又该如何发起请求呢？集群中的数据在进行分片之后分散到不同的节点，即每个主节点的数据都不相同。在此种情况下，为了消除单点故障，主服务必须挂载至少一个从服务。客户端可以向任意一个主节点或者从节点发起请求，当客户端向从节点发起请求时，从节点会返回MOVED信息重定向到相应的主节点。

注意： 在Redis Cluster中，客户端只能在主节点执行读写操作，如果需要在从节点中进行读操作，则需要满足如下条件。

①在客户端中执行readonly命令。

②如果一个key所属的slot是由主节点A提供服务，则请求该key时可以向A所属的从节点发起读请求。该请求不会被重定向到主节点。

当一个主节点发生故障后，其挂载的从节点会切换为主节点并继续提供服务。

最后，当一条命令需要操作的key分属于不同的节点时，Redis会报错。Redis提供了hash tags机制，当需要进行多个key的处理时，由业务方保证将所有key分布到同一个节点，该机制实现原理如下。

如果一个key包括{substring}，则计算slot时只计算“{”和“}”之间的子字符串，即keys{substring}1、keys{substring}2、keys{substring}3。计算slot时只会以括号中的substring字符串为key，这样可以保证这3个字符串会分布到同一个节点。

9.2 通信机制

9.2.1 维护元数据的方案

集群要作为一个整体工作，离不开节点之间的通信。节点除了维护自身存储的数据外，

⊖ 在实际应用中，Redis客户端可以向集群请求slot和节点的映射关系并缓存，然后在本地计算要操作的key所属的slot，查询映射关系，直接向正确的节点发起请求，这样可以获得几乎等价于单节点部署的性能。

还需要维护一份元数据（包括当前整个集群的状态、其他节点的IP地址等）。元数据在集群的各个节点中实时同步。维护这类元数据的方案目前有两大类：集中式和分散式。

1. 集中式

集中式的方案一般会通过单独的proxy节点或其他中间件来维护元信息。元信息更新后，proxy节点会第一时间感知到变化，并广播式地通知其他所有数据节点。在Redis Cluster的官方方案出现之前，Codis、Twemproxy等第三方实现均采用这类方案。

集中式方案的元数据更新时效性较好，实现简单，如图9-5所示。然而，因为元数据的更新压力都集中在了proxy上，这对proxy节点的可用性提出了更高的要求。为了解决proxy的单点问题，这类方案往往需要再维护一个proxy集群。

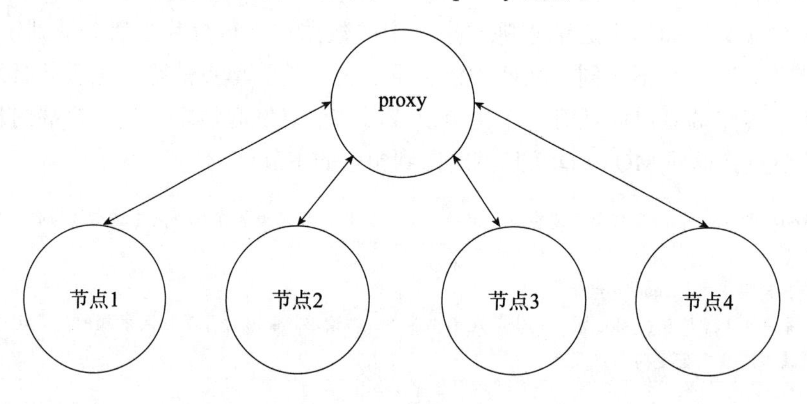

图9-5 集中式

2. 分散式

分散式方案会将元数据维护在所有节点上，它是一个去中心化的方案，如图9-6所示。不同节点之间不断地相互通信以维护元数据。

分散式方案更新元数据时，不是一个节点集中更新，而是多个节点陆续更新，分散了更新请求，减轻了更新的压力，但这也会导致更新不会立即生效，而是有一定时延，且实现起来更复杂。

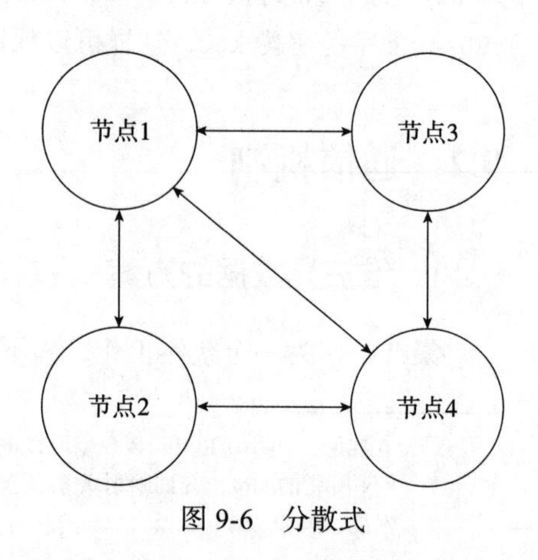

图9-6 分散式

Redis Cluster使用分散式方案来维护元数据。具体来说，Redis Cluster使用了Gossip协议。顾名思义，Gossip协议利用一种随机、带有传染性的方式，将信息传播到整个网络中，并在一定时间内使得系统内的所有节点数据一致。当集群中的某一节点收到元数据的变更通知后，它会从与自己相连的节点列表中随机地选择几个节点转发通知。每个节点可能知道所有其他节点，也可能仅知道几个相邻节点，但只要这些节点可以通过网络连通，最终它们的状态都是一致的。

有别于普通的数据端口，Redis Cluster 中的节点有专门的集群端口来处理集群消息。端口号是普通端口 +10000，且集群端口只用于节点之间的通信。

9.2.2 通信数据的类型

消息类型在 Redis Cluster 中有以下几类，定义在了 src/cluster.h 中，具体如下。

```
#define CLUSTERMSG_TYPE_PING 0             //ping包
#define CLUSTERMSG_TYPE_PONG 1             //pong包
#define CLUSTERMSG_TYPE_MEET 2             //meet包
#define CLUSTERMSG_TYPE_FAIL 3             //fail包
#define CLUSTERMSG_TYPE_PUBLISH 4          //publish包
#define CLUSTERMSG_TYPE_FAILOVER_AUTH_REQUEST 5  //failover授权请求包
#define CLUSTERMSG_TYPE_FAILOVER_AUTH_ACK 6     //failover授权确认包
#define CLUSTERMSG_TYPE_UPDATE 7           //update包
#define CLUSTERMSG_TYPE_MFSTART 8          //手动failover包
define CLUSTERMSG_TYPE_MODULE 9            //模块相关包
#define CLUSTERMSG_TYPE_COUNT 10           //计数边界
```

在消息类型中，5、6 和 8 这 3 种包只有包头没有包体，其余包都由包头和包体两部分组成。包头格式相同，包体内容根据具体的类型填充。

包的结构体定义如下。

```
typedef struct {
    char sig[4];          //固定为RCMB（Redis Cluster Message Bus）
    uint32_t totlen;      //消息总长度
    uint16_t ver;         //协议版本，当前设置值为1
    uint16_t port;        //发送方监听的端口
    uint16_t type;        //包类型
    uint16_t count;       //data中的gossip section个数（由ping、pong、meet包使用）
    uint64_t currentEpoch;  //发送方节点记录的集群当前纪元
    uint64_t configEpoch;
    //发送方节点对应的配置纪元（如果为从服务，则为该从服务所对应的主服务的配置纪元）
    //如果为主服务，该值表示复制偏移量。如果为从服务，该值表示从服务已处理的偏移量
    uint64_t offset;
    char sender[CLUSTER_NAMELEN];      //发送方名称，40B
    unsigned char myslots[CLUSTER_SLOTS/8];
    //发送方提供服务的slot映射表（如果为从服务，则为该从服务所对应的主服务提供的slot映射表）
    char slaveof[CLUSTER_NAMELEN];//发送方如果为从服务，则该字段为对应的主服务的名称
    char myip[NET_IP_STR_LEN];     //发送方IP
```

```
    char notused1[34];          //预留字段
    uint16_t cport;             //发送方监听的cluster bus端口
    uint16_t flags;             //发送方节点的flags
    unsigned char state;        //发送方节点所记录的集群状态
    unsigned char mflags[3];    //目前只有mflags[0]会在手动设置failover时使用
    union clusterMsgData data;  //包体内容
} clusterMsg;
```

包结构体最后一个字段data为具体的包体内容，其结构体定义为union clusterMsgData，是一个联合体，根据包的类型决定存储什么内容，其定义如下。

```
union clusterMsgData {
    struct {
        clusterMsgDataGossip gossip[1];
    } ping;//ping包内容(pong包、meet包也复用该结构)，是clusterMsgDataGossip类型的数组，
          //数组大小在使用时确定和分配
    struct {
        clusterMsgDataFail about;
    } fail;//fail包内容
    struct {
        clusterMsgDataPublish msg;
    } publish;//publish包内容
    struct {
        clusterMsgDataUpdate nodecfg;
    } update;//update包内容
    struct {
        clusterMsgModule msg;
    } module;//module包内容
};
```

接收到包之后，需要根据包头取出type字段，以决定如何解析包体。下面先介绍ping包。

1. ping包格式

节点通过ping消息交换元数据。每个节点每秒会执行10次ping操作，每次选择5个最久未通信的节点。ping消息会包含若干个从当前发送节点视角出发所记录的关于其他节点（其他节点包括发送者本身）的状态信息，包括节点名称、IP地址、状态及监听地址等。接收方可以据此发现集群中其他节点或者进行错误发现。ping包由一个包头和多个gossip section组成。图9-7为ping消息格式。

注意： flags字段标识一个节点的当前状态。例如，当前节点是Master节点还是Slave节点，是否处于pfail或fail状态等。

sig	固定为RCMB
tollen	总长度
ver	固定为1
port	监听端口
type	ping包为0
count	gossip section个数
currentEpoch	当前纪元
configEpoch	配置纪元
offset	复制偏移量
sender	发送方名称
myslots	发送方服务的slot
slaveof	发送方对应的主服务名称
myip	发送方的IP地址
notusedl	预留
cport	发送方的集群通信端口
flags	发送方的标记位
state	发送方记录的集群状态
mflags	未使用
gossip section	数据包内容
gossip section	
……	
gossip section	

gossip section

nodename	节点名称
ping_sent	发送ping的时间
pong_received	接收pong的时间
ip	节点IP地址
port	节点监听地址
cport	节点监听集群通信地址
flags	节点状态flags
notusedl	预留

图 9-7　ping 消息格式

2．meet 包格式

节点通过发送 meet 消息，让新节点加入集群。

消息格式同 ping 包，只是将包头中的 type 字段写为 CLUSTERMSG_TYPE_MEET(2)。当执行 cluster meet ip port 命令之后，执行端会向 ip:port 指定的地址发送 meet 消息，连接建立之后，会定期发送 ping 消息。

3．pong 包格式

当节点收到 ping 消息或 meet 消息后，会回复 pong 消息。pong 消息格式同 ping，也会包含从当前节点视角出发所记录的关于其他节点的状态信息。除此之外，当进行主从切换之后，新的主节点会向集群中所有节点直接发送一个 pong 包，通知主从切换后节点角色的转换。

4．fail 包格式

fail 包的包体部分只有一个 nodename 字段，记录被标记为 fail 状态的节点。当 A 节点进入 fail 状态时，首个发现 A 节点进入 fail 状态的 B 节点会发送 fail 消息给其他所有节点（B 节点已知的所有节点），通知 A 节点已经进入 fail 状态。当一个主节点进入 fail 状态后，该主节点的从节点会要求进行切换。fail 消息格式如图 9-8 所示。

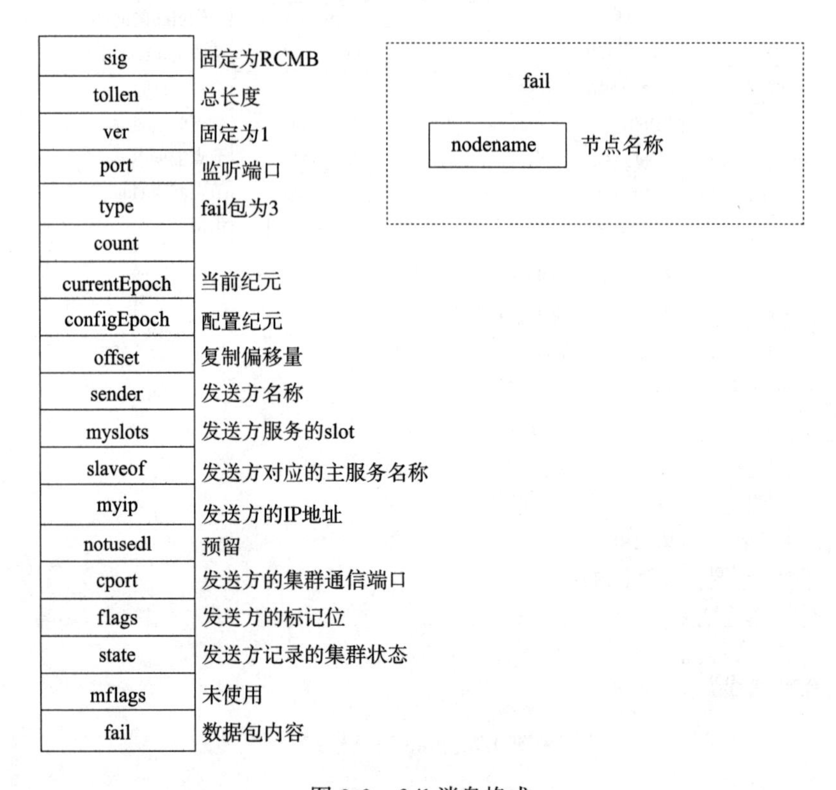

图 9-8　fail 消息格式

5．update 包格式

update 消息适用于一种特殊更新的情况：A 节点发送了一个 ping 消息给 B 节点，声明 A 节点给 slot 1000 提供服务，并且 ping 消息中的 configEpoch 为 1。B 节点收到该 ping 消息后，发现 B 节点本地记录的 slot 1000 由 A1 提供服务，并且 A1 的 configEpoch 为 2，大于 A 节点的 configEpoch。此时 B 节点会向 A 节点发送一个 update 消息，而不是 pong 消息。返回结果会包含 A1 的配置纪元、节点名称及所提供服务的 slot，通知 A 节点更新自身的信息。update 消息格式如图 9-9 所示。

6．publish 包格式

当向集群中任意一个节点发送 publish 消息后，该节点会向集群中所有节点广播一条 publish 消息。publish 消息格式如图 9-10 所示。

sig	固定为RCMB
tollen	总长度
ver	固定为1
port	监听端口
type	update包为7
count	
currentEpoch	当前纪元
configEpoch	配置纪元
offset	复制偏移量
sender	发送方名称
myslots	发送方服务的slot
slaveof	发送方对应的主服务名称
myip	发送方的IP地址
notusedl	预留
cport	发送方的集群通信端口
flags	发送方标记位
state	发送方记录的集群状态
mflags	未使用
update	数据包内容

update

configEpoch	配置纪元
nodename	节点名称
slots	服务的slot

图 9-9　update 消息格式

sig	固定为RCMB
tollen	总长度
ver	固定为1
port	监听端口
type	publish包为4
count	
currentEpoch	当前纪元
configEpoch	配置纪元
offset	复制偏移量
sender	发送方名称
myslots	发送方服务的slot
slaveof	发送方对应的主服务名称
myip	发送方的IP地址
notusedl	预留
cport	发送方的集群通信端口
flags	发送方标记位
state	发送方记录的集群状态
mflags	未使用
publish	数据包内容

publish

channel_len	渠道名称长度
message_len	消息长度
bulk_data	渠道和消息内容

图 9-10　publish 消息格式

7. failover授权请求包格式

当A节点需要执行主从切换操作时，A节点向集群中的其他节点发起授权请求，该请求包即failover授权请求包。当集群中大部分主节点授权给某个从节点之后，该从节点就可以开始进行主从切换。主从切换的细节不在此处展开。failover授权请求包只有包头，没有包体，消息格式如图9-11所示。

sig	固定为RCMB
tollen	总长度
ver	固定为1
port	监听端口
type	auth request包为5
count	
currentEpoch	当前纪元
configEpoch	配置纪元
offset	复制偏移量
sender	发送方名称
myslots	发送方服务的slot
slaveof	发送方对应的主服务名称
myip	发送方的IP地址
notusedl	预留
cport	发送方的集群通信端口
flags	发送方的标记位
state	发送方记录的集群状态
mflags	未使用

图9-11 failover授权请求消息格式

8. failover授权包格式

failover授权包格式同failover请求授权包，只是包头中的type字段为CLUSTERMSG_TYPE_FAILOVER_AUTH_ACK(6)。当一个主节点收到请求授权消息后，它会根据一定的条件决定是否给发送节点发送一个failover授权响应消息，条件如下。

1）如果请求授权消息中的currentEpoch小于当前节点记录的currentEpoch，则不授权。

2）已经授权过相同currentEpoch的其他节点，则不再授权。

3）对同一个主从切换操作，若上次授权时间距离现在小于两倍的node timeout（节点超时时间，在配置文件中指定），则不再进行授权。

4）从节点所声明的所有slot的configEpoch必须大于等于所有当前节点记录的slot对应的configEpoch，否则不授权。

当符合上述所有条件后，接收节点才会发送failover授权消息给发送节点。

9. mfstart包格式

与failover授权请求包类似，mfstart包只有包头，包头中的type字段为CLUSTERMSG_TYPE_MFSTART(8)。在一个从节点输入cluster failover命令之后，该从节点会向对应的主节点发送mfstart消息，提示主节点开始进行手动切换。

9.3 代码流程

首先看一个典型的Redis集群配置：

```
port 7000 //监听端口
cluster-enabled yes//是否开启集群模式
cluster-config-file nodes7000.conf//集群中该节点的配置文件
cluster-node-timeout 5000//节点超时时间，超过该时间之后会被认为处于故障状态
daemonize yes
```

7000端口用于处理客户端请求。除了7000端口，Redis集群中每个节点会起一个新的端口（默认为监听端口加10000，本例中为17000），用来和集群中其他节点进行通信。cluster-config-file指定的配置文件需要有可写权限，用来持久化当前节点的状态。

9.3.1 初始化

节点可以直接使用redis-server命令启动，代码如下。

```
redis-server /path/to/redis-cluster.conf
```

执行该条命令后，redis-server中具体的代码流程如下。

```
main(){
    ......
    if (server.cluster_enabled) clusterInit();
    ......
}
```

clusterInit函数会加载配置并且初始化一些状态指标。监听集群通信端口。除此之外，该函数执行了如下一些回调函数的注册。

1）集群通信端口建立监听后，注册回调函数clusterAcceptHandler。当节点之间互相建立连接时，首先由该函数进行处理。

2）当节点之间建立连接后，为新建立的连接注册读事件的回调函数clusterReadHandler。

3）当有读事件发生时，当clusterReadHandler会在读取到一个完整的包体后，调用clusterProcessPacket解析具体的包体。9.2节介绍的集群之间通信的数据包的解析都在该函数内完成。

9.3.2 定时任务

类似哨兵，Redis处理时间任务的serverCron函数会调度集群的周期性函数，代码如下。

```
serverCron(){
        if (server.cluster_enabled) clusterCron();
}
```

clusterCron函数执行如下操作。

1）向其他节点发送meet消息，将其加入集群。

注意： 当在一个集群节点A执行CLUSTER MEET ip port命令时，clusterCron函数会将ip:port指定的B节点加入该集群。该命令执行时只是将B节点的ip:port信息保存到A节点中，然后在clusterCron函数中为A节点和IP:PORT指定的B节点建立连接并发送meet类型的数据包。

2）每1s会随机选择一个节点，发送ping消息。

3）如果一个节点在超时时间之内仍未收到ping消息的响应（cluster-node-timeout配置项指定的时间），则本节点将其标记为pfail（Possible failure）。

注意： 在Redis集群中，节点的故障状态有两种。其中一种为pfail，如果A节点未在指定时间内收到B节点对ping包的响应，则A节点会将B节点标记为pfail。当大多数Master节点确认B节点处于pfail状态之后，就会将B节点标记为fail。fail状态的节点才需要执行主从切换。

4）检查是否需要进行主从切换，如果需要，则执行切换。

5）检查是否需要进行副本漂移，如果需要，则执行副本漂移操作。

Redis除了在serverCron中进行调度之外，在每次进入事件循环之前，会在beforeSleep函数中执行一些操作，代码如下。

```
beforeSleep(){
  if (server.cluster_enabled) clusterBeforeSleep();
}
```

clusterBeforeSleep函数会执行如下操作。

1）检查主从切换状态，如果需要，执行主从切换相关操作。

2）更新集群状态，通过检查是否所有slot都有相应的节点提供服务以及是否大部分主服务都是可用状态，以此决定集群处于正常状态还是下线状态。

3）刷新集群状态到配置文件。

可以看到，clusterCron函数和clusterBeforeSleep函数都会进行主从切换相关状态的判断，如果需要进行主从切换，还会进行切换相关的操作。在后续章节中，我们会具体分析如何切换。

在Redis Cluster中，核心的数据结构主要为clusterNode和clusterState。前者存储着节点的状态信息，每个节点记录自己节点和集群中其他节点的信息（定时同步）；后者存储着当前节点视角下集群的全局信息。

clusterState函数的结构如下。

```
typedef struct clusterState {
    clusterNode *myself;
    uint64_t currentEpoch; //配置纪元，更新后加1
    int state;              //集群状态
    int size;               //集群中的节点个数，节点需包含至少一个slot
    dict *nodes;            //集群中的节点信息存储在该字典中，字典的key为节点名称，字典的
                              value为节点指针
    ......
    /*主从切换相关属性*/
    mstime_t failover_auth_time; /*下次发起投票的时间点*/
    int failover_auth_count;    /* 从节点本轮投票收到的总投票数*/
    int failover_auth_sent;     /* 开始投票标志， true代表开始*/
```

```
    int failover_auth_rank;    /*从节点排序*/
    uint64_t failover_auth_epoch; /* 本轮投票纪元*/
    int cant_failover_reason;    /*当前从节点无法发起投票的原因*/
    mstime_t mf_end;      /*手动切换结束时间, 0代表未开始。在切换时间内会阻塞请求*/
    clusterNode *mf_slave;       /* 主动执行主从切换的从节点*/
    long long mf_master_offset; /* 执行切换时主从节点的数据偏移量*/
    int mf_can_start;           /* 非0则表示可向其余主节点发起投票*/
    uint64_t lastVoteEpoch;    /* 最后一轮投票的集群纪元*/
    ……
    long long stats_pfail_nodes;      /*状态为pfail的节点数*/
} clusterState;
```

clusterNode 结构如下。

```
typedef struct clusterNode {
    mstime_t ctime; /* 节点创建时间*/
    sds slots_info; /* slot信息*/
    int numslots;    /* 当前节点的slot数量 */
    int numslaves;  /* 从节点数量（若当前节点为主节点） */
    struct clusterNode **slaves; /* 从节点指针*/
    struct clusterNode *slaveof; /* 主节点指针*/
    mstime_t ping_sent;         /*最近一次发送ping消息的时间 */
    mstime_t pong_received;   /*最近一次收到pong消息的时间 */
    mstime_t data_received;   /*最近一次收到消息的时间*/
    mstime_t fail_time;        /* 本节点最后一次置为fail的时间*/
    mstime_t voted_time;       /* 最近一次投票时间*/
    ……
    int port;                      /*端口号*/
    int cport;                     /* 集群端口号*/
    clusterLink *link;              /* 节点的TCP/IP连接 */
    list *fail_reports;             /* 将本节点标记为pfail的节点列表*/
} clusterNode;
```

集群的通信依赖以上两个重要的数据结构。在主从切换的实现中，我们能更深入地体会到这一点。

9.4 主从切换

当一个节点故障时，集群需要将这个节点标记为异常，并自动进行下线处理。这里与哨兵的处理类似，不同之处在于，如今每一个节点都是“哨兵”。异常的标记同样分为主观下线和客观下线。

1. 主观下线

A 节点发送 ping 消息给 B 节点，若 B 节点超时未回应，则 A 节点会将 B 节点标记为 pfail 状态，并在下一次发送 ping 消息时，告诉其他节点——B 节点被自己（A 节点）标记为了 pfail 状态。此时，B 节点在 A 节点的视角下为主观下线。

2．客观下线

C 节点收到 A 节点发送的、携带着 B 节点为 pfail 状态的 ping 消息后，会做一次计算，判断 A 节点是否需要客观下线。在 C 的视角，同时满足以下条件，则 C 节点会向全部节点发起一次广播，同步 A 节点的状态为 fail，同步成功后，A 节点客观下线。

1）B 节点目前也被 C 节点标记为 pfail 状态。

2）集群中标记 B 节点为 pfail 状态的节点超过了总主节点数的一半。

注意： 若 C 节点自身未把 B 节点标记为 pfail，即使其余节点都标记 A 节点为 pfail，C 节点也不会主动发起广播，只会等待接收其他节点的广播消息。

当 B 节点的从节点在定时任务中检测到主节点状态为 fail 时，会自动执行主从切换。

当然，Redis 还提供了一种手动执行切换的方式，即执行 CLUSTER FAILOVER 命令。下面分别介绍这两种方式。

9.4.1 自动切换

主观节点下线后，从节点通过自动切换流程成为主节点。为便于描述过程，我们以图 9-12 所示集群为例。

其中，节点 1、节点 2、节点 3 为主节点，节点 2 为故障节点，节点 2x 为节点 2 的从节点。自动切换时序图如图 9-13 所示。

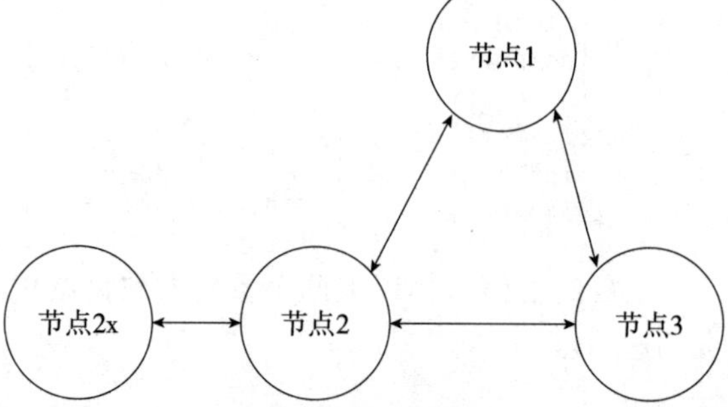

图 9-12 集群示意图

1．阶段 1：节点消息同步

此时节点 1 向节点 2、节点 3 分别发送 ping 消息，节点 3 正常响应 pong 消息，而节点 2 由于故障未返回 pong 消息。

2．阶段 2：主观下线和客观下线

在节点 1 下一个周期的 clusterCron 函数执行中，由于节点 2 未在规定时间内返回 pong 消息，节点 1 将节点 2 标记为 pfail 状态，并在下一次发送 ping 消息时，将节点 2 的状态同步给节点 3。

节点 3 收到节点 1 的 ping 消息后，会先更新自己视角下的节点 2 的状态。每个 clusterNode 中都有一个链表结构 fail_reports。fail_reports 记录着集群通信期间，所有对该节点进行 pfail 标记的节点列表。通过 clusterNodeAddFailureReport 方法，节点 3 将节点 1 加入节点 2 的 fail_reports 中。

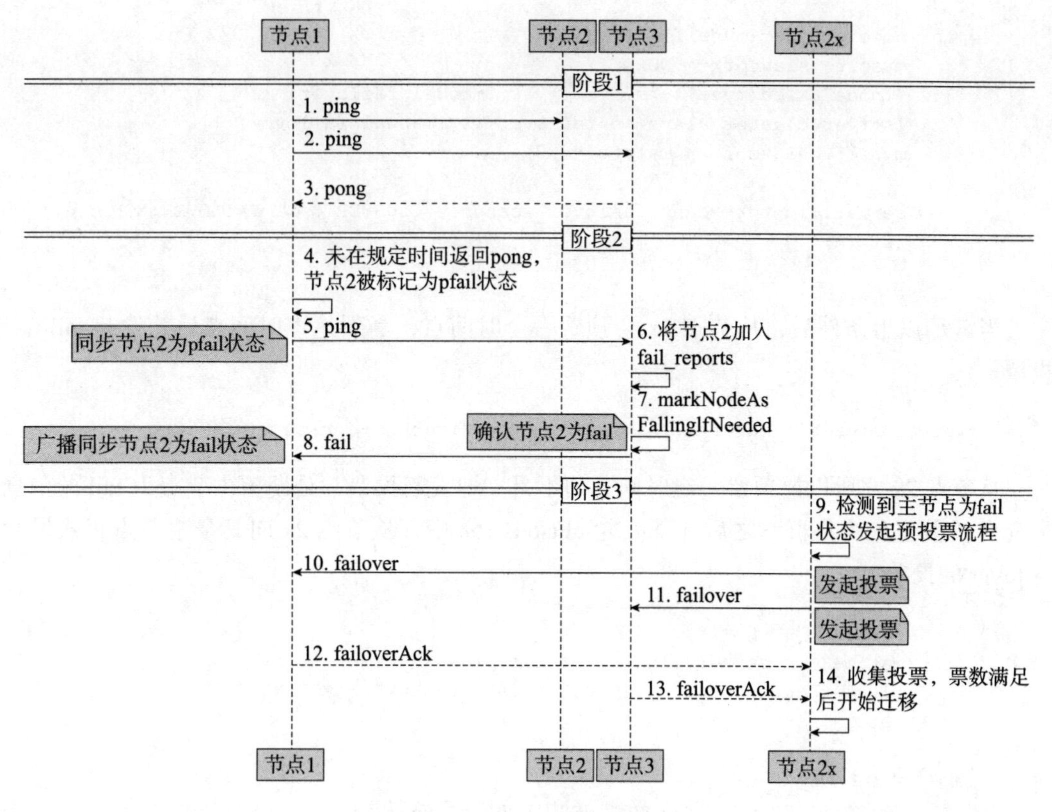

图 9-13 自动切换时序图

通过 markNodeAsFailingIfNeeded 方法继续校验节点 2，判断是否真的需要将节点 2 的状态置为 fail。判断逻辑为客观下线的判断逻辑。

确认节点 2 可被标记为 fail 后，节点 1 广播发送 fail 消息，其余节点收到广播消息后，将本节点视角下的节点 2 的状态置为 fail。

3. 阶段 3：主从切换

从节点 2x 在自己的 cluserCron 中检测到了主节点的状态为 fail，则开始为发起主从切换做准备。

这里从节点还不能直接切换，而是需要先向其余主节点发起 failover 申请，其余主节点过半同意后，才能真正开始切换。最终是否可以发起 failover，还需要一些判断。

```
void clusterHandleSlaveFailover(void) {
    ……
    /*需要满足以下条件才能发起failover申请
     * 1) 当前节点为从节点
     * 2) 主节点的状态为fail，或者当前操作为手动切换
     * 3)存在failover的配置
     * 4) 主节点负责的 slot 数量不为空 */
```

```
if (nodeIsMaster(myself) ||
    myself->slaveof == NULL ||
    (!nodeFailed(myself->slaveof) && !manual_failover) ||
    (server.cluster_slave_no_failover && !manual_failover) ||
    myself->slaveof->numslots == 0)
{
    server.cluster->cant_failover_reason = CLUSTER_CANT_FAILOVER_NONE;
    return;
}
```

当满足以上条件后，从节点 2x 会预置一个时间点，当到达该时间点后，发起 failover 投票。

```
server.cluster->failover_auth_time = mstime() +500 +  random() % 500;
```

从节点 2x 之所以要预留一定时间，而不是立即发起投票，是期望主节点为 fail 的消息能充分扩散至整个集群。之后在下一轮 clusterCron 中，从节点 2x 向其余主节点正式发起 failover 的投票。

```
/* 若没到预置时间，则不开始 */
  if (mstime() < server.cluster->failover_auth_time) {
      clusterLogCantFailover(CLUSTER_CANT_FAILOVER_WAITING_DELAY);
      return;
  }
/* 可以发起投票了 */
  if (server.cluster->failover_auth_sent == 0) {
      server.cluster->currentEpoch++;
      server.cluster->failover_auth_epoch = server.cluster->currentEpoch;
      serverLog(LL_WARNING,"Starting a failover election for epoch %llu.",
          (unsigned long long) server.cluster->currentEpoch);
      clusterRequestFailoverAuth();
      server.cluster->failover_auth_sent = 1;
      clusterDoBeforeSleep(CLUSTER_TODO_SAVE_CONFIG|
                           CLUSTER_TODO_UPDATE_STATE|
                           CLUSTER_TODO_FSYNC_CONFIG);
      return; /* 发起后等待其他节点回复 */
  }
```

注意： ① currentEpoch 为集群当前纪元，类似 Raft 算法中的 term，是一个递增的版本号。正常状态下，集群中所有节点的 currentEpoch 相同。每次选举时，从节点首先将 currentEpoch 加 1，然后进行选举。投票时，同一对主从节点的同一个 currentEpoch 只能投一次，防止多个从节点同时发起选举后难以获得大多数票。注意，currentEpoch 为所有主节点中配置纪元的最大值。

② configEpoch 为每个主节点的配置纪元。当因为网络分区导致多个节点提供冲突的信息时，通过 configEpoch 能够知道哪个节点的信息最新。

最终调用 clusterRequestFailoverAuth 函数向其余主节点发送 failover 授权请求。其余主节点收到节点的 failover 授权请求后，通过 clusterSendFailoverAuthIfNeeded 函数计算是否需要给从节点投票。

```
clusterProcessPacket(clusterLink *link) {
......
     else if (type == CLUSTERMSG_TYPE_FAILOVER_AUTH_REQUEST) {
        if (!sender) return 1;
        clusterSendFailoverAuthIfNeeded(sender,hdr);
    }
......
}
```

clusterSendFailoverAuthIfNeeded 函数判断的主要逻辑如下。

1）当前节点为主节点，且至少含有一个 slot 才有投票的权利。

2）failover 授权请求中的 currentEpoch 需大于当前节点的 currentEpoch，以保证数据是最新的。

3）是否已投过票，投过则不重复投。

当通过判断后，调用 clusterSendFailoverAuth 函数给从节点投票。

```
void clusterSendFailoverAuthIfNeeded(clusterNode *node, clusterMsg *request)
{
    ......
    //判断逻辑
    /*当前节点为主节点，且至少含有一个slot才有投票的权利*/
    if (nodeIsSlave(myself) || myself->numslots == 0) return;
    /* failover授权请求中的currentEpoch需大于当前节点的currentEpoch */
    if (requestCurrentEpoch < server.cluster->currentEpoch) {
        ......
        return
    }
    /*是否已经投过票*/
    If (server.cluster->lastVoteEpoch == server.cluster->currentEpoch) {
    ......
        return
    }
    ......
    /* 经过上述校验后，最终可以给该从节点投票了 */
       server.cluster->lastVoteEpoch = server.cluster->currentEpoch;
       node->slaveof->voted_time = mstime();

    clusterDoBeforeSleep(CLUSTER_TODO_SAVE_CONFIG|CLUSTER_TODO_FSYNC_CONFIG);
       clusterSendFailoverAuth(node);
       ......
}
```

从节点 2x 收到投票后，计数器属性 failover_auth_count 的值加 1。

```
else if (type == CLUSTERMSG_TYPE_FAILOVER_AUTH_ACK) { // Slave 统计票数
    if (!sender) return 1;  /* 发送节点异常 */
    /* 同投票逻辑*/
    if (nodeIsMaster(sender) && sender->numslots > 0 &&
       senderCurrentEpoch >= server.cluster->failover_auth_epoch)
    {
       server.cluster->failover_auth_count++;
       /* 更新todo_before_sleep标识*/
       clusterDoBeforeSleep(CLUSTER_TODO_HANDLE_FAILOVER);
    }
```

最终当 failover_auth_count 满足条件后（超过半数主节点投票），真正执行主从切换。

```
if (server.cluster->failover_auth_count >= needed_quorum) {
       if (myself->configEpoch < server.cluster->failover_auth_epoch) {
           myself->configEpoch = server.cluster->failover_auth_epoch;
           serverLog(LL_WARNING,
               "configEpoch set to %llu after successful failover",
               (unsigned long long) myself->configEpoch);
       }
       /* 真正执行主从切换*/
       clusterFailoverReplaceYourMaster();
    }
```

切换逻辑在 clusterFailoverReplaceYourMaster 函数中实现，切换流程如下。

```
void clusterFailoverReplaceYourMaster(void) {
    int j;
    clusterNode *oldmaster = myself->slaveof;

    if (nodeIsMaster(myself) || oldmaster == NULL) return;

    /* 1.将自己声明为主节点*/
    clusterSetNodeAsMaster(myself);
    replicationUnsetMaster();

    /* 2.将主节点提供服务的slot都声明到当前节点*/
    for (j = 0; j < CLUSTER_SLOTS; j++) {
        if (clusterNodeGetSlotBit(oldmaster,j)) {
            clusterDelSlot(j);
            clusterAddSlot(myself,j);
        }
    }
    /* 3.更新状态与配置*/
    clusterUpdateState();
    clusterSaveConfigOrDie(1);

    /* 4.发送一个pong消息，通知集群中其他节点更新状态*/
    clusterBroadcastPong(CLUSTER_BROADCAST_ALL);
```

```
    /* 若正在手动切换流程中，则重置状态*/
    resetManualFailover();
}
```

9.4.2 手动切换

当一个从节点接收到 cluster failover 命令之后，执行手动切换，流程如下。

1）该从节点首先向对应的主节点发送一个 mfstart 消息，通知主节点——从节点要开始进行手动切换。

2）主节点会阻塞所有客户端命令的执行。之后主节点在周期性函数 clusterCron 中发送 ping 消息时会在包头部分做特殊标记。

提示： redisServer 结构体中有两个字段：clients_paused 和 clients_pause_end_time。当需要阻塞所有客户端命令的执行时，先将 clients_paused 置为 1，然后将 clients_pause_end_time 设置为当前时间加 2 倍的 CLUSTER_MF_TIMEOUT（默认值为 5s）。客户端发起命令请求时会调用 processInputBuffer 函数，该函数会检测当前是否处于客户端阻塞状态，如果是，则不会继续执行命令。

3）当从节点收到主节点的 ping 消息并且检测到特殊标记之后，会从包头中获取主节点的复制偏移量。

4）从节点在周期性函数 clusterCron 中检测当前处理的偏移量与主节点的复制偏移量是否相等，若相等，则开始执行切换流程。

5）切换完成后，主节点会将阻塞的所有客户端命令通过发送 +MOVED 指令重定向到新的主节点。

通过该过程可以看到，手动执行主从切换时，任何数据和执行命令不会丢失，只在切换过程中会有暂时的停顿。

具体切换流程与自动切换一样。

9.5 副本漂移

考虑集群中共有 6 个实例，三主三从，每对主从节点只能有一个处于故障状态。假设一对主从节点同时发生故障，则集群中的某些 slot 会处于不能提供服务的状态，从而导致集群失效。

为了提高可靠性，我们可以在每个主服务下边各挂载两个从服务，共需要增加 3 个实例。假设集群中有 100 个主服务，为了获得更高的可靠性，就需要增加 100 个实例。有什么方法既能提高可靠性，又可以不随集群规模线性增加从服务实例的数量呢？

Redis 提供了一种副本漂移的方法。如图 9-14 所示为一个简单集群漂移前的样子。

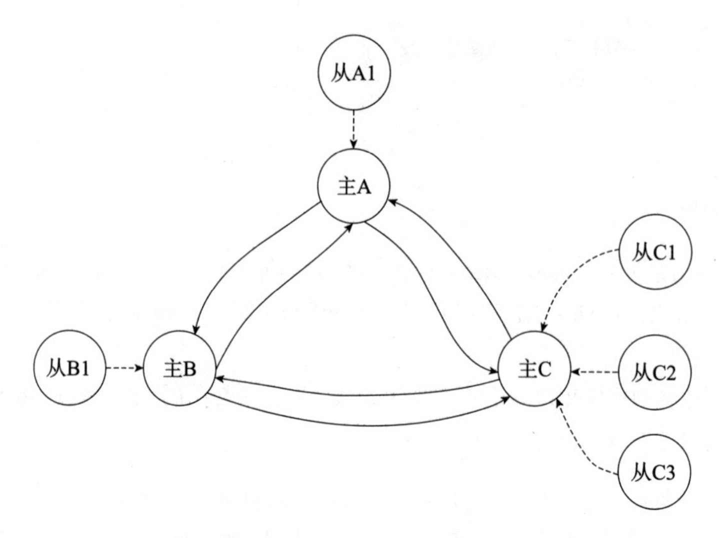

图 9-14　集群副本漂移前

我们只给其中一个主 C 增加两个从服务。假设主 A 发生故障，主 A 的从 A1 会执行切换，切换完成之后，从 A1 变为主 A1，此时主 A1 会出现单点问题。当检测到该单点问题后，集群会选择一个主 C 的从节点，“过继”给有单点问题的主 A1，作为主 A1 的从节点，集群副本漂移后的状态如图 9-15 所示。

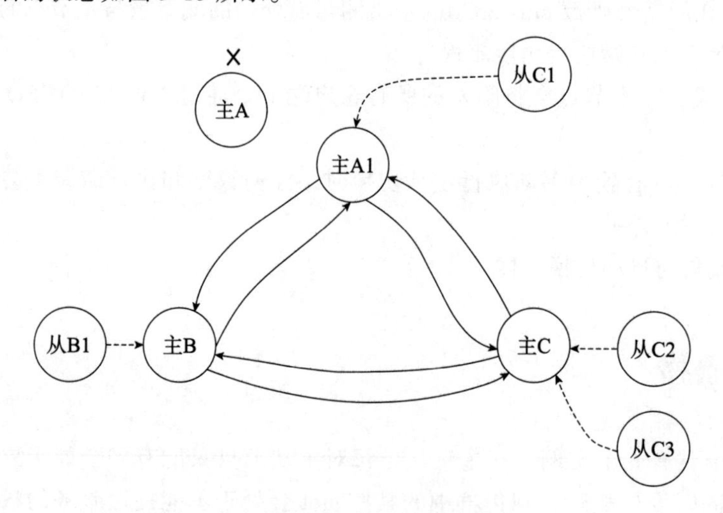

图 9-15　集群副本漂移后

下面详细介绍 Redis 如何实现副本漂移。

周期性调度函数 clusterCron 会定期检测如下条件。

1）是否存在“孤立”的主节点，即主节点没有任何一个可用的从节点。

2）是否存在拥有两台及以上可用从节点的主节点。

如果以上两个条件都满足，则 Redis 从有最多可用从节点的主节点中选择一个从节点执行副本漂移。

```
void clusterCron(void) {
    ......
    if (nodeIsSlave(myself)) {
        clusterHandleManualFailover();
        if (!(server.cluster_module_flags & CLUSTER_MODULE_FLAG_NO_FAILOVER))
            clusterHandleSlaveFailover();
        /* 存在孤立主节点，且当前节点为目前主节点中从节点数最多的从节点。
      if (orphaned_masters && max_slaves >= 2 && this_slaves == max_slaves
          &&server.cluster_allow_replica_migration)
          clusterHandleSlaveMigration(max_slaves);
    }
    if (update_state || server.cluster->state == CLUSTER_FAIL)
        clusterUpdateState();
}
```

clusterHandleSlaveMigration 函数会执行副本漂移逻辑更具体的判断逻辑，代码如下。

```
void clusterHandleSlaveMigration(int max_slaves) {
    ......
    /* 1.集群状态异常时不执行*/
    if (server.cluster->state != CLUSTER_OK) return;

    /* 2.若当前主节点的从节点数小于
     Migration_barrier的值，则不继续漂移*/
    if (mymaster == NULL) return;
    for (j = 0; j < mymaster->numslaves; j++)
        if (!nodeFailed(mymaster->slaves[j]) &&
            !nodeTimedOut(mymaster->slaves[j])) okslaves++;
    if (okslaves <= server.cluster_migration_barrier) return;

    /* 3.遍历所有节点，查看是否有孤立的主节点，并为漂移选出一个候选节点(nodeID最小)*/
    candidate = myself;
    di = dictGetSafeIterator(server.cluster->nodes);
    while((de = dictNext(di)) != NULL) {
       clusterNode *node = dictGetVal(de);
       int okslaves = 0, is_orphaned = 1;
       if (nodeIsSlave(node) || nodeFailed(node)) is_orphaned = 0;
       if (!(node->flags & CLUSTER_NODE_MIGRATE_TO)) is_orphaned = 0;

       /* 检查从节点数量*/
       if (nodeIsMaster(node)) okslaves = clusterCountNonFailingSlaves(node);
       if (okslaves > 0) is_orphaned = 0;

       if (is_orphaned) {
           if (!target && node->numslots > 0) target = node;
           /* 记录该节点成为孤立节点的时间*/
           if (!node->orphaned_time) node->orphaned_time = mstime();
```

```
            } else {
                node->orphaned_time = 0;
            }

            /*检查当前节点是否满足候选节点条件，即从属于节点数最多的主节点，且 node ID最小*/
            if (okslaves == max_slaves) {
                for (j = 0; j < node->numslaves; j++) {
                    if (memcmp(node->slaves[j]->name,
                               candidate->name,
                               CLUSTER_NAMELEN) < 0)
                    {
                        candidate = node->slaves[j];
                    }
                }
            }
        }
        dictReleaseIterator(di);
        /* 4.若找到了一个孤立节点，且当前从节点适合漂移(node ID最小)，则执行漂移。
        但漂移不能立即执行，而需要等待CLUSTER_SLAVE_MIGRATION_DELAY的时间，因为这时可能正在发
        生主从切换 */
        if (target && candidate == myself &&
            (mstime()-target->orphaned_time) > CLUSTER_SLAVE_MIGRATION_DELAY &&
           !(server.cluster_module_flags & CLUSTER_MODULE_FLAG_NO_FAILOVER))
        {
            serverLog(LL_WARNING,"Migrating to orphaned master %.40s",
               target->name);
            clusterSetMaster(target);
        }
    }
```

node ID 最小也可简单理解为“按节点名称的字母顺序从小到大，选择最靠前的一个从节点执行漂移”。

最终 clusterSetMaster 函数执行真正的副本漂移。漂移具体过程如下（按图 9-15 名称进行说明）：

1）从 C 的记录中将 C1 移除。

2）将 C1 所记录的主节点更改为 A1。

3）在 A1 中将 C1 添加为从节点。

4）将 C1 的数据同步源设置为 A1。

clusterSetMaster 函数的实现细节如下。

```
void clusterSetMaster(clusterNode *n) {
    serverAssert(n != myself);
    serverAssert(myself->numslots == 0);

    if (nodeIsMaster(myself)) {
        myself->flags &= ~(CLUSTER_NODE_MASTER|CLUSTER_NODE_MIGRATE_TO);
        myself->flags |= CLUSTER_NODE_SLAVE;
```

```
        clusterCloseAllSlots();
    } else {
        if (myself->slaveof)
            clusterNodeRemoveSlave(myself->slaveof,myself);
    }
    myself->slaveof = n;
    clusterNodeAddSlave(n,myself);
    replicationSetMaster(n->ip, n->port);
    resetManualFailover();
}
```

可以看到，漂移过程只是更改一些节点所记录的信息，之后会通过心跳包将该信息同步到所有的集群节点。

9.6 分片迁移

Redis 在很多情况下需要进行分片的迁移，例如，增加一个新节点之后需要把一些分片迁移到新节点，或者在删除一个节点之后，需要将该节点提供服务的分片迁移到其他节点，甚至有些时候需要根据负载重新配置分片的分布。

Redis 集群中的分片的迁移即 slot 的迁移，需要将一个 slot 中所有的 key 从一个节点迁移到另一个节点。我们通过如下一些 Redis 命令看看具体实现（假设以下命令都在 A 节点执行）。

1）CLUSTER ADDSLOTS slot1 [slot2] ... [slot*N*]：在 A 节点中增加指定的 slot（指定的 slot 由 A 节点提供服务）。注意，如果指定的 slot 已经有节点在提供服务，该命令会报错。

2）CLUSTER DELSLOTS slot1 [slot2] ... [slot*N*]：在 A 节点中删除指定的 slot（指定的 slot 不再由 A 节点提供服务）。

3）CLUSTER SETSLOT slot NODE node：将 slot 指定为由 node 节点提供服务。

4）CLUSTER SETSLOT slot MIGRATING node：将 slot 从 A 节点迁移到指定的节点。注意，slot 必须属于 A 节点，否则会报错。

5）CLUSTER SETSLOT slot IMPORTING node：将 slot 从指定节点迁移到 A 节点。

执行 cluster addslots 和 cluster delslots 之后只会修改 A 节点的本地视图，之后 A 节点会通过心跳包将配置同步到集群中的其他节点。

我们通过一个实例说明 slot 具体的迁移过程。假设，slot 10000 现在由 A 节点提供服务，需要将该 slot 从 A 节点迁移到 B 节点。

```
cluster setslot 10000 importing A    //在B节点执行
cluster setslot 10000 migrating B    //在A节点执行
```

当客户端请求属于 slot 10000 的 key 时，客户端仍然会直接向 A 节点发送请求（或者其他节点通过 MOVED 重定向到 A 节点）。如果在 A 节点中找到该 key，则直接处理并返回结果。如果在 A 节点中未找到该 key，则返回如下信息。

```
GET key
-ASK 10000 B
```

客户端收到该回复后首先需要向 B 节点发送一条 asking 命令，然后将要执行的命令发送给 B 节点。

生产中可使用 Redis 提供的 redis-cli 命令来进行分片迁移，redis-cli 首先在 A、B 节点执行上述两条命令，然后在 A 节点执行如下命令。

```
cluster getkeysinslot slot count
```

这条命令会从 A 节点的 slot（如 10000）中取出 count 个 key，然后对这些 key 依次执行迁移命令，具体如下。

```
migrate target_ip target_port key 0 timeout
```

target_ip 和 target_port 指向 B 节点，0 为数据库 ID（集群中的所有节点只能有 0 号数据库）。

当所有 key 都迁移完成后，redis-cli 会向所有集群中的节点发送如下命令。

```
cluster setslot slot node node-id
```

在本例中，slot 为 10000，node-id 为 B。

至此，一个 slot 迁移完毕。此时，客户端再向 A 节点发送 slot 为 10000 的请求时，A 节点会直接返回 MOVED 标志，并重定向到 B 节点。

9.7 小结

本章主要介绍 Redis 集群的设计思想及实现。

本章从数据分区原理入手，引出 slot 的分片逻辑，并由此展开了主从节点通信、迁移等具体集群实现的讨论。

Redis 集群采用去中心化的设计思想，各节点通过 Gossip 协议扩散式地进行通信，这增大了网络开销，但减轻了元数据的维护压力。在此基础上，Redis 集群实现了主从切换、副本漂移功能，也很好地支持了分片数据的平滑迁移。Redis 集群的实现高效而优雅。通过学习 Redis 集群，我们能切实体会到实际生产中一个分布式存储系统该如何做到高可用。

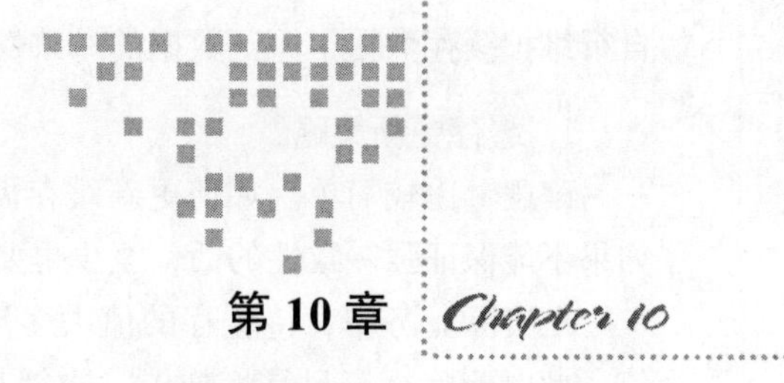

第 10 章 Chapter 10

Redis 应用：缓存与锁

本章将探讨 Redis 在实际业务中的两个重要应用场景——缓存和锁，以及 Redis 6.0 的一个新特性——客户端缓存。

10.1 缓存

尽管 Redis 拥有持久化的能力，但在实际业务中，Redis 最通用的应用场景还是缓存。缓存的核心思路很简单：把经常需要从数据库查询的数据，或经常更新的数据放入缓存中，这样下次查询时，可直接从缓存返回结果，减轻数据库的压力，提升数据库的性能。缓存又涉及许多细节问题：何时更新，如何更新？数据不一致如何解决？什么是缓存雪崩？什么是大 key ？本节将结合实际业务分析 Redis 缓存问题。

10.1.1 常见问题及解决方案

旁路缓存是业务开发中常用的缓存模式，如图 10-1 所示。

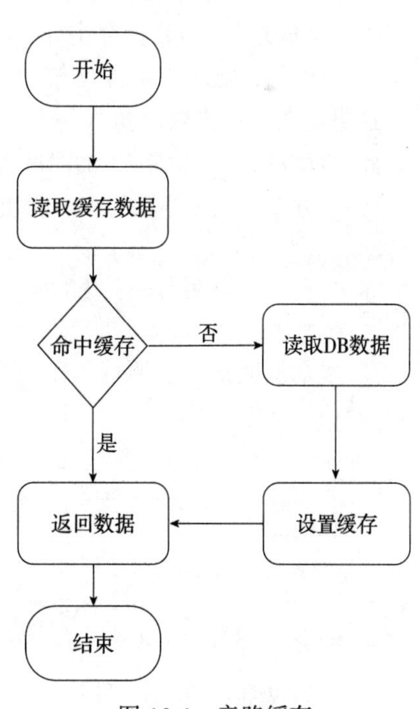

图 10-1 旁路缓存

在高并发的业务场景下，基于该模式可以尽可能地减轻数据库的读压力。然而，该模式需要业务人员自行维护缓存数据，保证数据的一致性。

1. 缓存更新策略

读逻辑比较简单。如何更新缓存需要我们仔细思考。我们的目标是保证数据的一致性，如果不能保证强一致性的话，至少也要保证最终一致性。

在实际业务中，待缓存的值大多涉及业务逻辑的计算，而不只是从数据库中直接取出值。此时删除缓存只是增加了一次缓存未命中操作，其成本比更新缓存要低很多，因此业务上一般采用删除而不是更新的方式来更新缓存。

在写逻辑中，我们是先更新数据库还是先删除缓存呢？如果没有很高的并发，无论采用哪种方式都可以。在高并发的情况下，两种方式其实都有一些问题。

下面分情况来看。为了简化问题，我们假设对缓存和数据库的操作都能成功。

1）方案一：先更新数据库，再删除缓存。如图 10-2 所示。

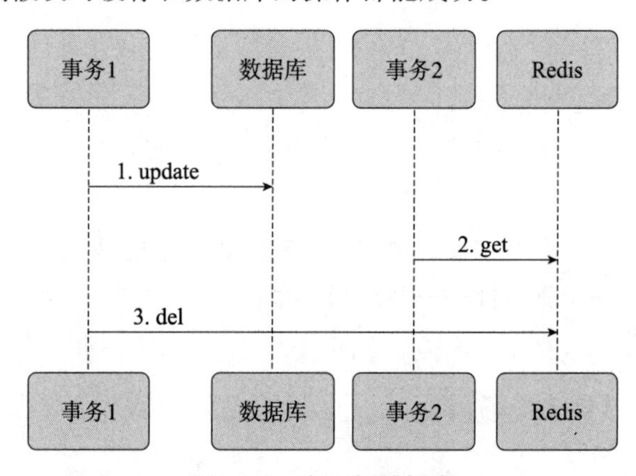

图 10-2 先更新数据库

可以看到，在并发且不加锁的情况下，尽管事务 2 读到了旧值，但缓存和数据库的数据最终是一致的。有一种先更新数据库的极端情况，如图 10-3 所示。

此时事务 1 在步骤 2 和步骤 5 间插入了一个事务 2，最终缓存中存储的是旧值。产生这个场景的条件比较苛刻，因为这需要在缓存失效时执行一个写操作，且此时读数据库（步骤 2）的时间大于写数据库（步骤 3）的时间。

2）方案二：先删除缓存，再更新数据库。如图 10-4 所示。

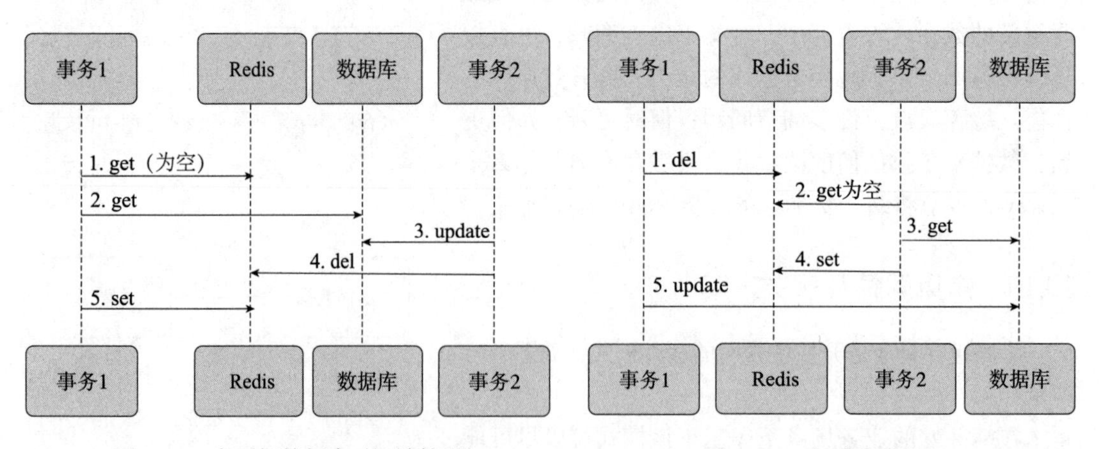

图 10-3 先更新数据库（极端情况）

图 10-4 先删除缓存

可以看到，此时缓存中会被事务 2 写入旧值，且旧值会一直存在下去。不少资料提到过“延迟双删”的方案，即在更新数据库后，过一段时间再删一遍缓存（这能在一定程度上解决问题，但在某些条件下其实会退化为方案一），如图 10-5 所示。

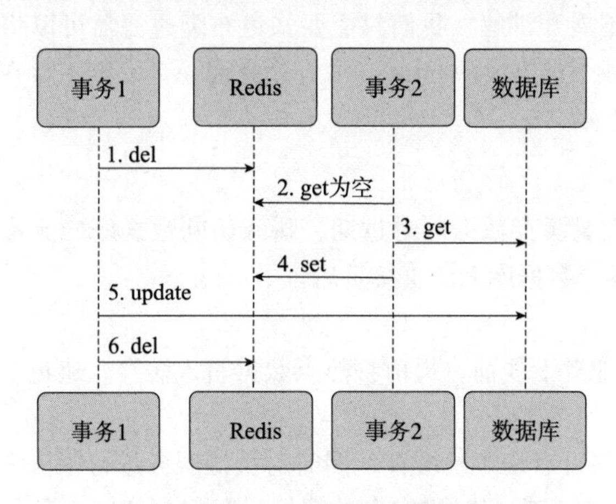

图 10-5　先删除缓存（双删）

一般情况下，步骤 5 和步骤 6 的“延迟”时间需要设置得长一点，大于一次读写缓存的时间。

可以看到，无论采用哪种方案，由于并发时无法控制时序，因此不能保证先来的事务先执行完，始终有数据不一致的风险。

针对以上问题，解决方案如下。

1）设置缓存过期时间。通过增加一次缓存未命中操作，保证数据的最终一致性。

2）原子性保证。在事务中，Redis 操作和数据库操作是两个操作，理论上需要通过诸如两阶段提交等协议来保证原子性，但业务上实践起来复杂度过高。从业务角度看，不如通过集群化的方式来提高 Redis 和 MySQL 的可用性，并在业务侧增加兜底补偿逻辑，保证数据的最终一致性。

2. 缓存穿透

缓存穿透是指调用方查询一个不存在的数据时，由于在缓存不命中时需要从数据库查询，查不到数据则不写入缓存，这将导致每次请求这个不存在的数据都要到数据库中去查询，从而给数据库带来压力。缓存穿透一般是由外部恶意攻击（爬虫等）引起的。

解决方案如下。

1）增加校验：对非法请求增加限制、拦截。在接口层增加校验，如用户鉴权、参数校验等，对同一来源的请求增加接口和资源级别的频控等。

2）缓存空对象：当 MySQL 返回空对象时，我们可以将空对象缓存至 Redis，同时为其设置一个过期时间。当用户再次发起相同请求时，就会从缓存中拿到一个空对象，缓存依然生效，进而保护了数据库。这种策略的缺点是空对象会占用一定的 Redis 空间，业务上还需要结合校验方案一起使用。

3）使用布隆过滤器：为了快速判断请求的数据是否真的存在，可使用布隆过滤器，布隆过滤器的原理此处不展开讲解。我们只需要知道布隆过滤器可以将所有可能存在的数据通过散列计算分配到一个足够大的 bitmap 中，让查询一个一定不存在的数据请求在到达数据库前被提前发现并拦截。

3. 缓存雪崩

缓存雪崩是指当大量缓存数据同时过期，瞬间访问数据库的流量陡增，导致数据库压力过大时直接崩溃，甚至数据库无法直接重启。

解决方案如下。

1）缓存预热：在业务上线前，提前将热点数据写入缓存，避免上线后等用户访问才触发缓存构建逻辑。

2）做好降级预案：可启动本地缓存，同时对关键服务进行限流和资源隔离；业务侧准备好兜底数据，当发生缓存雪崩时用兜底数据第一时间先兜底，避免进一步影响下游的核心服务。

3）随机化：设置随机的缓存数据过期时间，防止同一时间大量数据过期现象发生。

4）永不过期：设置热点数据永远不过期。一般用于时效性较强的业务，等活动结束下线后，再异步删除缓存。因为热点数据无法通过过期时间淘汰，所以业务侧需要解决数据一致性的问题，这也会增加开发成本。

4. 缓存击穿

缓存击穿是指热点 key 在某个时间点过期，而此时恰好服务收到对这个 key 的大量并发请求，缓存失效，进而增大数据库的压力。缓存击穿与缓存雪崩类似，不同之处在于缓存击穿是热点 key 过期，而缓存雪崩是不同数据同时过期。

解决方案如下。

1）永不过期：设置热点数据永远不过期。这与缓存雪崩的解决思路类似。

2）加分布式锁：当第一个请求发现缓存中的热点数据不存在时，增加分布式锁并请求数据库。同一时刻其他请求获取锁失败，从而被阻塞。当第一个请求完成数据库查询，并将数据更新至缓存后，释放锁。此时其他被阻塞的查询请求可以直接从缓存中查到该数据。分布式锁方案如图 10-6 所示。

因为采用了互斥锁，所以该方案将热点数据的数据库请求“串行化”，从而保护了数据库。然而，该方案由于会阻塞等待，势必会影响系统的吞吐量。用户需要结合实际的业务考虑是否允许这么做。

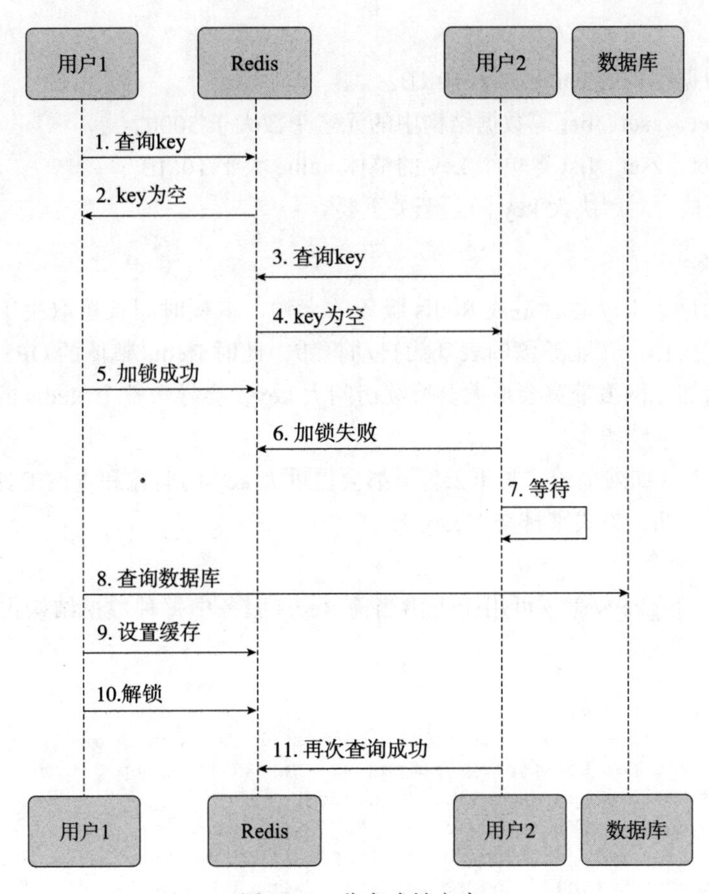

图 10-6　分布式锁方案

10.1.2　大 key 问题

我们常说的大 key，是指某个值较大的 key，用“大 value”描述其实更准确。因为 Redis 的核心工作线程是单线程，任务的处理是串行的，所以处理大 key 时耗时会增加，而大 key 往往还是热 key，进而阻塞和影响其他客户端。具体来说，主要有以下两方面的影响。

- 执行大 key 命令的客户端本身耗时明显增加，并引起阻塞。
- 数据存储不平衡。在 Redis 集群中，大 key 所在的分片更大，容易造成数据倾斜。

解决大 key 问题可从以下 3 个方面入手。

1. 避免产生大 key

大 key 往往是设计者在设计之初对数据的增长预估不合理导致的。在使用常见的 zset、set 和 list 等数据结构时，不能无节制地往里“塞”数据。一般认为，符合以下标准的 key

属于大 key。

1）string 数据结构的 value 大于 10KB。

2）hash、set、zset、list 等数据结构中的元素个数大于 5000。

3）hash、set、zset、list 等单个 key 的整体 value 大于 10MB。

做好数据预估，对解决大 key 问题至关重要。

2. 发现大 key

一般上游访问大 key 时会造成 Redis 服务的卡顿，卡顿时间长短取决于 key 的大小和对大 key 的具体操作。在业务侧的表现为抖动报错，此时 Redis 整体的 QPS 会下降，并且客户端超时会增加，网络带宽会增大。持续访问大 key，会导致整个 Redis 的吞吐量严重下降、超时报错情况持续增多。

常见的云平台（如阿里云、腾讯云等）都会提供大 key 的监控和查询工具。对于自运维的服务，可用以下两种方式来排查大 key。

（1）bigkeys 命令

Redis 自带的 bigkeys 命令可用于查出当前 Redis 服务中每种数据结构占用内存最多的 key。

```
$ ./redis-cli --bigkeys
# Scanning the entire keyspace to find biggest keys as well as
# average sizes per key type.  You can use -i 0.1 to sleep 0.1 sec
# per 100 SCAN commands (not usually needed).
[00.00%] Biggest hash   found so far '"h"' with 1 fields
[00.00%] Biggest set    found so far '"b"' with 1 members
[00.00%] Biggest string found so far '"a"' with 1 bytes
[00.00%] Biggest zset   found so far '"d"' with 1 members
[00.00%] Biggest list   found so far '"c"' with 1 items
-------- summary -------
Sampled 5 keys in the keyspace!
Total key length in bytes is 5 (avg len 1.00)
Biggest   list found '"c"' has 1 items
Biggest   hash found '"h"' has 1 fields
Biggest string found '"a"' has 1 bytes
Biggest    set found '"b"' has 1 members
Biggest   zset found '"d"' has 1 members
1 lists with 1 items (20.00% of keys, avg size 1.00)
1 hashs with 1 fields (20.00% of keys, avg size 1.00)
1 strings with 1 bytes (20.00% of keys, avg size 1.00)
0 streams with 0 entries (00.00% of keys, avg size 0.00)
1 sets with 1 members (20.00% of keys, avg size 1.00)
1 zsets with 1 members (20.00% of keys, avg size 1.00)
```

Bigkeys 命令有许多局限：一方面需要请求线上实例，可能会影响业务查询；另一方面只能查出每种数据结构占用内存最多的 key，而业务人员往往想知道占用内存最多的前 N 个 key。

（2）分析 RDB 文件

将 RDB 文件下载到本地，离线分析大 key 是一个更好的选择，可借助 redis-rdb-tools 这一工具实现。

redis-rdb-tools 的使用帮助信息如下，大家也可自行查看更详细的帮助信息。

```
$ rdb -help
usage: usage: rdb [options] /path/to/dump.rdb
Example : rdb --command json -k "user.*" /var/redis/6379/dump.rdb
positional arguments:
dump_file             RDB Dump file to process
optional arguments:
......
-l LARGEST, --largest LARGEST
Limit memory output to only the top N keys (by size)
......
$ rdb -c memory dump.rdb -l 100
database,type,key,size_in_bytes,encoding,num_elements,len_largest_element,expiry
0,list,c,142,quicklist,1,8,
0,string,a,48,string,8,8,
0,set,b,58,intset,1,8,
0,sortedset,e,66,ziplist,1,3,
0,hash,d,67,ziplist,1,8,
```

我们也可将结果生成为 CSV 文件，导入 MySQL 做进一步分析，此处不再赘述。

3. 删除大 key

找到大 key 后，如果直接删除，可能会阻塞 Redis 服务。我们可用以下两种方式来删除大 key。

方式 1：惰性删除。通过 unlink 命令可以异步删除大 key。命令格式为如下。

```
unlink key [key ...]
```

unlink 命令的底层实现如下。

```
#define LAZYFREE_THRESHOLD 64
int dbAsyncDelete(redisDb *db, robj *key) {
    if (dictSize(db->expires) > 0) dictDelete(db->expires,key->ptr);
    dictEntry *de = dictUnlink(db->dict,key->ptr);
    if (de) {
    robj *val = dictGetVal(de);
    ......
    /*此处计算free_effort*/
    size_t free_effort = lazyfreeGetFreeEffort(key,val);
    /*比较并将需要惰性删除的数据加入队列*/
    if (free_effort > LAZYFREE_THRESHOLD && val->refcount == 1) {
```

```
        atomicIncr(lazyfree_objects,1);
        bioCreateLazyFreeJob(lazyfreeFreeObject,1, val);
        dictSetVal(db->dict,de,NULL);
        }
    }
}
```

4.0 版本以上的 Redis 可用 unlink 命令惰性删除大 key。相比 del 命令删除会产生阻塞，unlink 命令会先“标记”删除 key，而后在另一个线程中真正回收内存，因此它是非阻塞的。

需要注意以下几点。

1）Redis 会判断 value 的大小，若 value 分配的空间不大，使用异步删除反而会降低效率，所以对于不同的数据结构，Redis 会先计算出它的 free_effort，根据 free_effort 的值来决定是否进行异步删除。

2）对于 string 类型的 key，Redis 始终会直接删除。

方式 2：渐进式删除。编写脚本，通过扫描的方式遍历 key，自行控制删除。

10.2 锁

在计算机编程中，编程人员常会遇到多个进程同时访问相同资源的情况。多个进程交替运行会导致程序的最终结果是不确定的。这时候，我们需要一把锁，禁止多个程序交替运行。在单机系统中，我们可以使用本地锁，但在分布式系统中则需要分布式锁。分布式锁可以用 MySQL、Zookeeper 和 Redis 等软件实现。

什么情况下需要分布式锁？我们以秒杀场景为例来进行分析。图 10-7 是秒杀的流程。

假设秒杀系统的库存数为 2，购买的逻辑是先获取库存数，如果库存数大于 0，可付款购买，购买成功，库存数减 1。

在图 10-7 中：

1）用户 A 先进行购买，库存数为 2，允许购买。

2）用户 B 开始购买，库存数为 2，购买成功后，库存数变为 1。

3）用户 C 完成购买，库存数变为 0。而这时，用户 A 才完成付款购买，库存数已经为 0 了，A 购买完毕后，库存数变为 -1。卖家多卖了一件商品，商品超卖会给卖家带来巨大损失，必须避免这种情况。

解决方案是为程序加锁，使多个程序在共享资源的场景下，以独占模式运行。加锁后，多个程序串行执行，如图 10-8 所示。

在实际业务中，我们可借助 Redis 简易、高效地实现分布式锁。本节将先介绍单机悲观锁、单机乐观锁的实现和使用方法，然后介绍 Redis 官方推荐的 Redlock（一个可靠、高性能的分布式锁）。

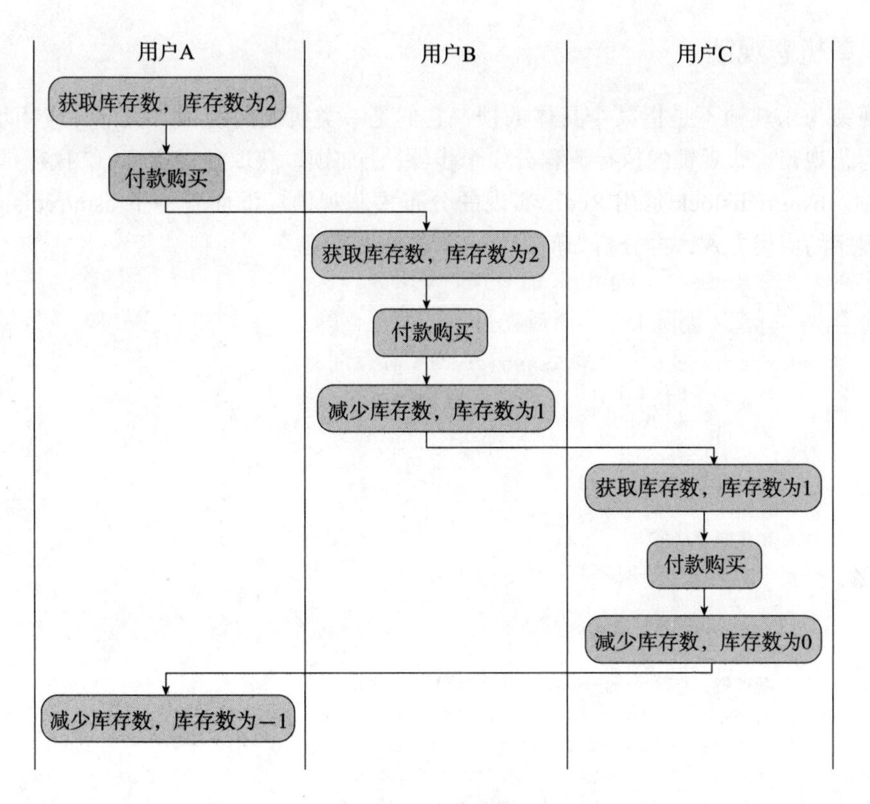

图 10-7　秒杀的流程

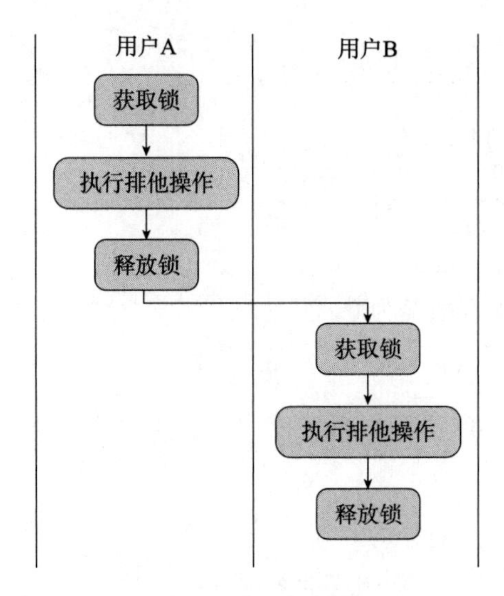

图 10-8　加锁后串行执行

10.2.1 单机悲观锁

悲观锁与乐观锁不是指某个具体的锁，它们是一类机制的统称。大部分应用场景使用的锁都为悲观锁。悲观锁的执行流程分3个步骤：①加锁，获取独占资源；②执行排他操作；③释放锁。bsm/redislock是用Redis实现的分布式悲观锁。下面看一下bsm/redislock项目中示例程序的应用方式，再分析如何用Redis实现悲观锁。

```
func main() {
    //连接数据库
    client := redis.NewClient(&redis.Options{
            Network:       "tcp",
            Addr:                "127.0.0.1:6379",
    })
    defer client.Close()

    // 创建锁管理器
    locker := redislock.New(client)

    ctx := context.Background()

    // 获取锁，资源为 my-key，过期时间为100ms
    lock, err := locker.Obtain(ctx, "my-key", 100*time.Millisecond, nil)
    if err == redislock.ErrNotObtained {
       fmt.Println("Could not obtain lock!")
    } else if err != nil {
         log.Fatalln(err)
    }

    // 释放锁
    defer lock.Release(ctx)
    fmt.Println("I have a lock!")

    // 睡眠50ms后再看锁状态
    time.Sleep(50 * time.Millisecond)
    if ttl, err := lock.TTL(ctx); err != nil {
       log.Fatalln(err)
    } else if ttl > 0 {
         fmt.Println("Yay, I still have my lock!")
    }

    // 锁重入
    if err := lock.Refresh(ctx, 100*time.Millisecond, nil); err != nil {
            log.Fatalln(err)
    }

    // 多睡一会儿，等待锁过期
    time.Sleep(100 * time.Millisecond)
    if ttl, err := lock.TTL(ctx); err != nil {
       log.Fatalln(err)
```

```
        } else if ttl == 0 {
            fmt.Println("Now, my lock has expired!")
        }
    }
```

操作锁的方法有 Obtain 方法、Release 方法、Refresh 方法和查看当前锁有效期的 TTL 方法。Obtain 方法和 Release 方法是核心方法。对可重入锁感兴趣的读者可以自己研究 Refresh 方法。

用 Obtain 方法和 Release 方法把需要原子执行的代码片段包起来，就可以解决程序的并发访问引起的问题。

Obtain 方法的实现依赖于 setnx 命令。setnx 命令（set 命令加 nx 标识）的格式如下。

```
set KeyName value nx px 3000
```

KeyName 为资源的名称。value 为资源对应的值，在实现分布式锁场景中为一个随机值，否则可能出现被其他程序误释放锁的情况。nx 是不存在标识，只有 key 不存在的条件下才能设置成功。px 指定过期时间（单位为 ms），本例设置了 3000ms 的有效期。

value 必须为随机值，释放锁时，用户需比较 value 是否与本程序中的 value 一致，一致才允许释放锁，不一致则直接跳过释放锁操作。

图 10-9 是误删除锁的场景：进程 a 先获得了锁，有效期为 1000ms，在执行排他操作时，花费时间为 1500ms。1000ms 后，锁自动生效，进程 b 获得锁，进程 b 的执行时间为 800ms，没有超过锁的有效期。但是进程 a 会把进程 b 的锁给释放掉，导致进程 b 的锁失效。进程 b 在执行完毕后也可能会释放其他进程的锁。这样的锁设计是错误的，不能保证执行的原子性。

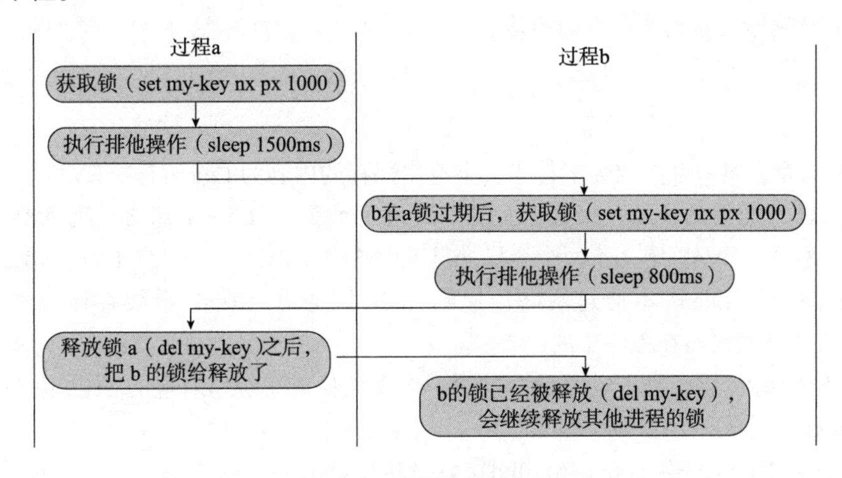

图 10-9　误删除锁的场景

让我们看一下 bsm/redislock 中的锁实现：首先 value 为随机值，之后调用 set 命令并设置 nx 标识来获取锁。

```
func (c *Client) Obtain(ctx context.Context, key string, ttl time.Duration, opt
*Options) (*Lock, error) {
        // 创建随机值
        token, err := c.randomToken()
    ......

        var ticker *time.Ticker
        for {
                ok, err := c.obtain(ctx, key, value, ttl)
        ......
        }
}
func (c *Client) obtain(ctx context.Context, key, value string, ttl time.
Duration) (bool, error) {
    return c.client.SetNX(ctx, key, value, ttl).Result()
}
```

在介绍 Release 方法之前，需要先了解 Lua 相关知识。Lua 非常简单，也无处不在。Nginx、Redis、Neovim、A wesome WM 等优秀软件中都集成了 Lua。Lua 是 Redis 用来写应用逻辑的扩展脚本语言，Redis 会保证 Lua 脚本原子执行。释放锁时需要先判断锁的 value 是否由本程序设置，如果是，再进行删除。Redis 当前没有命令可以完成原子性检查和删除的操作。Redis 可通过 Lua 脚本来实现数据的原子性检查和删除的操作。

笔者所在公司使用 Twemproxy 方案做集群的代理。Twemproxy 代理不支持 script 系列命令，因为 script 命令不能指定使用了哪些键，Twemproxy 也不知道应该把 Lua 脚本分发给哪台服务器，但代理允许执行 EVAL 和 EVALSHA 这两个命令，因为它们可以提供涉及的键名。首先来学习这两个命令的语法。

```
EVAL "return { KEYS[1], KEYS[2], ARGV[1], ARGV[2], ARGV[3] }" 2 key1 key2 arg1
arg2 arg3
```

EVAL 命令的第一个参数为字符串，字符串保存的内容为 Lua 程序。EVAL 命令的第二个参数为 KEYS 数组的长度，接着是 KEYS 数组的元素。KEYS 数组之后为 ARGV 数组的元素。可以看到，EVAL 定义了两个全局变量 KEYS 和 ARGV，用于向 Lua 传递参数。

EVAL 命令把 Lua 脚本通过网络传递到 Redis 服务器，Redis 会缓存该脚本，并生成 SHA 值。程序逻辑是写在程序中的。

EVALSHA 命令除了把 EVAL 命令的第一个参数换成字符串对应的 SHA 值外，其他参数都与 EVAL 命令的一致。

例如，在 EVALSHA c664a3bf70bd1d45c4284ffebb65axxxx 2 key1 key2 arg1 arg2 arg3 中，EVALSHA 的第一个参数为 EVAL 中第一个参数的 SHA 值。

了解了 Lua 相关知识，我们继续看 Release 方法的实现。

首先调用 NewScript 方法，其参数是 Lua 程序对应的字符串，并生成字符串对应的 SHA 值，其中 Lua 脚本的 KEYS 和 ARGV 数组的长度都为 1。为了防止误删除，程序会比较 KEY[1] 和 ARGV[1] 是否相等，相等则执行删除。

```
luaRelease = redis.NewScript(`if redis.call("get", KEYS[1]) == ARGV[1] then
return redis.call("del", KEYS[1]) else return 0 end`)

func NewScript(src string) *Script {
    //计算SHA值
        h := sha1.New()
        _, _ = io.WriteString(h, src)
        return &Script{
              src:  src,
              hash: hex.EncodeToString(h.Sum(nil)),
        }
}

func (l *Lock) Release(ctx context.Context) error {
        res, err := luaRelease.Run(ctx, l.client.client, []string{l.key},
                    l.value).Result()
        ......
}

func (s *Script) Run(ctx context.Context, c Scripter, keys []string, args
...interface{}) *Cmd {
    //先执行EVALSHA命令，如果Redis服务端不存在Lua脚本，再调用EVAL命令
        r := s.EvalSha(ctx, c, keys, args...)
        if HasErrorPrefix(r.Err(), "NOSCRIPT") {
              return s.Eval(ctx, c, keys, args...)
        }
        return r
}
func (s *Script) EvalSha(ctx context.Context, c Scripter, keys []string, args
...interface{}) *Cmd {
    // SHA值来自NewScript生成的值
        return c.EvalSha(ctx, s.hash, keys, args...)
}
```

10.2.2 单机乐观锁

与悲观锁不同，乐观锁并不会直接对临界数据加锁，而是在对临界数据进行操作前，通过某种机制来检查数据是否存在冲突，如果存在冲突，则不更新数据，不存在冲突才操作临界数据。乐观锁总是快到操作数据前才做冲突检查，而不像悲观锁那样第一时间先上锁，这或许是称它为“乐观锁”的原因。乐观锁适合读多写少的场景。

Redis 可以通过事务和 WATCH 命令来实现乐观锁。

先看下 Redis 的事务：MULTI 命令用于开启事务，EXEC 命令用于执行事务，DISCARD 命令用于撤销事务。Redis 保证了 MULTI 和 EXEC 之间的命令可以原子执行。这 3 个命令可类比 MySQL 中的 start transaction 命令、commit 命令和 rollback 命令。

在执行 MULTI 命令之后，Redis 将进入阻塞状态。当我们继续发送命令时，命令不会立即执行，而是会以队列形式等待。直到输入 EXEC 命令，队列中的命令才会批量地原子执行。

```
127.0.0.1:6379> MULTI
OK
127.0.0.1:6379> set a1 1
QUEUED
127.0.0.1:6379> set a2 2
QUEUED
127.0.0.1:6379> set a3 3
QUEUED
127.0.0.1:6379> get a3
QUEUED
127.0.0.1:6379> EXEC
1) OK
2) OK
3) OK
4) "3"
```

WATCH 命令可用于监听多个 key。在执行事务前，Redis 会检查是否有其他进程修改了监听的 key。如果有，则 Redis 回滚事务；如果 key 无修改，则 Redis 执行事务。

```
#客户端1
WATCH KeyName  # 10:00

MULTI  #10:01

INC KeyName
EXEC # 10:05

#客户端2
SET KeyName "10" # 10:01
```

在上例中，客户端 1 在 10：00 调用 WATCH 命令监控 KeyName。客户端 2 在 10:01 设置 KeyName 为 10。客户端 1 在 10:05 提交事务。最终的结果为 10。读者可以思考一下如何用 WATCH 命令实现多个进程从 0 数到 100。

在 Redis 中，WATCH 命令的实现原理如下。

1）Redis 有字典，用户可以通过字典查看监控指定 key 的所有客户端。

2）每个客户端上有自身监控所有 key 的列表。

WATCH 命令的实现需维护上面两个数据结构。

```
/* 监控指定key */
void watchForKey(client *c, robj *key) {
    ……
    /* 遍历客户端监控的key，如果已经监控则退出 */
    listRewind(c->watched_keys,&li);
    while((ln = listNext(&li))) {
        wk = listNodeValue(ln);
        if (wk->db == c->db && equalStringObjects(key,wk->key))
            return; /* key仍然被监控*/
    }
    /* 没监控，添加 */
    clients = dictFetchValue(c->db->watched_keys,key);
    if (!clients) {
        clients = listCreate();
        /* 向 clients中的db的watched_keys 中添加key和客户端的映射 */
        dictAdd(c->db->watched_keys,key,clients);
        incrRefCount(key);
    }
    /* 添加数据库的客户端列表 */
    listAddNodeTail(clients,c);
    /* 添加客户端的watched_keys */
    wk = zmalloc(sizeof(*wk));
    ……
    listAddNodeTail(c->watched_keys,wk);
}
```

下面介绍开启事务命令 MULTI 的实现原理。

服务器先设置客户端事务标志位，开启事务。后续该客户端发送的命令都不会直接执行，直到客户端发送 EXEC 命令后，再一起批量原子执行。

```
void multiCommand(client *c) {
    if (c->flags & CLIENT_MULTI) {
        addReplyError(c,"MULTI calls can not be nested");
        return;
    }
    c->flags |= CLIENT_MULTI;
    addReply(c,shared.ok);
}
```

我们看一下执行事务命令 EXEC。如果发现 key 被修改，则 Redis 回滚事务。如果 key 无修改，则 Redis 执行队列中的命令，取消监控 key。

```
void execCommand(client *c) {
    ……
    if (!(c->flags & CLIENT_MULTI)) {
        addReplyError(c,"EXEC without MULTI");
        return;
```

```
    }
    ......
     /* 如果 key 被修改，则拒绝执行 */
    if (c->flags & (CLIENT_DIRTY_CAS|CLIENT_DIRTY_EXEC)) {
        addReply(c, c->flags & CLIENT_DIRTY_EXEC ? shared.execaborterr : shared.
                  nullarray[c->resp]);
        discardTransaction(c);
        goto handle_monitor;
    }
    ......

    /* 执行队列中的命令 */
    unwatchAllKeys(c); /* 客户端取消对key的监控 */
    orig_argv = c->argv;
    orig_argc = c->argc;
    orig_cmd = c->cmd;
    addReplyArrayLen(c,c->mstate.count);
    for (j = 0; j < c->mstate.count; j++) {
        ......
       if (acl_retval != ACL_OK) {
         ......
       } else {
           call(c,server.loading ? CMD_CALL_NONE : CMD_CALL_FULL);
       }
       ......

    }
    ......
}
```

最后看一下 key 修改的标志是在哪里被设置的。

touchWatchedKey 方法会把所有观察该 key 的客户端标记设置为 key 已经被修改，在执行命令时，会根据该标记，判断是否能执行事务。

```
void touchWatchedKey(redisDb *db, robj *key) {
    list *clients;
    listIter li;
    listNode *ln;

    if (dictSize(db->watched_keys) == 0) return;
    clients = dictFetchValue(db->watched_keys, key);
    if (!clients) return;

     /* 把监听该键的客户端的CLIENT_DIRTY_CAS设置为数据已修改 */
    /*检查当前客户端是否已经监听该键*/
     listRewind(clients,&li);
     while((ln = listNext(&li))) {
         client *c = listNodeValue(ln);
```

```
            c->flags |= CLIENT_DIRTY_CAS;
        }
    }
```

下面看一下 touchWatchedKey 的被调用关系：setKey 函数调用 genericSetKey 函数，genericSetKey 函数调用 signalModifiedKey 函数，signalModifiedKey 函数最终会调用 touchWatchedKey 函数。

```
touchWatchedKey
  signalModifiedKey
    moveCommand
    renameGenericCommand
      renameCommand
      renamenxCommand
    expireIfNeeded
      dbRandomKey
        randomkeyCommand
      lookupKeyReadWithFlags
        lookupKeyRead
          existsCommand
          lookupKeyReadOrReply
        typeCommand
      lookupKeyWriteWithFlags
        lookupKeyWrite
          lookupKeyWriteOrReply
      scanGenericCommand
        scanCommand
      delGenericCommand
        delCommand
        unlinkCommand
      genericSetKey
        setKey
```

10.2.3 官方推荐的 Redlock

首先看下单机锁的问题，Redis 基本会采用主从架构。主节点失败后，相应的从节点会变成主节点。主从同步非强一致性，数据会有丢失的风险。

例如，用户 1 获得了锁，锁未过期。这时候发生了主从切换，切换过程中锁的 key 丢失了，导致用户 2 可以获得锁。同一时刻，多个用户获得了锁。

Redlock 是客户端实现的分布式锁，需要多台 Redis 机器参与，每台机器是独立的，具体执行包含下面 5 个步骤，如图 10-10 所示。

1）获得时间戳（即当前时间的微秒数）。

2）顺序尝试在多个实例获取锁，使用同一个键名和同一个随机键值。客户端设置一个很小的超时时间，这个超时时间和锁的过期时间比很小。举例来说，锁的过期时间为 10s，超时时间设置为 5～50ms。这可以防止客户端花费较长时间和已经死机的实例通信。我们应尽快和下一个实例通信。

3）客户端计算获取锁花费的时间，用步骤 1 获得的时间减去当前时间。如果结果大于零，并且大部分实例获得锁，则获取锁的过程算成功，否则失败。

4）若获得锁成功，则锁的有效期为步骤 1 获得的时间减去和步骤 3 成功获得一半以上的锁后的时间。

5）如果获取锁失败，则尝试释放所有锁（即使认为实例不能获得锁）。

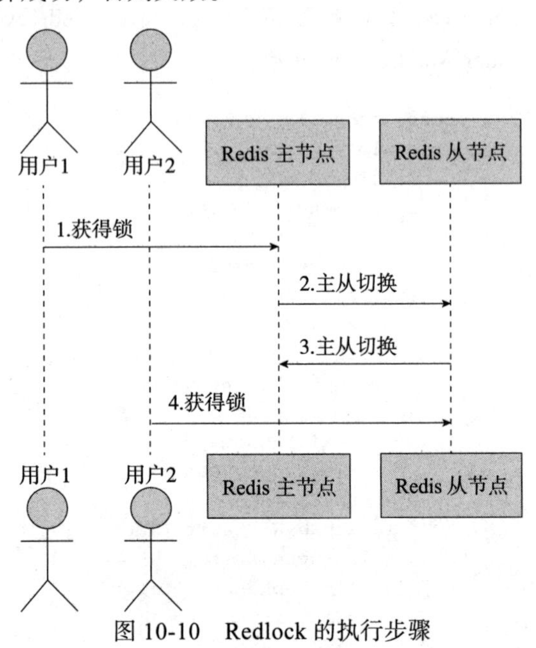

图 10-10　Redlock 的执行步骤

下面分析一下 Redis 的 Redlock 库。首先看下库的使用方法。

1）创建锁管理器。

```
dlm = Redlock.new("redis://127.0.0.1:6379","redis://127.0.0.1:6380","redis://127.0.0.1:6381")
```

2）获取锁。

```
my_lock = dlm.lock("my_resource_name",1000)
```

3）释放锁。

```
dlm.unlock(my_lock)
```

可以看到，除了创建锁管理器外，获取锁和释放锁的方法与悲观锁 redislock 的使用方法基本一致。

redislock-rb（用 Ruby 写的分布式锁）代码量非常小，具体如下。

```
require 'redis'
class Redlock
    # 重试次数
    DefaultRetryCount=3
    # 重试时的延迟时间
    DefaultRetryDelay=200
    # 允许时钟偏差
    ClockDriftFactor = 0.01
    # 使用Lua原子性释放锁
    UnlockScript='
    if redis.call("get",KEYS[1]) == ARGV[1] then
       return redis.call("del",KEYS[1])
    else
       return 0
```

```
end'

# 初始化函数
def initialize(*server_urls)
   @servers = []
   # 生成多个Server的客户端
   server_urls.each{|url|
       @servers << Redis.new(:url => url)
   }
   # 一半以上算成功
   @quorum = server_urls.length / 2 + 1
   @retry_count = DefaultRetryCount
   @retry_delay = DefaultRetryDelay
   # 随机数
   @urandom = File.new("/dev/urandom")
end

def set_retry(count,delay)
    @retry_count = count
    @retry_delay = delay
end

# 使用set resource value nx px ttl获得锁
def lock_instance(redis,resource,val,ttl)
    begin
        return redis.client.call([:set,resource,val,:nx,:px,ttl])
    rescue
        return false
    end
end

# 释放锁
def unlock_instance(redis,resource,val)
    begin
       redis.client.call([:eval,UnlockScript,1,resource,val])
    rescue
       # Nothing to do, unlocking is just a best-effort attempt.
    end
end

# 随机值
def get_unique_lock_id
    val = ""
    bytes = @urandom.read(20)
    bytes.each_byte{|b|
       val << b.to_s(32)
    }
    val
end
```

```
    # 获取分布式锁
    def lock(resource,ttl)
        # 随机值
        val = get_unique_lock_id
        # 重试次数
        @retry_count.times {
            n = 0
            start_time = (Time.now.to_f*1000).to_i
            @servers.each{|s|
                n += 1 if lock_instance(s,resource,val,ttl)
            }
            # Add 2 milliseconds to the drift to account for Redis expires
            # precision, which is 1 milliescond, plus 1 millisecond min drift
            # for small TTLs.
            # 考虑时钟漂移
            drift = (ttl*ClockDriftFactor).to_i + 2
            # 计算剩余有效期
            validity_time = ttl-((Time.now.to_f*1000).to_i - start_time)-drift
            # 剩余时间大于0，获得一半以上锁，获取锁成功
            if n >= @quorum && validity_time > 0
                return {
                    :validity => validity_time,
                    :resource => resource,
                    :val => val
                }
            else
                # 释放锁
                @servers.each{|s|
                    unlock_instance(s,resource,val)
                }
            end
            # Wait a random delay before to retry
            # 避免多个进程同时抢锁，导致死锁，随机等待
            sleep(rand(@retry_delay).to_f/1000)
        }
        return false
    end

    def unlock(lock)
        @servers.each{|s|
            unlock_instance(s,lock[:resource],lock[:val])
        }
    end
end
```

最后对 Redlock 特性进行如下总结。

1）安全性：任一时刻，只有一个客户端可以获得锁。

注意：①红锁算法依赖本地时间，需要服务器的本地时间尽量同步。②服务器重启后，导致锁数据丢失，需要配置延迟重启时间大于锁的最大时间。

2）容错性：只要大部分 Redis 服务器可用，就能获得锁、释放锁。推荐至少使用 5 个主服务器，只要一半以上获得锁，就算成功，即便 2 台服务器失败后还可以继续提供服务。

3）无死锁：锁有过期时间。客户端获取锁失败时，会随机等一段时间后再启动获取锁的流程，避免死锁。

10.3　客户端缓存

顾名思义，客户端缓存就是 Redis 的客户端利用自身的存储缓存 Redis 的 key，当需要读取某个 key 时，优先从自身的缓存中读取。Redis 6 新增的客户端缓存是 Redis 直接利用客户端的存储实现缓存这一功能？事实并非如此，Redis 6 新增的客户端缓存功能是指 Redis 提供了一种机制，可以让 Redis 的客户端更好地实现自身的缓存。

Redis 通常作为数据库的缓存，用于降低数据库的压力和提高服务性能。对于一些高性能的服务而言，有时候也会将客户端的内存作为一级缓存，将 Redis 作为二级缓存。在这种模式下，客户端的一级缓存能够进一步缩短服务的处理时间，提高服务性能。引入客户端缓存也会带来数据一致性的问题。对于 Redis 6 之前的版本而言，我们通常需要通过 Pub/Sub 来保证数据的一致性。Redis 6 能够更好地实现客户端缓存功能，本章将详细介绍 Redis 客户端缓存功能的实现。

10.3.1　基础知识

缓存是高性能服务必不可少的一部分。Redis 经常作为数据库的缓存（即 Redis Server），其服务架构如图 10-11 所示。

对于一些更高性能的服务而言，有时候会利用后台服务本身的本地缓存（内存）作为 Redis Server 的缓存，其服务架构如图 10-12 所示。

从图 10-12 的二级缓存的服务架构中可以看出，当我们利用后台服务自身的缓存时，数据会存在多份，为保证本地缓存的数据与 Redis Server 中的数据保持一致性，通常需要利用 Redis 的 Pub/Sub 命令。例如 Redis Server 存储了 key1，Redis Client 1 在修改了 key1 之后，需要同时向对应的频道发布消息，Redis Client 2 在收到频道消息后，及时修改自己的本地缓存，实现数据的一致性。很明显，这个过程对于 Redis Client 而言还是较为复杂的。能不能让 Redis Client 1 只是更新 key1，由 Redis Server 完成消息的更新通知呢？答案是可以的，Redis 6 新增的客户端缓存功能就是基于这个思想实现的。

如图 10-13 所示，通过 Redis 6 新增的客户端缓存功能，当 Redis Client 1 更新某个 key 之后，Redis Server 可以将 key 失效的信息发送给相应的客户端，这个功能也被称为 Tracking。这里需要注意的是，Redis Server 只是将 key 失效的消息发送给 Redis Client，Redis Client 得到消息后，可以根据自身需求，重新从 Redis Server 读取最新的 key 信息。

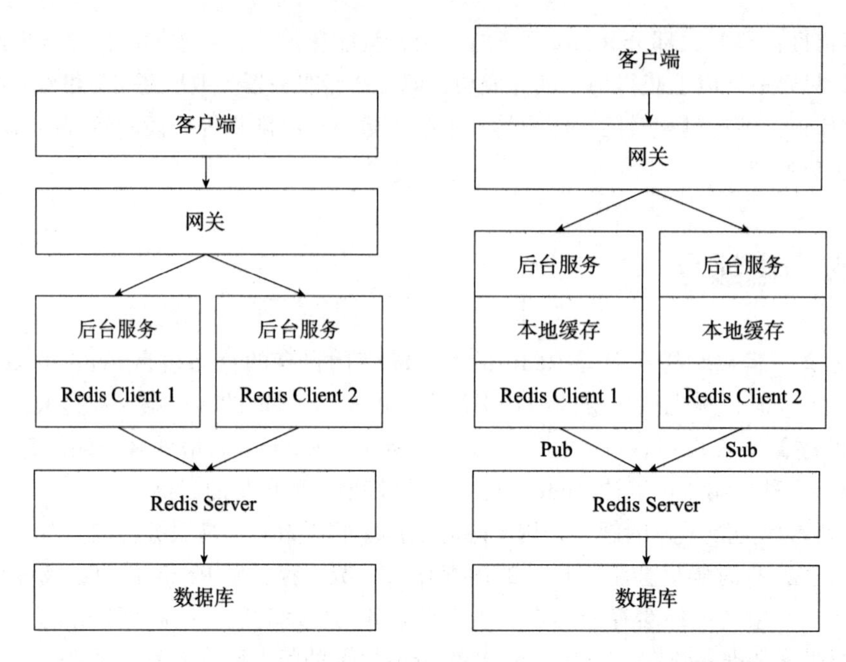

图 10-11　Redis 作为缓存的服务架构　　图 10-12　二级缓存的服务架构

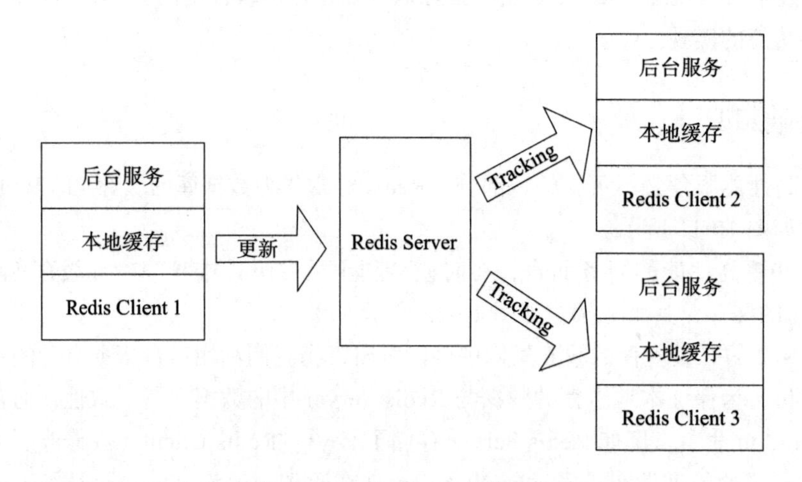

图 10-13　Redis 6 客户端缓存

10.3.2　客户端缓存的使用

Tracking 分为两种模式：默认模式和广播模式。完整命令如下。

```
client tracking [REDIRECT client-id] [PREFIX prefix [PREFIX prefix ...]] [BCAST]
[OPTIN] [OPTOUT] [NOLOOP]
```

1）OPTIN：启用该选项后，第一个 key 会被监听。

2）OPTOUT：与 OPTIN 相反，启用该选项后，之后的第一个 key 不会被监听。

3）NOLOOP：启用该选项后，客户端不再收到自己修改的 key 的失效消息。

4）REDIRECT：重定向模式。该模式兼容 RESP 2，可将待发送的失效消息发给另一个指定客户端。下面分别介绍这两种模式。

1. 默认模式

在默认模式下，Redis Server 会记录每个 Redis Client 访问的 key，当 key 发生变更时，Redis Server 便向 Redis Client 推送数据过期消息。很明显，当数据量比较大时，Redis Serve 会有很大的存储压力。

默认模式使用示例如下。

```
#通过Telnet连接Redis
telnet 127.0.0.1 6379
……
#开启RESP 3
hello 3
……
#开启客户端缓存的Tracking功能
client tracking on
OK
#监听test
get test
……
#重新启动一个Redis连接，修改test的值，这里就会收到推送的失效消息
>2
$10
invalidate
*1
$4
test
```

使用默认模式需要注意以下几点。

1）客户端监听的 key 如果在别处被修改为与原值一样，客户端也会收到失效消息。

2）监听后，客户端只会收到 key 的一次失效消息，即该 key 再被修改时，客户端不会再收到消息，客户端需要再次查询该 key，才能继续监听该 key。

3）当监听的 key 由于服务端触发过期淘汰策略而被清除时，客户端也会收到消息。

2. 广播模式

默认模式可以让 Redis Client 跟踪特定的 key，但是实际使用时，我们经常需要跟踪满足某个前缀条件的所有 key。针对这种情况，我们可以使用广播模式。在广播模式下，客户端可以订阅匹配某一前缀的广播（也可订阅空串，表示订阅所有广播）。在这种模式下，服务端只需要记录被订阅的广播的前缀与 Redis Client 的对应关系即可，当满足条件的 key 发

生变化时就通知对应的Redis Client。相比于采用默认模式，采用广播模式，服务端不再需要消耗过多内存用于存储Redis Client访问的key，但是可能会发送给Redis Client并不关心的key。

广播模式使用示例如下。

```
#通过Telnet连接Redis
telnet 127.0.0.1 6379
……
#开启RESP 3
hello 3
……
#开启客户端缓存，接收指定前缀的key的失效信息
client tracking on bcast prefix xxx
……
#监听xxx_test
get xxx_test
……
#重启一个连接，修改xxx_test的值，此处收到推送的失效消息
>2
$10
invalidate
*1
$8
xxx_test
```

使用广播模式需要注意以下几点。

1）符合前缀的key出现新增、修改、删除、过期、淘汰等动作，客户端都会收到通知。

2）与默认模式不同，客户端可多次收到符合前缀的key的失效消息，无须反复监听。

3．转发功能

默认模式及广播模式因为都需要Redis Server主动向Redis Client推送消息，所以都需要RESP 3协议。然而，对于仍然使用RESP 2协议的用户而言，有没有什么方案呢？答案是可以通过客户端缓存的转发功能进行改造。转发功能的原理如图10-14所示。

Redis Client 1启动Tracking重定向功能后，可以将后续消息转发给Redis Client 2，Redis Client 2需要订阅 _redis_:invalidate频道。之后当Redis Client 3修改Redis Client 1监听的key后，Redis Server就会向 _redis_:invalidate频道发送消息，Redis Client 2就可以接收到这个消息，进而更新自己的本地缓存。使用转发功能需要注意以下几点。

1）转发功能只能指定一个Redis Client，这个Redis Client可以是自己。

2）转发功能可以基于默认模式，也可以基于广播模式。图10-14给出的示例是基于广播模式的转发功能。

3）转发功能需要Redis Client订阅 _redis_:invalidate频道。

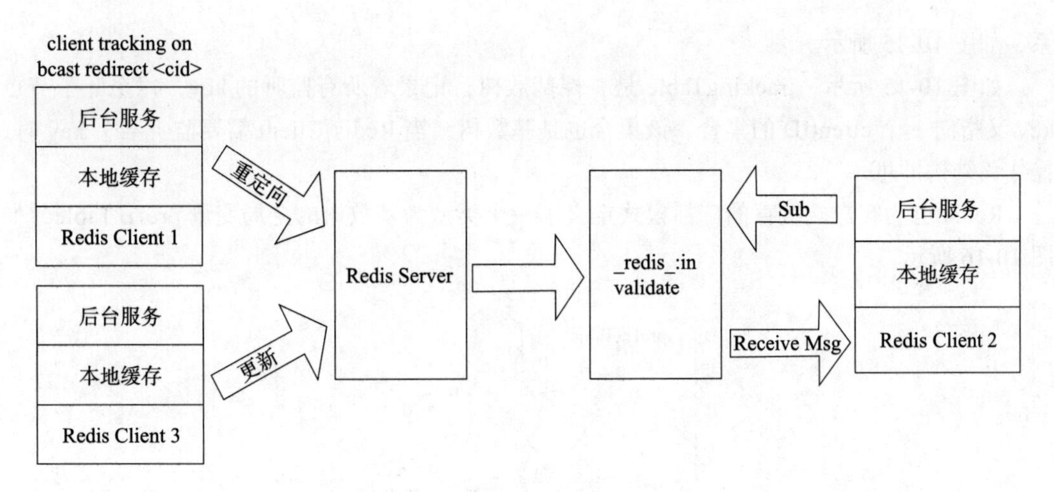

图 10-14 基于广播模式的转发功能

10.3.3 源码分析

对于 Redis Server 而言，当 key 发生变化时，必须知道是否需要推送给某个 Redis Client，这一点就是客户端缓存的核心。例如，为了实现客户端缓存的默认模式，我们可以给每个 key 新增一个链表，记录这个 key 变化时需要通知的 Client。很明显，这种方式需要给每个 key 都新增字段。考虑到实际情况，客户端需要监听的往往是一些特殊的 key，这种方式开销太大。如果我们只是将需要监听的 key 及对应的 Redis Client 组织起来，当 key 发生变化时，推送给相应的 Redis Client，这种方式明显开销少很多，Redis 也是基于这种思想来实现的。

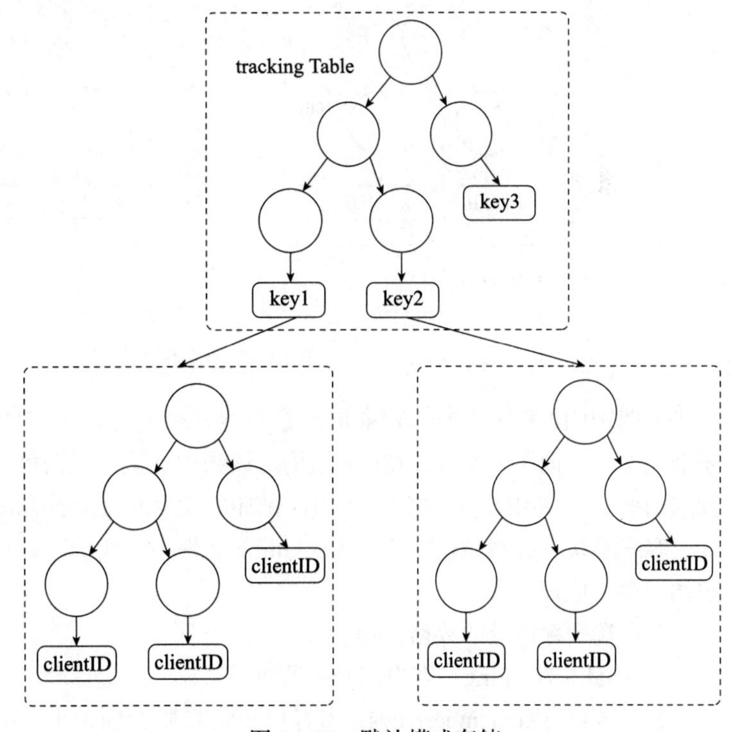

图 10-15 默认模式存储

基数树具有查询效率高、内存占用少的优点。对于默认模式，Redis 定义了类型为基数树的全局变量 trackingTable，用于存储 key 与 Client 之间的关系，如图 10-15 所示。

如图 10-15 所示，trackingTable 是一棵基数树，记录着所有监听的 key，每个叶子节点 key 又指向一个 clientID 的集合，该集合也是基数树，当 Redis Client 需要监听某个 key 时，操作该结构即可。

Redis 也为客户端缓存的广播模式定义了一个类型为基数树的全局变量 prefixTable，如图 10-16 所示。

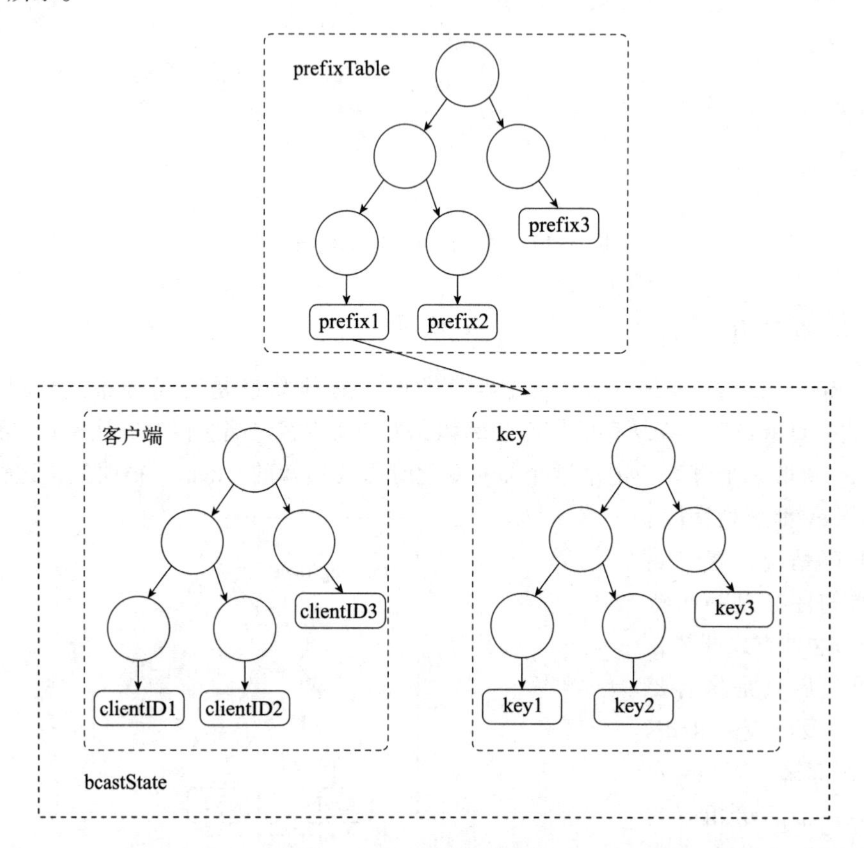

图 10-16 广播模式存储

如图 10-16 所示，PrefixTable 也是一棵基数树，记录着所有注册监听的前缀，每个叶子节点 key 指向了一个 bcastState 结构。该结构又包含了两棵基数树：一棵记录着订阅了该前缀的所有 clientID，一棵记录了当前循环中发生改变的符合该前缀的 key。

客户端缓存的源码基本都在 tracking.c 文件中，我们可以从以下几个方面入手，分析客户端缓存的原理。

客户端缓存涉及的数据结构。

1）enableTracking：客户端开启监听模式。

2）trackingRememberKeys：当客户端获取某个 key 时，将 key 与客户端建立映射关系。

3）trackingInvalidateKey：当某个 key 被改变时，遍历查询关系表，获取对应的客户端。

4）sendTrackingMessage：将 key 的失效消息发送给对应的客户端。

1. 数据结构

关于基数树的增、删、改、查的实现，这里不再赘述，感兴趣的读者可参阅 3.1.2 节及 Redis 源码 rax.c 部分。

Redis Client 结构涉及 Tracking 功能的属性如下。

```
typedef struct client {
……
/* 标志参数，用于标识是否开启Tracking重定向 */
uint64_t client_tracking_redirection;
/* 记录了这个Redis客户端订阅的所有前缀*/
rax *client_tracking_prefixes;
} client;
```

每个 client 结构都有一个标志参数，用于标识是否开启 Tracking 重定向，当需要向这个 Redis Client 推送消息时，如果这个客户端设置了重定向，就会将消息通过 Pub/Sub 命令的方式，推送给重定向的 Redis Client，这就是重定向功能的实现。除此之外，Redis 还通过一个基数树 client_tracking_prefixes，记录了这个 Redis Client 订阅的所有前缀。

2. enableTracking

enableTracking 是 Redis 实现在客户端开启监听模式的核心函数，源码如下。

```
// 在客户端开启监听模式
void enableTracking(client *c, uint64_t redirect_to, uint64_t options, robj
**prefix, size_t numprefix) {
    if (!(c->flags & CLIENT_TRACKING)) server.tracking_clients++;
    c->flags |= CLIENT_TRACKING;
    c->flags &= ~(CLIENT_TRACKING_BROKEN_REDIR|CLIENT_TRACKING_BCAST|
    CLIENT_TRACKING_OPTIN|CLIENT_TRACKING_OPTOUT|
    CLIENT_TRACKING_NOLOOP);
    c->client_tracking_redirection = redirect_to;
    /* 首次开启需要初始化变量 /
    if (TrackingTable == NULL) {
        TrackingTable = raxNew();
        PrefixTable = raxNew();
        TrackingChannelName = createStringObject("__redis__:invalidate",20);
}
    /*在广播模式下初始化prefix列表 */
    if (options & CLIENT_TRACKING_BCAST) {
        c->flags |= CLIENT_TRACKING_BCAST;
        if (numprefix == 0) enableBcastTrackingForPrefix(c,"",0);
        for (size_t j = 0; j < numprefix; j++) {
        sds sdsprefix = prefix[j]->ptr;
        enableBcastTrackingForPrefix(c,sdsprefix,sdslen(sdsprefix));
    }
```

```
    }/* 设置其他可选项的标志*/
    c->flags |= options & (CLIENT_TRACKING_OPTIN|CLIENT_TRACKING_OPTOUT|
    CLIENT_TRACKING_NOLOOP);
}
```

3. trackingRememberKeys

客户端开启Tracking功能后，客户端发送只读命令时就会触发trackingRememberKeys函数。这个函数负责解析客户端读命令中涉及的key，并将这些key加入trackingTable，后续当key发生变化时，就能及时通知对应的Redis Client。trackingRememberKeys的核心实现如下。

```
void trackingRememberKeys(client *c) {
    /* 在命中optin或optout时终止*/
    uint64_t optin = c->flags & CLIENT_TRACKING_OPTIN;
    uint64_t optout = c->flags & CLIENT_TRACKING_OPTOUT;
    uint64_t caching_given = c->flags & CLIENT_TRACKING_CACHING;
    if ((optin && !caching_given) || (optout && caching_given)) return;
    /*获取key*/
    getKeysResult result = GETKEYS_RESULT_INIT;
    int numkeys = getKeysFromCommand(c->cmd,c->argv,c->argc,&result);
    if (!numkeys) {
        getKeysFreeResult(&result);
        return;
    }
    int *keys = result.keys;
    /*查找key*/
    for(int j = 0; j < numkeys; j++) {
        int idx = keys[j];
        sds sdskey = c->argv[idx]->ptr;
        rax *ids = raxFind(TrackingTable,(unsigned char*)sdskey,sdslen(sdskey));
    if (ids == raxNotFound) {
        ids = raxNew();
        int inserted = raxTryInsert(TrackingTable,(unsigned char*)sdskey,
        sdslen(sdskey),ids, NULL);
        serverAssert(inserted == 1);
    }
    if (raxTryInsert(ids,(unsigned char*)&c->id,sizeof(c->id),NULL,NULL))
        TrackingTableTotalItems++;
    }
    getKeysFreeResult(&result);
}
```

4. trackingInvalidateKey

当Redis的key发生变化时，Redis会通过调用trackingInvalidate方法，通知相关的Client。除此之外，当Redis迫于内存压力需要删除过期key时，也会调用trackingInvalidate方法。该方法的具体实现如下。

```
void trackingInvalidateKeyRaw(client *c, char *key, size_t keylen, int bcast)
{
    if (TrackingTable == NULL) return;
    if (bcast && raxSize(PrefixTable) > 0)
    trackingRememberKeyToBroadcast(c,key,keylen);
    rax *ids = raxFind(TrackingTable,(unsigned char*)key,keylen);
    if (ids == raxNotFound) return;
        raxIterator ri;
        raxStart(&ri,ids);
        raxSeek(&ri,"^",NULL,0);
    while(raxNext(&ri)) {
        uint64_t id;
        memcpy(&id,ri.key,sizeof(id));
        client *target = lookupClientByID(id);
        if (target == NULL ||
        !(target->flags & CLIENT_TRACKING)||
        target->flags & CLIENT_TRACKING_BCAST)
        {
            continue;
        }
        if (target->flags & CLIENT_TRACKING_NOLOOP &&target == c)
        {
            continue;
        }
        sendTrackingMessage(target,key,keylen,0);
    }
    raxStop(&ri);
    TrackingTableTotalItems -= raxSize(ids);
    raxFree(ids);
    raxRemove(TrackingTable,(unsigned char*)key,keylen,NULL);
}
```

从源码中可以看出，当 key 发生变化时，通过查找 trackingTable 找到需要通知的 Redis Client 并发送通知，发送消息是通过 sendTrackingMessage 方法实现的。注意，对于启动广播模式下的 Tracking 的 Redis Client 而言，这里只是通过调用 trackingRememberKeyToBroadcast 方法，将发生变化的 key 加入 bcastState 结构。Redis 服务端事件处理循环的 beforeSleep 方法会通过 trackingBroadcastInvalidationMessages 方法进行消息的发送，trackingBroadcastInvalidationMessage 方法最终通过 sendTrackingMessage 进行消息的实际发送。

5. sendTrackingMessage

sendTrackingMessage 函数最终向客户端发送了 key 失效的消息，并且它兼容 RESP 2 协议的 Pub/Sub。sendTrackingMessage 的实现如下所示。

```
void sendTrackingMessage(client *c, char *keyname, size_t keylen, int proto) {
    int using_redirection = 0;
    //重定向逻辑
    if (c->client_tracking_redirection) {
```

```
        client *redir = lookupClientByID(c->client_tracking_redirection);
        if (!redir) {
            c->flags |= CLIENT_TRACKING_BROKEN_REDIR;
            //对RESP2的兼容处理
            if (c->resp > 2) {
                    addReplyPushLen(c,2);
                    addReplyBulkCBuffer(c,"tracking-redir-broken",21);
                    addReplyLongLong(c,c->client_tracking_redirection);
            }
            return;
    }
    c = redir;
    using_redirection = 1;
    }
    /*对RESP 2的兼容处理*/
    if (c->resp > 2) {
        addReplyPushLen(c,2);
        addReplyBulkCBuffer(c,"invalidate",10);
    } else if (using_redirection && c->flags & CLIENT_PUBSUB) {
        addReplyPubsubMessage(c,TrackingChannelName,NULL);
    } else {
        return;
    }
    /*RESP 2的value部分是一个数组*/
    if (proto) {
        addReplyProto(c,keyname,keylen);
    } else {
        addReplyArrayLen(c,1);
        addReplyBulkCBuffer(c,keyname,keylen);
    }
}
```

10.4 小结

本章主要介绍了 Redis 使用广泛的两种业务场景：缓存和锁，以及 Redis 6 的一个业务新特性——客户端缓存。客户端缓存是 Redis 6 新增的较为实用的特性。我们可以通过客户端缓存将通知交由 Redis 来实现，这样可以极大地降低客户端使用的成本。客户端缓存有两种模式，我们可以根据业务的实际情况进行选择。希望读者通过本章的学习，在实际业务中能更好地利用 Redis。